어 삼 쉬 사 Plus+

· 수능필수 ·

유형 훈련서

수능에 출제되는 **38개 필수 유형** 분류
기출을 모티브로 제작한 **100% 신출 문항** (부록 짝기출 제공)
하루 **10문제씩 24일 단기 완성**

확률과
통계

240제

어삼쉬사를 넘어서 1등급 도전이 시작된다.

이투스북

| STAFF |

발행인 정선욱
퍼블리싱 총괄 남형주
개발·편집 김태원 김한길 이유미 김윤희 우주리
기획·디자인·마케팅 조비호 김정인 이연수
유통·제작 서준성 신성철

| 검토 |

김민정 김유진 오소현 김진솔 장인호

| 집필진 |

강정우 김명석 김상철 김성준 김원일 김의석 김정배
김형균 김형정 박상윤 박원균 유병범 이경진 이대원
이병하 이종일 정연석 차순규 최현탁

어삼쉬사 확률과 통계 | 202310 제5판 1쇄 202409 제5판 3쇄
펴낸곳 이투스에듀㈜ 서울시 서초구 남부순환로 2547
고객센터 1599-3225 **등록번호** 제2007-000035호 **ISBN** 979-11-389-1807-7[53410]

◇— 서울 —◇

강동은 반포 세정학원
강소미 성북메가스터디
강연주 상도뉴스터디학원
강영미 슬로비매쓰 수학학원
강은녕 탑수학학원
강종철 쿠메수학교습소
강현숙 유니크학원
고수환 상승곡선학원
고재일 대치TOV수학
고진희 한성여자고등학교
고현 네오매쓰수학학원
고혜원 전문과외
공정현 대공수학학원
곽슬기 목동매쓰원수학학원
구난영 셀프스터디수학학원
구순모 세진학원
구정아 정현수학
권가영 커스텀 수학(CUSTOM MATH)
권상호 수학은권상호 수학학원
권용만 은광여자고등학교
권유혜 전문과외
권지우 뉴파인학원
김강현 갓오브매쓰수학
김경진 덕성여자중학교
김경화 금천로드맵수학학원
김국환 매쓰플러스수학학원
김규연 수력발전소학원
김금화 라플라스 수학 학원
김기덕 메가매쓰학원
김나영 대치 새움학원
김도규 김도규수학학원
김동우 예원수학
김명완 대세수학학원
김명환 목동강수학과학학원
김명후 김명후 수학학원
김문경 연세YT학원
김미란 스마트해법수학
김미아 일등수학교습소
김미애 스카이맥에듀학원
김미영 명수학교습소
김미영 정일품수학학원
김미진 채움수학
김미희 행복한수학쌤
김민수 대치 원수학
김민재 탑엘리트학원
김민정 김민정수학☆
김민지 강북 메가스터디학원
김민창 김민창수학
김병석 중계주공5단지 수학학원
김병호 국선수학학원
김보민 이투스수학학원 상도점
김상철 미래탐구마포
김선경 개념폴리아
김성숙 써큘러스리더 러닝센터
김수민 통수학학원
김수영 엑시엄수학전문학원

김수진 싸인매쓰수학학원
김수진 잠실 cms
김수진 깊은수학학원
김수형 목동 깡수학과학학원
김수환 프레임학원
김승원 솔(sol)수학학원
김애경 이지수학
김여옥 매쓰홀릭 학원
김영숙 수플러스학원
김영재 한그루수학
김영준 강남매쓰탑학원
김예름 세이노수학(메이드)
김용우 참 수학
김윤 잇올스파르타
김윤태 김종철 국어수학전문학원
김윤희 유니수학교습소
김은경 대치영어수학전문학원
김은숙 전문과외
김은영 와이즈만은평센터
김은영 선우수학
김은찬 엑시엄수학학원
김의진 채움수학
김이현 고덕 에듀플렉스
김인기 학림학원
김재연 알티씨수학
김재헌 CMS연구소
김정아 지올수학
김정철 미독학원
김정화 시매쓰방학센터
김정훈 이투스 수학학원 왕십리뉴타운점
김주원 AMB수학학원
김주희 장한학원
김지선 수학전문 순수
김지연 목동 올백수학
김지은 목동매쓰원수학학원
김지훈 드림에듀학원(까꿍수학)
김지훈 엑시엄수학전문학원
김진규 서울바움수학 (역삼럭키)
김진영 이대부속고등학교
김진희 씽크매쓰수학교습소
김창재 중계세일학원
김창주 고등부관스카이학원
김태영 페르마수학학원 신대방캠퍼스
김태현 반포파인만 고등관
김하늘 역경패도 수학전문
김하민 서강학원
김하연 hy math
김향기 동대문중학교
김해찬 the다원수학
김현수 그릿수학831 대치점
김현아 전문과외
김현욱 리마인드수학
김현유 혜성여자고등학교
김현정 미래탐구 중계
김현주 숙명여자고등학교
김현지 전문과외
김형우 (주)대치 시리우스 아카데미
김형진 수학혁명학원
김홍수 김홍학원

김효선 토이300컴퓨터
김효정 상위권수학
김후광 압구정파인만
김희경 에메트수학
나은영 메가스터디러셀
나태산 중계 학림학원
남솔잎 솔잎샘수학영어학원
남식훈 수학만
남호성 은평구 퍼씰 수학 전문학원
노유영 종암중학교
노인주 CMS대치입시센터
류도현 류샘수학학원
류재권 서초TOT학원
류정민 사사모플러스수학학원
목지아 수리티수학학원
문성호 차원이다른수학학원
문소정 예섬학원
문용근 칼수학 학원
문재웅 성북메가스터디
문지훈 김미정국어
민수진 월계셈스터디학원
박경원 대치메이드 반포관
박교국 백인대장
박근백 대치멘토스학원
박동진 더힐링수학
박명훈 김샘학원 성북캠퍼스
박미라 매쓰몽
박민정 목동깡수학과학학원
박상후 강북 메가스터디학원
박설아 수학을삼키다 학원 흑석관
박세리 대치이강프리미엄
박세찬 쎄이학원
박소영 전문과외
박소윤 Aurum Premium Edu
박수견 비채수학
박연주 물댄동산 수학교실
박연희 박연희깨침수학교습소
박영규 하이스트핏 수학
박옥녀 전문과외
박용진 에듀라인학원
박정훈 전문과외
박종원 상아탑학원 (서울 구로)
박주현 장훈고등학교
박준하 탑브레인수학학원
박지혜 참수학
박진희 박선생수학전문학원
박찬경 파인만학원
박태홍 CMS서초영재관
박현주 나는별학원
박혜진 강북수재학원
박흥식 연세수학원송파2관
방정은 백인대장 훈련소
방효건 서준학원
배재형 배재형수학교습소
백아름 아름쌤수학공부방
백지현 전문과외
변준석 환일고등학교
서근환 대진고등학교
서동혁 이화여자고등학교

서민국 시대인재 특목센터
서민재 서준학원
서수연 수학전문 순수학원
서순진 참좋은본관학원
서용준 와이제이학원
서원준 잠실시그마수학학원
서은애 하이탑수학학원
서중은 블루플렉스학원
서한나 라엘수학학원
석현욱 잇올스파르타
선철 일신학원
설세령 뉴파인 이촌중고등관
성우진 cms서초영재관
손권민경 원인학원
손민정 두드림에듀
손전모 다원교육
손충모 공감수학
송경호 스마트스터디학원
송동인 송동인 수학명가
송재혁 엑시엄수학전문학원
송준민 수와 통하는 송 수학
송진우 도진우 수학 연구소
송해선 불곰에듀
신관식 동작미래탐구
신기호 신촌메가스터디학원
신연우 대성다수인학원 삼성점
신은숙 펜타곤학원
신은진 상위권수학학원
신정훈 온챌아카데미
신지영 아하김일래수학전문학원
신채민 오스카학원
신현수 EGS학원
심지현 심지수학 교습소
심혜영 열린문수학학원
심혜진 수학에미친사람들
안나연 전문과외
안대호 말글국어 더함수학 학원
안도연 목동정도수학
양원규 일신학원
양해영 청출어람학원
엄시온 올마이티캠퍼스
엄유빈 유빈쌤 대치 수학
엄지희 티포인트에듀학원
엄태웅 엄선생수학
여혜연 성북하이스트
오명석 대치 미래탐구 영재경시특목센터
오재현 강동파인만학원 고덕관
오종택 대치 에이원 수학
오주연 수학의기술
오한별 광문고등학교
용호준 cbc수학학원
우교영 수학에미친사람들
우동훈 헤파학원
원종운 뉴파인 압구정 고등관
원준희 CMS 대치영재관
위명훈 명인학원
위형채 에이치앤제이형설학원
유대호 잉글리쉬앤매쓰매니저
유라헬 스톨키아학원

유봉영	류선생 수학 교습소	이주희	고덕엠수학	정유진	전문과외	한승우	같이상승수학학원
유승우	중계탑클래스학원	이준석	목동로드맵수학학원	정은경	제이수학	한승환	반포 쌍솔학원
유자현	목동매쓰원수학학원	이지애	다비수학교습소	정재윤	성덕고등학교	한유리	강북청솔
유재헌	일신학원	이지연	단디수학학원	정진아	정선생수학	한정우	휘문고등학교
윤상문	청어람수학원	이지우	제이 앤 수 학원	정찬민	목동매쓰원수학학원	한태인	메가스터디 러셀
윤석원	공감수학	이지혜	세레나영어수학학원	정하윤		한헌주	PMG학원
윤수현	조이학원	이지혜	대치파인만	정화진	진화수학학원	허윤정	미래탐구 대치
윤여균	전문과외	이진	수박에듀학원	정환동	씨앤씨0.1%의대수학	홍상민	수학도서관
윤영숙	윤영숙수학전문학원	이진덕	카이스트	정효석	서초 최상위하다 학원	홍성유	전문과외
윤형중	씨알학당	이진희	서준학원	조경미	레벨업수학(feat.과학)	홍성주	굿매쓰수학교습소
은현	목동CMS 입시센터 과고반	이창석	핵수학 전문학원	조병훈	꿈을담는수학	홍성진	대치 김앤홍 수학전문학원
이건우	송파이지엠수학학원	이충훈	QANDA	조수경	이투스수학학원 방학1동점	홍성현	서초TOT학원
이경용	열공학원	이태경	엑시엄수학학원	조아라	유일수학학원	홍재화	티다른수학교습소
이경주	생각하는 황소수학 서초학원	이학송	뷰티풀마인드 수학학원	조아람	로드맵	홍정아	홍정아수학
이규만	SUPERMATH학원	이한결	밸류인수학학원	조원해	연세YT학원	홍준기	서초CMS 영재관
이동훈	감성수학 중계점	이현주	방배 스카이에듀 학원	조은경	아이파크해법수학	홍지유	대치수과모
이루마	김샘학원 성북캠퍼스	이현환	21세기 연세 단과 학원	조은우	한솔플러스수학학원	홍지현	목동매쓰원수학학원
이민아	정수학	이혜림	대동세무고등학교	조의상	서초메가스터디 기숙학원,	황의숙	The나은학원
이민호	강안교육	이혜림	다오른수학교습소		강북메가, 분당메가	황정미	카이스트수학학원
이상문	P&S학원	이혜수	대치 수 학원	조재묵	천광학원		
이상영	대치명인학원 백마	이효준	다원교육	조정은	전문과외		
이상훈	골든벨 수학학원	이효진	올토수학	조한진	새미기픈수학	◇ — 인천 — ◇	
이서영	개념폴리아	임규철	원수학	조현탁	전문가집단학원	강동인	전문과외
이서은	송림학원	임다혜	시대인재 수학스쿨	주병준	남다른 이해	강원우	수학을 탐하다 학원
이성용	전문과외	임민정	전문과외	주용호	아찬수학교습소	고준호	베스트교육(마전직영점)
이성훈	SMC수학	임상혁	양파아카데미	주은재	주은재 수학학원	곽나래	일등수학
이세복	일타수학학원	임성국	전문과외	주정미	수학의꽃	곽현실	두꺼비수학
이소윤	목동선수학학원	임소영	123수학	지명훈	선덕고등학교	권경원	강수학학원
이수지	전문과외	임영주	세빛학원	지민경	고래수학	권기우	하늘스터디 수학학원
이수진	깡수학과학학원	임은희	세종학원	차민준	이투스수학학원 중계점	금상원	수미다
이수호	준토에듀수학학원	임정수	시그마수학 고등관 (성북구)	차용우	서울외국어고등학교	기미나	기쌤수학
이슬기	예친에듀	임지우	전문과외	채미옥	최강성지학원	기혜선	체리온탑 수학영어학원
이승현	신도림케이투학원	임현우	선덕고등학교	채성진	수학에빠진학원	김강현	송도강수학학원
이승호	동작 미래탐구	임현정	전문과외	채종원	대치의 새벽	김건우	G1230 학원
이시현	SKY미래연수학학원	장석진	이덕재수학이미선국어학원	최경민	배움틀수학학원	김남신	클라비스학원
이영하	서울 신길뉴타운 래미안	장성훈	미독수학	최관석	열매교육학원	김도영	태풍학원
	프레비뷰 키움수학 공부방	장세영	스펀지 영어수학 학원	최동욱	숭의여자고등학교	김미진	미진수학 전문과외
이용우	올림피아드 학원	장승희	명품이앤엠학원	최문석	압구정파인만	김미희	희수학
이용준	수학의비밀로고스학원	장영신	위례솔중학교	최백화	주은재 수학학원	김보경	오아수학공부방
이원용	필과수 학원	장지식	피큐브아카데미	최병옥	최코치수학학원	김연주	하나M수학
이원희	대치동 수학공작소	장혜윤	수리원수학교육	최서훈	피큐브 아카데미	김유미	꼼꼼수학교습소
이유강	조재필수학학원 고등부	전기열	유니크학원	최성용	봉쌤수학교습소	김윤경	SALT학원
이유예	스카이플러스학원	전상현	뉴클리어수학	최성재	수학공감학원	김응수	메타수학학원
이유원	뉴파인 안국중고등관	전성식	맥스수학수리논술학원	최성희	최쌤수학학원	김준	쭌에듀학원
이유진	명덕외국어고등학교	전은나	상상수학학원	최세남	엑시엄수학학원	김진완	성일 올림학원
이윤주	와이제이수학교습소	전지수	전문과외	최엄견	차수학학원	김하은	전문과외
이은숙	포르테수학	전진남	지니어스 수리논술 교습소	최영준	문일고등학교	김현우	더원스터디수학학원
이은영	은수학교습소	전혜인	송파구주이배	최용희	명인학원	김현호	온풀이 수학 1관 학원
이은주	제이플러스수학	정광조	로드맵수학	최정언	진화수학학원	김형진	형진수학학원
이재용	이재용 THE쉬운 수학학원	정다운	정다운수학교습소	최종석	수재학원	김혜린	밀턴수학
이재환	조재필수학학원	정다운	해내다수학교습소	최주혜	구주이배	김혜영	김혜영 수학
이정석	CMS 서초영재관	정대영	대치파인만	최지나	목동PGA전문가집단	김혜지	한양학원
이정섭	은지호영감수학	정문정	연세수학원	최지선	직독직해 수학연구소	김효선	코다에듀학원
이정한	전문과외	정민경	바른마테마티카학원	최찬희	CMS서초 영재관	남덕우	Fun수학 클리닉
이정호	정선생수학교습소	정민준	명인학원	최희서	최상위권수학교습소	노기성	노기성개인과외교습
이제현	압구정 막강수학	정소흔	대치명인sky수학학원	편순창	알면쉽다연세수학학원	문초롱	클리어수학
이종운	알바트로스학원	정슬기	티포인트에듀학원	하태성	은평G1230	박용석	절대학원
이종혁	강남N플러스	정영아	정이수학교습소	한명석	아드폰테스	박재섭	구월스카이수학과학전문학원
이종호	MathOne 수학	정원선	McB614	한선아	쌍솔학원 중계점	박정우	청라디에이블

박창수	온풀이 수학 1관 학원	홍미영	연세영어수학
박치문	제일고등학교	홍종우	인명여자고등학교
박해석	효성 비상영수학원	황면식	늘품과학수학학원
박효성	지코스수학학원		
변은경	델타수학		
서대원	구름주전자	◇— 경기 —◇	
서미란	파이데이아학원	강민정	한진홈스쿨
석동방	송도GLA학원	강민종	필에듀학원
손선진	(주) 일품수학과학학원	강성인	인재와고수
송대익	청라 ATOZ수학과학학원	강수정	노마드 수학 학원
송세진	부평페르마	강신충	원리탐구학원
안서은	Sun math	강영미	쌤과통하는학원
안예원	ME수학전문학원	강예슬	수학의품격
안지훈	인천주안 수학의힘	강정희	쏙보고 싹푼다
양소영	양쌤수학전문학원	강태희	한민고등학교
오상원	종로엠스쿨 불로분원	경지현	화서 이지수학
오선아	시나브로수학	고동국	고동국수학학원
오정민	갈루아수학학원	고명지	고쌤수학 학원
오지연	수학의힘 용현캠퍼스	고상준	준수학교습소
왕건일	토모수학학원	고안나	기찬에듀 기찬수학
유미선	전문과외	고지윤	고수학전문학원
유상현	한국외대HS어학원 / 가우스	고진희	지니Go수학
	수학학원 원당아라캠퍼스	곽진영	전문과외
유성규	현수학전문학원	구창숙	이룸학원
윤지훈	두드림하이학원	권영미	에스이마고수학학원
이루다	이루다 교육학원	권은주	나만 수학
이명희	클수있는학원	권주현	메이드학원
이선미	이수수학	김강환	뉴파인 동탄고등관
이애희	부평해법수학교실	김강희	수학전문 일비충천
이재섭	903ACADEMY	김경민	평촌 바른길수학학원
이준영	민트수학학원	김경진	경진수학학원 다산점
이진민	전문과외	김경호	호수학
이필규	신현엠베스트SE학원	김경훈	행복한학생학원
이혜경	이혜경고등수학학원	김규철	콕수학오드리영어보습학원
이혜선	우리공부	김덕락	준수학 학원
임정혁	위리더스 학원	김도완	프라매쓰 수학 학원
장태식	인천자유자재학원	김도현	홍성문수학2학원
장혜림	와풀수학	김동수	김동수학원
장효근	유레카수학학원	김동은	수학의힘 지제동삭캠퍼스
전우진	인사이트 수학학원	김동현	수학의 아침
정대웅	와이드수학	김동현	JK영어수학전문학원
조민관	이앤스 수학학원	김미선	예일영수학원
조민기	더배움보습학원 조쓰매쓰	김미옥	공부방
조현숙	부일클래스	김민겸	더퍼스트수학교습소
지경일	팁탑학원	김민경	더원수학
차승민	황제수학학원	김민경	경화여자중학교
채선영	전문과외	김민진	부천중동프라임영수학원
채수현	밀턴학원	김보경	새로운 희망 수학학원
최덕호	엠스퀘어 수학교습소	김보람	효성 스마트 해법수학
최문경	영웅아카데미	김복현	시온고등학교
최웅철	큰샘수학학원	김상오	리더포스학원
최은진	동춘수학	김상욱	WookMath
최지인	윙글스영어학원	김상윤	막강한 수학
최진	절대학원	김상현	노블수학스터디
한성윤	카일하우교육원	김새로미	스터디온학원
한영진	라야스케이브	김서영	다인수학교습소
허진선	수학나무	김석원	강의하는아이들김석원수학학원
현미선	써니수학	김선정	수공감학원
현진명	에임학원	김선혜	수학의 아침(영재관)

김성민	수학을 권하다	김희주	생각하는수학공간학원
김성은	블랙박스수학과학전문학원	나영우	평촌에듀플렉스
김소영	예스셈올림피아드(호매실)	나혜림	마녀수학
김소희	도촌동 멘토해법수학	나혜원	청북고등학교
김수림	전문과외	남선규	윌러스영수학원
김수진	대림 수학의 달인	남세희	남세희수학학원
김수진	수매쓰학원	노상명	s4
김슬기	클래스가다른학원	도건민	목동LEN
김승현	대치매쓰포유 동탄캠퍼스	류종인	공부의정석수학과학관학원
김영아	브레인캐슬 사고력학원	마소영	스터디MK
김영옥	서원고등학교	마정이	정이 수학
김영준	청솔 교육	마지희	이안의학원 화정캠퍼스
김영진	수학의 아침	맹우영	쎈수학러닝센터 수지su
김용덕	(주)매쓰토리수학학원	맹찬영	입실론수학전문학원
김용환	수학의아침_영통	모리	이젠수학과학학원
김용희	솔로몬 학원	문다영	에듀플렉스
김원욱	아이픽수학학원	문성진	일킴훈련소입시학원
김유리	페르마수학	문장훈	에스원 영수학원
김윤경	국빈학원	문재웅	수학의공간
김윤재	코스매쓰 수학학원	문지현	문쌤수학
김은미	탑브레인수학과학학원	문혜연	입실론수학전문학원
김은향	하이클래스	민동건	전문과외
김재욱	수원영신여자고등학교	민윤기	배곧 알파수학
김정수	매쓰클루학원	박가빈	박가빈 수학공부방
김정연	신양영어수학학원	박가을	SMC수학학원
김정현	채움스쿨	박규진	김포하이스트
김정환	필립스아카데미	박도솔	도솔샘수학
	-Math Center	박도현	진성고등학교
김종균	케이수학학원	박민정	지트에듀케이션
김종남	제너스학원	박민정	셈수학교습소
김종화	퍼스널개별지도학원	박민주	카라Math
김주용	스타수학	박상일	수학의아침 이매중등관
김준성	lmps학원	박성찬	성찬쌤's 수학의공간
김지선	고산원탑학원	박소연	강남청솔기숙학원
김지영	위너스영어수학학원	박수민	유레카영수학원
김지윤	광교오드수학	박수현	용인 능원 씨앗학원
김지현	엠코드수학	박수현	리더가되는수학 교습소
김지효	로고스에이수학학원	박여진	수학의아침
김진국	스터디MK	박연지	상승에듀
김진록	지금수학학원	박영주	일산 후곡 쉬운수학
김진만	엄마영어아빠수학학원	박우희	푸른보습학원
김진민	에듀스템수학전문학원	박원용	동탄트리즈나루수학학원
김창영	에듀포스학원	박유승	스터디모드
김태익	설봉중학교	박윤호	이룸학원
김태진	프라임리만수학학원	박은주	은주짱샘 수학공부방
김태학	평택드림에듀	박은주	스마일수학교습소
김하현	로지플수학	박은진	지오수학학원
김학준	수담수학학원	박은희	수학에빠지다
김해청	에듀엠수학 학원	박재연	아이셀프수학교습소
김현겸	성공학원	박재현	렛츠(LETS)
김현경	소사스카이보습학원	박재홍	열린학원
김현정	생각하는Y.와이수학	박정현	서울삼육고등학교
김현정	퍼스트	박정화	우리들의 수학원
김현주	서부세종학원	박종모	신갈고등학교
김현지	프라임대치수학	박종선	뮤엠영어차수학가남학원
김혜정	수학을 말하다	박종필	정석수학학원
김호숙	호수학원	박주리	수학에반하다
김호원	분당 원수학학원	박지혜	수이학원
김희성	멘토수학교습소	박진한	엡실론학원

박찬현 박종호수학학원	용다혜 동백에듀플렉스학원	이유림 광교 성빈학원	정동실 수학의아침
박하늘 일산 후곡 쉬운수학	우선혜 HSP수학학원	이재민 원탑학원	정문영 올타수학
박한솔 SnP수학학원	위경진 한수학	이재민 제이엠학원	정미숙 쑥쑥수학교실
박현숙 전문과외	유남기 의치한학원	이재욱 고려대학교	정민정 S4국영수학원 소사벌점
박현정 탑수학 공부방	유대호 플랜지에듀	이정빈 폴라리스학원	정보람 후곡분석수학
박현정 빡꼼수학학원	유현종 SMT수학전문학원	이정희 JH영수학원	정승호 이프수학학원
박혜림 림스터디 고등수학	유호애 지윤수학	이종문 전문과외	정양헌 9회말2아웃 학원
방미영 JMI 수학학원	윤덕환 여주 비상에듀기숙학원	이종익 분당파인만학원 고등부SKY	정연순 탑클래스영수학원
방상웅 동탄성지학원	윤도형 피에스티 캠프입시학원	대입센터	정영일 해윰수학영어학원
배재준 연세영어고려수학 학원	윤문성 평촌 수학의봄날 입시학원	이주혁 수학의 아침	정영진 공부의자신감학원
백경주 수학의 아침	윤미영 수주고등학교	이준 준수학학원	정영채 평촌 페르마
백미라 신흥유투엠 수학학원	윤여태 103수학	이지연 브레인리그	정옥경 전문과외
백현라 전문과외	윤지혜 천개의바람영수	이지예 최강탑 학원	정용석 수학마녀학원
백흥룡 성공학원	윤채린 전문과외	이지은 과천 리쌤앤탑 경시수학 학원	정유정 수학VS영어학원
변상선 바른샘수학	윤현웅 수학을 수학하다	이지혜 이자경수학	정은선 아이원 수학
봉우리 하이클래스수학학원	윤희 희쌤 수학과학학원	이진주 분당 원수학	정인영 제이스터디
서정환 아이디학원	이건도 아론에듀학원	이창수 와이즈만 영재교육 일산화정센터	정장선 생각하는황소 수학 동탄점
서지은 전문과외	이경민 차앤국 수학국어전문학원	이창훈 나인에듀학원	정재경 산돌수학학원
서한울 수학의품격	이경수 수학의아침	이채열 하제입시학원	정지영 SJ대치수학학원
서효언 아이콘수학	이경희 임수학교습소	이철호 파스칼수학학원	정지훈 최상위권수학영어학원 수지관
서희원 함께하는수학 학원	이광후 수학의 아침 중등입시센터	이태희 펜타수학학원	정진욱 수원메가스터디
설성환 설샘수학학원	특목자사관	이한솔 더바른수학전문학원	정태준 구주이배수학학원
설성희 설쌤수학	이규상 유클리드수학	이현희 폴리아에듀	정필규 명품수학
성계형 맨투맨학원 옥정센터	이규태 이규태수학 1,2,3관,	이형강 HK 수학	정하준 2H수학학원
성인영 정석공부방	이규태수학연구소	이혜령 프로젝트매쓰	정한울 한울스터디
성지희 SNT 수학학원	이나경 수학발전소	이혜민 대감학원	정해도 목동혜윰수학교습소
손경선 업앤업보습학원	이나래 토리103수학학원	이혜수 송산고등학교	정현주 삼성영어쎈수학은계학원
손솔아 ELA수학	이나현 엠브릿지수학	이혜진 S4국영수학원고덕국제점	정황우 운정정석수학학원
손승태 와부고등학교	이대훈 밀알두레학교	이호형 광명 고수학학원	조기민 일산동고등학교
손종규 수학의 아침	이명환 다산 더원 수학학원	이화원 탑수학학원	조민석 마이엠수학학원
손지영 엠베스트에스이프라임학원	이무송 U2m수학학원주엽점	이희정 희정쌤수학	조병수 신영동수학학원
송민건 수학대가+	이민우 제공학원	임명진 서연고 수학	조상숙 수학의 아침 영통
송빛나 원수학학원	이민정 전문과외	임우빈 리얼수학학원	조상희 에이블수학학원
송숙희 써밋학원	이보형 매쓰코드1학원	임율인 탑수학교습소	조성화 SH수학
송치호 대치명인학원(미금캠퍼스)	이봉주 분당성지 수학전문학원	임은정 마테마티카 수학학원	조영곤 휴브레인수학전문학원
송태원 송태원1프로수학학원	이상윤 엘에스수학전문학원	임지영 하이레벨학원	조욱 청산유수 수학
송혜빈 인재와 고수 본관	이상일 캔디학원	임지원 누나수학	조은 전문과외
송호석 수학세상	이상준 E&T수학전문학원	임찬혁 차수학동삭캠퍼스	조태현 경화여자고등학교
수아 열린학원	이상호 양명고등학교	임채중 와이즈만 영재교육센터	조현웅 추담교육컨설팅
신경성 한수학전문학원	이상훈 lsht	임현주 온수학교습소	조현정 깨단수학
신동휘 KDH수학	이서령 더바른수학전문학원	임현지 위너스 에듀	주설호 SLB입시학원
신수연 신수연 수학과학 전문학원	이서영 수학의아침	임형석 전문과외	주소연 알고리즘 수학연구소
신일호 바른수학교육 한학원	이성환 주선생 영수학원	임홍석 엔터스카이 학원	지슬기 지수학학원
신정화 SnP수학학원	이성희 피타고라스 셀파수학교실	장미희 스터디모드학원	진동준 필탑학원
신준효 열정과의지 수학학원	이소미 공부의 정석학원	장민수 신미주수학	진민하 인스카이학원
안영균 생각하는수학공간학원	이소진 수학의 아침	장서아 한뜻학원	차동희 수학전문공감학원
안하선 안쌤수학학원	이수복 부천E&T수학전문학원	장종미 열정수학학원	차무근 차원이다른수학학원
안현경 매쓰온에듀케이션	이수정 매쓰투미수학학원	장지훈 예일학원	차슬기 브레인리그
안현수 옥길일등급수학	이슬기 대치깊은생각 동탄본원	장혜민 수학의아침	차일훈 대치엠에스학원
안효상 더오름영어수학학원	이승우 제이앤더블유학원	전경진 뉴파인 동탄특목관	채준석 후곡분석수학학원
안효진 진수학	이승주 입실론수학학원	전미영 영재수학	최경석 TMC수학영재 고등관
양은서 입실론수학학원	이승진 안중 호연수학	전일 생각하는수학공간학원	최경희 최강수학학원
양은진 수플러스수학	이승철 철이수학	전지원 원프로교육	최근정 SKY영수학원
어성웅 어쌤수학학원	이아현 전문과외	전진우 플랜지에듀	최다혜 싹수학학원
엄은희 엄은희스터디	이영현 대치명인학원	전희나 대치명인학원이매점	최대원 수학의아침
염민식 일로드수학학원	이영훈 펜타수학학원	정경주 광교 공감수학	최동훈 고수학전문학원
염승호 전문과외	이예빈 아이콘수학	정금재 혜윰수학전문학원	최문채 이압수학
염철호 하비투스학원	이우선 효성고등학교	정다운 수학의품격	최범균 전문과외
오성원 전문과외	이원녕 대치명인학원	정다해 대치깊은생각동탄본원	최병희 원탑영어수학입시전문학원

최성필 서진수학
최수지 싹수학학원
최수진 재밌는수학
최승권 스터디올킬학원
최영성 에이블수학영어학원
최영식 수학의신학원
최용재 와이솔루션수학학원
최웅용 유타스 수학학원
최유미 분당파인만교육
최윤수 동탄김샘 신수연수학과학
최윤형 청운수학전문학원
최은경 목동학원, 입시는이쌤학원
최정윤 송탄중학교
최종찬 초당필탑학원
최지윤 전문과외
최지형 남양 뉴탑학원
최한나 수학의 아침
최효원 레벨업수학
표광수 수지 풀무질 수학전문학원
하정훈 하쌤학원
한경태 한경태수학전문학원
한규욱 알찬교육학원
한기언 한스수학전문학원
한미정 한쌤수학
한상훈 1등급 수학
한성필 더프라임
한수민 SM수학
한원규 스터디모드
한유호 에듀셀파 독학기숙학원
한은기 참선생 수학(동탄호수)
한인화 전문과외
한준희 매스탑수학전문사동분원학원
한지희 이음수학학원
한진규 SOS학원
함영호 함영호 고등수학클럽
허란 the배움수학학원
현승평 화성고등학교
홍규성 전문과외
홍성문 홍성문 수학학원
홍성미 홍수학
홍세정 전문과외
홍유진 평촌 지수학학원
홍의찬 원수학
홍재욱 셈마루수학학원
홍정욱 광교김샘수학 3.14고등수학
홍지윤 HONGSSAM창의수학
황두연 딜라이트 영어수학
황민지 수학하는날 수학교습소
황삼철 멘토수학
황선아 서나수학
황애리 애리수학
황영미 오산일신학원
황은지 멘토수학과학학원
황인영 더올림수학학원
황재철 성빈학원
황지훈 명문JS입시학원
황희찬 아이엘에스 학원

◇ 부산 ◇

고경희 대연고등학교
권병국 케이스학원
권영린 과사람학원
김경희 해운대 수학 와이스터디
김나현 MI수학학원
김대현 연제고등학교
김명선 김쌤 수학
김민 금정미래탐구
김민규 다비드수학학원
김민지 블랙박스수학전문학원
김유상 끝장교육
김정은 피엠수학학원
김지연 김지연수학교습소
김태경 Be수학학원
김태영 뉴스터디종합학원
김태진 한빛단과학원
김현정 플러스민쌤수학교습소
김효상 코스터디학원
나기열 프로매스수학교습소
노하영 확실한수학학원
류형수 연제한샘학원
문서현 명품수학
민상회 민상회수학
박대성 키움수학교습소
박성칠 프라임학원
박연주 매쓰메이트 수학학원
박재용 해운대 수학 와이스터디
박주형 삼성에듀학원
배진옥 전문과외
배철우 명지 명성학원
백융일 과사람학원
서자현 과사람학원
서평승 신의학원
손희옥 매쓰폴수학전문학원(부암동)
송유림 한수연하이매쓰학원
신동훈 과사람학원
안남희 실력을키움수학
안찬종 전문과외
오인혜 하단초 수학교실
원옥영 괴정스타삼성영수학원
유소영 파플수학
이경덕 수학으로 물들어 가다
이동건 PME수학학원
이상욱 MI수학학원
이아름누리 청어람학원
이연희 부산 해운대 오른수학
이영민 MI수학학원
이은련 더플러스수학교습소
이정화 수학의 힘 가야캠퍼스
이지영 오늘도, 영어 그리고 수학
이지은 한수연하이매쓰
이철 과사람학원
이효정 해 수학
전완재 강앤전수학학원
정운용 정쌤수학교습소
정의진 남천다수인
정휘수 제이매쓰수학방
정희정 정쌤수학

조아영 플레이팩토오션시티교육원
조우영 위드유수학학원
조은영 MIT수학교습소
조훈 캔필학원
채송화 채송화 수학
최수정 이루다수학
최준승 주감학원
한주환 과사람학원(해운센터)
한혜경 한수학교습소
허재영 정관 자하연
허윤정 올림수학전문학원
허정인 삼정고등학교
황성필 다원KNR
황영찬 이룸수학
황진영 진심수학
황하남 과학수학의봄날학원

◇ 울산 ◇

강규리 퍼스트클래스 수학영어전문학원
고규라 고수학
고영준 비엠더블유수학전문학원
권상수 호크마수학전문학원
권희선 전문과외
김민정 전문과외
김봉조 퍼스트클래스 수학영어전문학원
김수영 학명수학학원
김영배 화정김쌤수학과학학원
김제득 퍼스트클래스수학전문학원
김현조 깊은생각수학학원
나순현 물푸레수학교습소
박국진 강한수학전문학원
박민식 위더스수학전문학원
박원기 에듀프레소종합학원
반려진 우정 수학의달인
성수경 위룰수학영어전문학원
안지환 전문과외
오종민 수학공작소학원
유아름 더쌤수학전문학원
이승목 울산 옥동 위너수학
이윤희 제이앤에스영어수학
이은수 삼산차수학학원
이한나 꿈꾸는고래학원
정경래 로고스영어수학학원
최규종 울산뉴토모수학전문학원
최영희 재미진최쌤수학
최이영 한양수학전문학원
한창희 한선생&최선생 studyclass
허다민 대치동허쌤수학

◇ 경남 ◇

강경희 티오피에듀
강도윤 강도윤수학컨설팅학원
강지혜 강선생수학학원
고민정 고민정 수학교습소
고병옥 옥쌤수학과학학원
고성대 Math911
고은정 수학은고쌤학원

권영애 전문과외
김경문 참조은학원
김가령 킴스아카데미
김기현 수과람학원
김미양 오렌지클래스학원
김민석 한수위수학학원
김민정 창원스키마수학
김병철 CL학숙
김선희 책벌레국영수학원
김양준 이룸학원
김연지 CL학숙
김옥경 다온수학전문학원
김인덕 성지여자고등학교
김정두 해성고등학교
김지니 수학의달인
김진형 수풀림 수학학원
김치남 수나무학원
김해성 AHHA수학
김형균 칠원채움수학
김혜영 프라임수학
노경희 전문과외
노현석 비코즈수학전문학원
문소영 문소영수학관리학원
민동록 민쌤수학
박규태 에듀탑영수학원
박소현 오름수학전문학원
박영진 대치스터디 수학학원
박우열 앤즈스터디메이트
박임수 고탑(GO TOP)수학학원
박정길 아쿰수학학원
박주연 마산무학여자고등학교
박진수 펠릭스수학학원
박혜인 참좋은학원
배미나 이루다 학원
배종우 매쓰팩토리수학학원
백은애 매쓰플랜수학학원 양산물금지점
백장태 창원중앙LNC학원
백지현 백지현수학교습소
서주량 한입수학
송상윤 비상한수학학원
신욱희 창익학원
안지영 모두의수학학원
어다혜 전문과외
유인영 마산중앙고등학교
유준성 시퀀스영수학원
윤영진 유클리드수학과학학원
이근영 매스마스터수학전문학원
이아름 애시앙 수학맛집
이유진 멘토수학교습소
이정훈 장정미수학학원
이지수 수과람영재에듀
이진우 전문과외
이현주 진해 즐거운 수학
전창근 수과원학원
정승엽 해남학원
조소현 스카이하이영수학원
주기호 비상한수학국어학원
진경선 탑앤탑수학학원
최소현 펠릭스수학학원

하수미 진동삼성영수학원	백승대 백박사학원	황지현 위드제스트수학학원	조현정 올댓수학
하윤석 거제 정금학원	백태민 학문당입시학원		채원석 영남삼육고등학교
한광록 대치퍼스트학원	백현식 바른입시학원		최민 엠베스트 옥계점
한희광 양산성신학원	변용기 라온수학학원	**◇— 경북 —◇**	최수영 수학만영어도학원
황진호 타임수학학원	서경도 보승수학study	강경훈 예천여자고등학교	최이광 혜윰플러스학원
	서재은 절대등급수학	강혜연 BK 영수전문학원	추민지 닥터박 수학학원
	성웅경 더빡쎈수학학원	권수지 에임(AIM)수학교습소	표현석 안동풍산고등학교
◇— 대구 —◇	손승연 스카이수학	권오준 필수학영어학원	홍영준 하이맵수학학원
강민영 매씨지수학학원	손태수 트루매쓰 학원	권호준 인투학원	홍현기 비상아이비츠학원
고민정 전문과외	송영배 수학의정원	김대훈 이상렬입시학원	
곽미선 좀다른수학	신광섭 광 수학학원	김동수 문화고등학교	
곽병무 다원MDS	신수진 폴리아수학학원	김동욱 구미정보고등학교	**◇— 광주 —◇**
구정모 제니스	신은경 황금라온수학교습소	김득락 우석여자고등학교	강민결 광주수피아여자중학교
구현태 나인쌤 수학전문학원	양갱일 양쌤수학과학학원	김보아 매쓰킹공부방	강승완 블루마인드아카데미
권기현 이렇게좋은수학교습소	오세욱 IP수학과학학원	김성용 경북 영천 이리풀수학	공민지 심미선수학학원
권보경 수%수학교습소	유화진 진수학	김수현 꿈꾸는 아이	곽웅수 카르페영수학원
김기연 스텝업수학	윤기호 샤인수학	김영희 라온수학	김국진 김국진짜학원
김대운 중앙sky학원	윤석창 수학의창학원	김윤정 더채움영수학원	김국철 풍암필즈수학학원
김동규 폴리아수학학원	윤혜정 채움수학학원	김은미 매쓰그로우 수학학원	김대균 김대균수학학원
김동영 통쾌한 수학	이규철 좋은수학	김이슬 포항제철고등학교	김미경 임팩트학원
김득현 차수학(사월보성점)	이나경 대구지성학원	김재경 필즈수학영어학원	김안나 풍암필즈수학학원
김명서 샘수학	이남희 이남희수학	김정훈 현일고등학교	김원진 메이블수학전문학원
김미소 에스엠과학수학학원	이동환 동환수학	김형진 닥터박수학전문학원	김은석 만문제수학전문학원
김미정 일등수학학원	이명희 잇츠생각수학 학원	남준영 아르베수학전문학원	김재광 디투엠 영수전문보습학원
김상우 에이치투수학 교습소	이원경 엠제이통수학영어학원	문소연 조쌤보습학원	김종민 퍼스트수학학원
김수영 봉덕김쌤수학학원	이은주 전문과외	박명훈 메디컬수학학원	김태성 일곡지구 김태성 수학
김수진 지니수학	이인호 본투비수학교습소	박윤신 한국수학교습소	김현진 에이블수학학원
김영진 더퍼스트 김진학원	이일균 수학의달인 수학교습소	박진성 포항제철중학교	나혜경 고수학학원
김우진 종로학원하늘교육 사월학원	이종환 이꼼수학	방성훈 유성여자고등학교	박용우 광주 더샘수학학원
김재홍 경일여자중학교	이준우 깊을준수학	배재현 수학만영어도학원	박주홍 KS수학
김정우 이룸수학학원	이진욱 시지이룸수학학원	백기남 수학만영어도학원	박충현 본수학과학학원
김종희 학문당입시학원	이창우 강철에프엠수학학원	성세현 이투스수학두호장량학원	박현영 KS수학
김지연 찐수학	이태형 가토수학과학학원	소효진 전문과외	변석주 153유클리드수학전문학원
김지영 더이룸국어수학	이효진 진선생수학학원	손나래 이든샘영수학원	빈선욱 빈선욱수학전문학원
김지은 정화여자고등학교	임신옥 KS수학학원	손주희 이루다수학과학	서세은 피타과학수학학원
김진수 수학의진수수학교습소	임유진 박진수학	송종진 김천중앙고등학교	손광일 송원고등학교
김창섭 섭수학과학학원	장두영 바움수학학원	신승규 영남삼육고등학교	송승용 송승용수학학원
김태진 구정남수학전문학원	장세완 장선생수학학원	신승용 유신수학전문학원	신예준 광주 JS영재학원
김태환 로고스 수학학원(침산원)	장현정 전문과외	신지현 문영어수학 학원	신현석 프라임아카데미
김해은 한상철수학학원	전동형 땡큐수학학원	신채은 포항제철고등학교	양귀제 양선생수학전문학원
김현숙 METAMATH	전수민 전문과외	염성군 근화여고	양동식 A+수리수학원
김효선 매쓰업	전지영 전지영수학	오선민 수학만영어도	이만재 매쓰로드수학 학원
노경희 전문과외	정민호 스테듀입시학원	오세현 칠곡수학여우공부방	이상혁 감성수학
문소연 연쌤 수학비법	정은숙 페르마학원	오윤경 닥터박수학학원	이승현 본영수학원
문윤정 전문과외	정재현 율사학원	윤장영 윤쌤아카데미	이주현 리얼매쓰수학전문학원
민병문 엠플수학	조성애 조성애세움영어수학학원	이경하 안동 풍산고등학교	이창현 알파수학학원
박경득 파란수학	조익제 MVP수학학원	이다례 문매쓰달쌤수학	이채연 알파수학학원
박도희 전문과외	조인혁 루트원수학과학학원	이민선 공감수학학원	이충현 전문과외
박민정 빡쎈수학교습소	범어시매쓰영재교육	이상윤 전문가집단 영수학원	이헌기 보문고등학교
박산성 Venn수학	조지연 연쌤영·수학원	이상현 인투학원	어흥범 매쓰피아
박선희 전문과외	주기헌 송현여자고등학교	이성국 포스카이학원	임태관 매쓰멘토수학전문학원
박옥기 매쓰플랜수학학원	최대진 엠프로학원	이영성 영주여자고등학교	장민경 일대일코칭수학학원
박정욱 연세(SKY)스카이수학학원	최시연 이룸수학 교습소	이재광 생존학원	장성태 장성태수학학원
박지훈 더엠수학학원	최정이 탑수학교습소(국우동)	이재억 안동고등학교	전주현 이창길수학학원
박철진 전문과외	최현정 MQ멘토수학	이혜은 김천고등학교	정다원 광주인성고등학교
박태호 프라임수학교습소	하태호 팀하이퍼 수학학원	장아름 아름수학 학원	정다희 다희쌤수학
박현주 매쓰플래너	한원기 한쌤수학	전정현 YB일등급수학학원	정미연 신샘수학학원
방소연 나인쌤수학학원	현혜수 현혜수 수학	정은주 정스터디	정수인 더최선학원
배한국 굿쌤수학교습소	황가영 루나수학	조진우 늘품수학학원	정원섭 수리수학학원

정인용 일품수학학원
정재윤 대성여자중학교
정태규 가우스수학전문학원
정형진 BMA롱맨영수학원
조은주 조은수학교습소
조일양 서안수학
조현진 조현진수학학원
조형서 전문과외
천지선 고수학학원
최성호 광주동신여자고등학교
최승희 더풀수학학원
최지웅 미라클학원

◇— 전남 —◇
김광현 한수위수학학원
김도희 가람수학전문과외
김성문 창평고등학교
김은경 목포덕인고
김은지 나주혁신위즈수학영어학원
박미옥 목포폴리아학원
박유정 해봄학원
박진성 해남한가람학원
백지하 M&m
유혜정 전문과외
이강화 강승학원
임정원 순천매산고등학교
정현옥 Jk영수전문
조두희
조예은 스페셜매쓰
진양수 목포덕인고등학교
한지선 전문과외

◇— 전북 —◇
강원택 탑시드 영수학원
권정욱 권정욱 수학과외
김석진 영스타트학원
김선호 혜명학원
김성혁 S수학전문학원
김수연 전선생 수학학원
김재순 김재순수학학원
김혜정 차수학
나승현 나승현전유나수학전문학원
문승혜 이일여자고등학교
민태홍 전주한일고
박광수 박선생수학학원
박미숙 매쓰트리 수학전문 (공부방)
박미화 엄쌤수학전문학원
박선미 박선생수학학원
박세희 멘토이젠수학
박소영 황규종수학전문학원
박영진 필즈수학학원
박은미 박은미수학교습소
박재성 올림수학중원
박지유 박지유수학전문학원
박철우 청운학원
배태익 스키마아카데미 수학교실
서현수 수학귀신

성영재 성영재수학전문학원
성준우 광양제철고등학교
손주형 전주토피아어학원
송시영 블루오션수학학원
신영진 유나이츠 학원
심우성 오늘은수학학원
양옥희 쎈수학 전주혁신학원
양은지 군산중앙고등학교
양재호 양재호카이스트학원
양형준 대들보 수학
오윤하 오늘도신이나효자학원
유현수 수학당 학원
윤병오 이투스247학원 익산
이가영 마루수학국어학원
이은지 리젠입시학원
이인성 전주우림중학교
이정현 로드맵수학학원
이지원 전문과외
이한나 알파스터디영어수학전문학원
이혜상 S수학전문학원
임승진 이터널수학영어학원
정용재 성영재수학전문학원
정혜승 샤인학원
정환희 릿지수학학원
조세진 수학의 길
채승희 윤영권수학전문학원
최성훈 최성훈수학학원
최영준 최영준수학학원
최윤 엠투엠수학학원
최형진 수학본부중고등수학전문학원

◇— 대전 —◇
강유식 연세제일학원
강홍규 최강학원
강희규 최성수학학원
고지훈 고지훈수학 지적공감학원
권은향 권샘수학
김근아 닥터매쓰205
김근호 MCstudy 학원
김남홍 대전 종로학원
김덕한 더칸수학전문학원
김도혜 더브레인코어 수학
김복응 더브레인코어 수학
김상헌 세종입시학원
김수빈 제타수학학원
김승환 청운학원
김영우 뉴샘학원
김윤혜 슬기로운수학
김은지 더브레인코어 수학
김일화 대전 엘트
김주성 대전 양영학원
김지현 파스칼 대덕학원
김진 발상의전환 수학전문학원
김진수 김진수학교실
김태형 청명대입학원
김하은 고려바움수학학원
나효명 열린아카데미
류재원 양영학원

박지성 엠아이큐수학학원
배용제 굿티처강남학원
서동원 수학의 중심학원
서영준 힐탑학원
선진규 로하스학원
손일형 손일형수학
송규성 하이클래스학원
송다인 일인주의학원
송정은 바른수학
심훈흠 일인주의 학원
오세준 오엠수학교습소
오우진 양영학원
우현석 EBS 수학우수학원
유수림 이앤유수학학원
유준호 더브레인코어 수학
윤석주 윤석주수학전문학원
이규영 쉐마수학학원
이봉환 메이저
이성재 알파수학학원
이수진 대전관저중학교
이인욱 양영학원
이일녕 양영학원
이준희 전문과외
이채윤 대전대신고등학교
인승열 신성수학나무 공부방
임병수 모티브에듀학원
임율리 더브레인코어 수학
임현호 전문과외
장용훈 프라임수학교습소
전하윤 전문과외
전혜진 일인주의학원
정재현 양영수학학원
조영선 대전 관저중학교
조용호 오르고 수학학원
조충현 로하스학원
진상욱 양영학원 특목관
차영진 연세언더우드수학
최지영 둔산마스터학원
홍진국 저스트수학
황성필 일인주의학원
황은실 나린학원

◇— 세종 —◇
강태원 원수학
고창균 더올림입시학원
권현수 권현수 수학전문학원
김기평 바른길수학전문학원
김서현 봄날영어수학학원
김수경 김수경수학교실
김영웅 반곡고등학교
김혜림 너희가꽃이다
류바른 세종 YH영수학원(중고등관)
배명욱 GTM수학전문학원
배지후 해밀수학과학학원
윤여민 전문과외
이경민 매쓰 히어로(공부방)
이민호 세종과학예술영재학교
이지희 수학의강자학원

이현아 다정 현수학
장준영 백년대계입시학원
조은애 전문과외
최성실 샤워너스학원
최시안 고운동 최쌤수학
황성관 전문과외

◇— 충북 —◇
고정균 엠스터디수학학원
구강서 상류수학 전문학원
구태우 전문과외
김경희 점프업수학
김대호 온수학전문학원
김미화 참수학공간학원
김병용 동남 수학하는 사람들 학원
김영은 연세고려E&M
김용구 용프로수학학원
김재광 노블가온수학학원
김정호 생생수학
김주희 매쓰프라임수학학원
김하나 하나수학
김현주 루트수학학원
문지혁 수학의 문 학원
박영경 전문과외
박준 오늘수학 및 전문과외
안진아 전문과외
윤성길 엑스클래스 수학학원
윤성희 윤성수학
이경미 행복한수학 공부방
이예찬 입실론수학학원
이지수 일신여자고등학교
전병호 이루다 수학
정수연 모두의 수학
조병교 에르매쓰수학학원
조형우 와이파이수학학원
최윤아 피티엠수학학원
한상호 한매쓰수학전문학원
홍병관 서울학원

◇— 충남 —◇
강범수 전문과외
고영지 전문과외
권순필 에이커리어학원
권오운 광풍중학교
김경민 수학다이닝학원
김명은 더하다 수학
김태화 김태화수학학원
김한빛 한빛수학학원
김현영 마루공부방
남구현 내포 강의하는 아이들
노서윤 스터디멘토학원
박유진 제이홈스쿨
박재혁 명성학원
박혜정
서봉원 서산SM수학교습소
서승우 전문과외
서유리 더배움영수학원

서정기　시너지S클래스 불당학원
성유림　Jns오름학원
송명준　JNS오름학원
송은선　전문과외
송재호　불당한일학원
신경미　Honeytip
신유미　무한수학학원
유정수　천안고등학교
유창훈　전문과외
윤보희　충남삼성고등학교
윤재웅　베테랑수학전문학원
윤지영　더올림
이근영　홍주중학교
이봉이　더수학 교습소
이승훈　탑씨크리트
이아람　퍼펙트브레인학원
이은아　한다수학학원
이재장　깊은수학학원
이현주　수학다방
장정수　G.O.A.T수학
전성호　시너지S클래스학원
전혜영　타임수학학원
조현정　J.J수학전문학원
채영미　미매쓰
최문근　천안중앙고등학교
최소영　빛나는수학
최원석　명사특강
한상훈　신불당 한일학원
한호선　두드림영어수학학원
허영재　와이즈만 영재교육학원

이민호　하이탑 수학학원
이우성　이코수학
이태현　하이탑 수학학원
장윤의　수학의부활 이코수학
정복인　하이탑 수학학원
정인혁　수학과통하다학원
최수남　강릉 영·수배움교실
최재현　KU고대학원
최정현　최강수학전문학원

◇── 제주 ──◇

강경혜　강경혜수학
고진우　전문과외
김기정　저청중학교
김대환　The원 수학
김보라　라딕스수학
김시운　전문과외
김지영　생각틔움수학교실
김홍남　셀파우등생학원
류혜선　진정성 영어수학학원
박승우　남녕고등학교
박찬　찬수학학원
오동조　에임하이학원
오재일
이민경　공부의마침표
이상민　서이현아카데미
이선혜　더쎈 MATH
이현우　루트원플러스입시학원
장영환　제로링수학교실
편미경　편쌤수학
하혜림　제일아카데미
현수진　학고제 입시학원

◇── 강원 ──◇

고민정　로이스물맷돌수학
강선아　펀&FUN수학학원
김명동　이코수학
김서인　세모가꿈꾸는수학당학원
김성영　빨리강해지는 수학 과학 학원
김성진　원주이루다수학과학학원
김수지　이코수학
김호동　하이탑 수학학원
남정훈　으뜸장원학원
노명훈　노명훈쌤의 알수학학원
노명희　탑클래스
박미경　수올림수학전문학원
박병석　이코수학
박상윤　박상윤수학
박수지　이코수학학원
배형진　화천학습관
백경수　춘천 이코수학
손선나　전문과외
손영숙　이코수학
신동혁　수학의 부활 이코수학
신현정　hj study
심상용　동해 과수원 학원
안현지　전문과외
오준환　수학다움학원
윤소연　이코수학
이경복　전문과외

어 삼 쉬 사

Plus+

어삼쉬사를 넘어 1등급 도전이 시작된다.

3
4

확률과
통계

240제

수능 수학
'어려운 3점~쉬운 4점'을 공략한다!

수능 및 평가원 모의평가 수학영역의 문제의 배점은 2점, 3점, 4점으로 구분되며
배점이 높은 문항일수록 난이도가 어렵게 출제됩니다.
하지만 배점이 같은 문항이지만 시험의 변별력을 위해
공통과목 선다형 마지막 문항인 15번과 단답형 마지막 문항인 22번, 선택과목 마지막 문항인 30번은
다른 4점 문항에 비해서도 높은 난이도의 문제로 출제되고 있습니다.
마찬가지로 3점 문항도 출제 번호에 따라 난이도가 다르게 출제되고 있습니다.
그렇기 때문에 모의고사 30문항을 난이도에 따라 '2점', '쉬운 3점', '어려운 3점', '쉬운 4점', '어려운 4점'
으로 분류하여 학습 목표에 따라 난이도별 집중 학습 전략을 세우는 것이 중요합니다.
다음은 수능 수학영역 30문항을 난이도에 따라 분류한 예입니다.

구분	공통과목																						선택과목							
점수	2점		쉬운 3점				어려운 3점		쉬운 4점						어려운 4점	쉬운 3점			어려운 3점	쉬운 4점		어려운 4점	2점	쉬운 3점			어려운 3점	어려운 4점	쉬운 4점	어려운 4점
번호	1	2	3	4	5	6	7	8	9	10	11	12	13	14	15	16	17	18	19	20	21	22	23	24	25	26	27	28	29	30

어려운 3점~쉬운 4점 문항에 대한 연습이 부족하다면
중하위권 학생은 고득점은커녕 '어려운 4점' 문항을 풀기도 전에 시험시간 100분이 다 지나가버릴 수 있고,
상위권 학생은 실수로 앞의 문항을 틀려 '어려운 4점' 문항을 풀었더라도 본인의 목표를 달성하지 못할 수 있습니다.

그렇다면 어떻게 어려운 3점~쉬운 4점 문항들을 연습해야 할까요?
그 해답은 수학영역 30문항 중 '허리'에 해당하는 어려운 3점~쉬운 4점을 집중 공략하는 <어삼쉬사>에 있습니다.
중하위권 학생이라면 빈출 유형을 집중적으로 연습하여 완벽히 해결하고 본인의 약점을 파악하여 보완할 수 있습니다.
상위권 학생이라면 빠르고 정확하게 문항을 푸는 습관을 길러 실수를 줄이고
어려운 4점 문항을 풀 시간을 확보할 수 있습니다.
많은 학생들이 <어삼쉬사>를 통해 목표하는 등급의 고지를 점령하길 바랍니다.

이 책의 목차

I 경우의 수   7

1. 순열과 조합

2. 이항정리

II 확률   47

1. 확률의 뜻과 활용

2. 조건부확률

III 통계   87

1. 확률분포

2. 통계적 추정

부록   핵심 문제 **짝기출**   131

구성과 특징

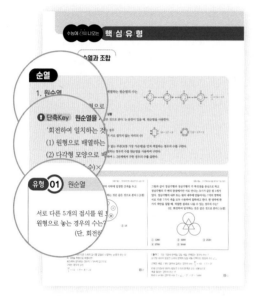

수능에 진짜 나오는 핵/심/유/형

■ **개념정리**
  • 수능에 진짜 나오는 핵심 개념 정리 제공

■ **① 단축Key**
  • 문제 접근 순서, 예시를 통해 빠르게 푸는 방법 제공

■ **대표기출**
  • 유형 이해를 돕기 위한 대표 기출문제와 해설 제시
  • 너기출과 연계 학습이 가능하도록 동일한 유형 분류 제시

어려운 3점 쉬운 4점 핵/심/문/제

■ **10문항씩 1세트, 총 24세트 구성**
  • 기출의 핵심내용 담은 100% 제작문제
  • 각 대단원별 8세트를 난이도 순으로 수록
  • 세트별 고른 유형 분배로 단원별 전범위 학습 가능

■ **'유형', '짝기출' 번호 제시**
  • 약점 유형, 제작 모티브가 된 기출문제 확인 가능

|부록| 핵심 문제 짝기출

■ **문항 제작의 모티브가 된 기출문제를 '짝기출'로 제시**
  • 제작 문제와 실제 기출문제의 핵심 아이디어 비교 가능
    (짝기출은 해설 없이 정답만 제공)

도서 활용방법 — 학습진단표

약점 유형 확인

각 유형별로 틀린 문제를 기입하여 약점 유형 확인 및 복습

I. 경우의 수

중단원명	유형명	문항번호	틀린개수
순열과 조합 ①	01 원순열	003, 018, 026, 037, 048, 055, 066, 067, 071	3 / 9개
	02 중복순열(1) - 숫자 또는 문자 나열하기	009, 022, 045, 061	/ 4개
	03 중복순열(2) - 집합, 함수의 개수	013, 029, 033, 047, 059, 070, 077	2 / 7개
	04 중복순열(3) - 나누어 배정하기	002, 024, 044, 054, 074	/ 5개
	05 같은 것이 있는 순열(1) - 서로 같은 대상을 포함할 때	005, 007, 020, 025, 032, 034, 046, 057	/ 8개
	06 같은 것이 있는 순열(2) - 일부 대상의 순서가 정해져 있을 때	014, 023, 053, 063, 076	1 / 5개
	07 최단경로의 수	004, 042, 075	2 / 3개
	08 중복조합(1) - 내적 문제 해결	008, 010, 016, 017, 019, 027, 028, 036, 039, 040, 049, 052, 058, 060, 064, 068, 069, 078, 079	2 / 19개
	09 중복조합(2) - 외적 문제 해결	015, 030, 038, 050, 056, 065, 080	/ 7개
이항정리 ②	10 이항정리(1) - 전개식에서 특정 항의 계수 구하기	001, 021, 031, 062	/ 4개
	11 이항정리(2) - 전개식에서 미지수 구하기	012, 035, 041, 072	2 / 4개
	12 이항정리의 응용	006, 011, 043, 051, 073	/ 5개

II. 확률

중단원명	유형명	문항번호	틀린개수
확률의 뜻과 활용 ①	01 수학적 확률의 뜻(1) - 일일이 세기	085, 094, 105, 112, 133, 145, 156	/ 7개
	02 수학적 확률의 뜻(2) - 순열·조합을 이용하여 세기	084, 086, 097, 100, 110, 113, 114, 120, 122, 127, 132, 135, 140, 143, 155	/ 15개
	03 확률의 덧셈정리(1) - 확률로 확률 계산	081, 111	/ 2개
	04 확률의 덧셈정리(2) - 활용	082, 093, 098, 102, 104, 118, 119, 125, 130, 144, 149, 154, 158	/ 13개
조건부확률 ②	05 조건부확률의 뜻과 계산	101, 131, 151	/ 3개
	06 조건부확률의 활용(1) - 확률 주어질 때	087, 099, 108, 129, 136, 139, 147, 153, 159	/ 9개
	07 조건부확률의 활용(2) - 원소 개수 주어질 때	083, 107, 116, 126, 137, 142	/ 6개
	08 조건부확률의 활용(3) - 비율 주어질 때	088, 117, 124	/ 3개
	09 확률의 곱셈정리	096, 109, 123, 138, 146, 157	/ 6개
	10 사건의 독립과 종속(1) - 확률로 확률 계산	091, 121, 141	/ 3개
	11 사건의 독립과 종속(2) - 뜻과 활용	090, 106, 115, 148	/ 4개
	12 독립시행의 확률	089, 092, 095, 103, 128, 134, 150, 152, 160	/ 9개

풀이 시간 확인

SET별로 풀이 시간을 기입하여 시간 단축 연습

I. 경우의 수

SET	SET 01	SET 02	SET 03	SET 04	SET 05	SET 06	SET 07	SET 08
Time	15분	15분	15분	20분	15분	25분	25분	20분

II. 확률

SET	SET 09	SET 10	SET 11	SET 12	SET 13	SET 14	SET 15	SET 16
Time	15분	15분	15분	20분	15분	25분	25분	20분

III. 통계

SET	SET 17	SET 18	SET 19	SET 20	SET 21	SET 22	SET 23	SET 24
Time	15분	15분	15분	20분	15분	25분	25분	20분

① 개념학습 및 대표기출로 유형을 학습한다.

② 한 세트를 시간을 재고 푼다.

③ 답을 맞추어 보고, 틀린 문제와 풀이 시간을 '학습진단표'에 기록한다.

④ 이렇게 총 24세트 분량을 '학습진단표'에 기록한 후 자신의 약점 유형을 찾는다.

⑤ 개념 및 대표기출, 짝기출 등을 활용하여 약점을 보완한다.

I

경우의 수

중단원명	유형명	문항번호
① 순열과 조합	유형 01 원순열	003, 018, 026, 037, 048, 055, 066, 067, 071
	유형 02 중복순열(1) – 숫자 또는 문자 나열하기	009, 022, 045, 061
	유형 03 중복순열(2) – 집합, 함수의 개수	013, 029, 033, 047, 059, 070, 077
	유형 04 중복순열(3) – 나누어 배정하기	002, 024, 044, 054, 074
	유형 05 같은 것이 있는 순열(1) – 서로 같은 대상을 포함할 때	005, 007, 020, 025, 032, 034, 046, 057
	유형 06 같은 것이 있는 순열(2) – 일부 대상의 순서가 정해져 있을 때	014, 023, 053, 063, 076
	유형 07 최단경로의 수	004, 042, 075
	유형 08 중복조합(1) – 내적 문제 해결	008, 010, 016, 017, 019, 027, 028, 036, 039, 040, 049, 052, 058, 060, 064, 068, 069, 078, 079
	유형 09 중복조합(2) – 외적 문제 해결	015, 030, 038, 050, 056, 065, 080
② 이항정리	유형 10 이항정리(1) – 전개식에서 특정 항의 계수 구하기	001, 021, 031, 062
	유형 11 이항정리(2) – 전개식에서 미지수 구하기	012, 035, 041, 072
	유형 12 이항정리의 응용	006, 011, 043, 051, 073

1 순열과 조합

순열

1. 원순열

서로 다른 n개를 원형으로 배열하는 원순열의 수는

$$\frac{n!}{n} = (n-1)!$$

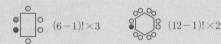

$$\frac{4!}{4} = (4-1)!$$

🔑 **단축Key** 원순열을 사용하는 상황

'회전하여 일치하는 것은 같은 것으로 본다.'는 문장이 있을 때, 원순열을 사용한다.

(1) 원형으로 배열하는 경우

(2) 다각형 모양으로 배열하는 경우

: (원순열의 수)×(회전하여 서로 겹치지 않는 자리의 수)

$(6-1)! \times 3$ $(12-1)! \times 2$

(3) 도형에 색칠하는 경우

[1단계] 원순열로 해결할 수 없는 부분(보통 가장 가운데)을 먼저 색칠하는 경우의 수를 구한다.

[2단계] 나머지 부분을 색칠하는 경우의 수를 원순열을 사용하여 구한다.

[3단계] 곱의 법칙을 사용하여 1, 2단계에서 구한 경우의 수를 곱한다.

유형 01 원순열

대표기출1 _ 2018학년도 9월 평가원 나형 6번

서로 다른 5개의 접시를 원 모양의 식탁에 일정한 간격을 두고 원형으로 놓는 경우의 수는?

(단, 회전하여 일치하는 것은 같은 것으로 본다.) [3점]

① 6   ② 12   ③ 18
④ 24   ⑤ 30

대표기출2 _ 2012학년도 6월 평가원 가형 15번

그림과 같이 정삼각형과 정삼각형의 각 꼭짓점을 중심으로 하고 정삼각형의 각 변의 중점에서만 서로 만나는 크기가 같은 원 3개가 있다. 정삼각형의 내부 또는 원의 내부에 만들어지는 7개의 영역에 서로 다른 7가지 색을 모두 사용하여 칠하려고 한다. 한 영역에 한 가지 색만을 칠할 때, 색칠한 결과로 나올 수 있는 경우의 수는?

(단, 회전하여 일치하는 것은 같은 것으로 본다.) [4점]

① 1260   ② 1680   ③ 2520
④ 3760   ⑤ 5040

| **풀이** | 서로 다른 5개의 접시를 일렬로 나열하는 순열의 수는 5!
이 각각을 원형으로 배열하면
회전하여 일치하는 경우가 5가지씩 있으므로
구하는 경우의 수는

$$\frac{5!}{5} = (5-1)! = 4! = 24$$

답 ④

| **풀이** | 가장 가운데 영역을 칠할 색을 선택하는 경우의 수는 7
삼각형 내부의 합동인 3개의 영역에 칠할 색을 선택하는 방법의 수는 $_6C_3$

선택한 색을 3개의 영역에 칠하는 경우의 수는 $\frac{3!}{3} = (3-1)! = 2!$

이때 삼각형의 외부의 합동인 3개의 영역은 모두 구분되므로
색을 칠하는 경우의 수는 3!
따라서 구하는 경우의 수는 $7 \times _6C_3 \times 2! \times 3! = 1680$

답 ②

2. 중복순열

서로 다른 n개에서 중복을 허용하여 r개를 택하여 일렬로 나열하는
중복순열의 수는

$$_n\Pi_r = n^r$$

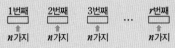

$$_n\Pi_r = \underbrace{n \times n \times n \times \cdots \times n}_{r\,\text{개}} = n^r$$

핵심유형

SET 01
SET 02
SET 03
SET 04
SET 05
SET 06
SET 07
SET 08

🔑 단축Key **중복순열을 사용하는 상황**

(1) 서로 다른 숫자(또는 문자) 3개 중에서 중복을 허용하여 4개를 택해 일렬로 나열하는 경우의 수 : $_3\Pi_4$

1번째	2번째	3번째	4번째
3개	3개	3개	3개

4개의 자리에는 각각 서로 다른 3개의 숫자(또는 문자) 중 한 개가 나열된다.

(2) 집합, 함수의 개수를 구하는 경우

　- 집합 A, B에 대하여 $n(A \cup B) = 4$일 때, 순서쌍 (A, B)의 개수 : $_3\Pi_4$

원소1	원소2	원소3	원소4
3가지	3가지	3가지	3가지

집합 $A \cup B$의 4개의 원소는 각각 서로소인
3개의 집합 $A - B$, $A \cap B$, $B - A$ 중 하나에만 속한다.

　- 함수 $f : X \to Y$에 대하여 $X = \{1, 2, 3, 4\}$, $Y = \{1, 2, 3\}$일 때, 함수 f의 개수 : $_3\Pi_4$

$f(1)$	$f(2)$	$f(3)$	$f(4)$
3개	3개	3개	3개

정의역 X의 4개의 원소는 각각 공역 Y의 3개의 원소 중 하나에만 대응한다.

(3) 서로 다른 3명의 사람에게 서로 다른 물건 4개를 남김없이 나누어 주는 경우의 수 : $_3\Pi_4$

물건1	물건2	물건3	물건4
3명	3명	3명	3명

서로 다른 4개의 물건은 각각 3명 중 한 사람에게 배정된다.

유형 02 중복순열(1) – 숫자 또는 문자 나열하기

대표기출3 _ 2023학년도 수능 (확률과 통계) 24번

숫자 1, 2, 3, 4, 5 중에서 중복을 허락하여 4개를 택해 일렬로
나열하여 만들 수 있는 네 자리의 자연수 중 4000 이상인 홀수의
개수는? [3점]

① 125　　　　② 150　　　　③ 175

④ 200　　　　⑤ 225

| **풀이** | 천의 자리의 수는 4, 5 중 하나, 일의 자리의 수는 1, 3, 5 중 하나를 뽑고
백의 자리와 십의 자리의 수는 1, 2, 3, 4, 5 중에서 중복을 허락하여 2개 뽑아
나열하면 되므로 구하는 홀수의 개수는
$2 \times 3 \times {}_5\Pi_2 = 2 \times 3 \times 25 = 150$　　　　**답** ②

유형 04 중복순열(3) – 나누어 배정하기

대표기출5 _ 2016학년도 6월 평가원 B형 9번

서로 다른 종류의 연필 5자루를 4명의 학생 A, B, C, D에게
남김없이 나누어 주는 경우의 수는?

(단, 연필을 받지 못하는 학생이 있을 수 있다.) [3점]

① 1024　　　　② 1034　　　　③ 1044

④ 1054　　　　⑤ 1064

| **풀이** | 서로 다른 종류의 연필 5자루는 각각 4명의 학생 A, B, C, D 중에서
한 명씩 중복을 허락하여 선택해서 나누어 주면 되므로
구하는 경우의 수는 $_4\Pi_5 = 4^5 = 1024$　　　　**답** ①

유형 03 중복순열(2) – 집합, 함수의 개수

대표기출4 _ 2005학년도 수능 가형 (이산수학) 28번

집합 $\{1, 2, 3, 4, 5, 6\}$의 서로소인 두 부분집합 A, B의 순서쌍
(A, B)의 개수는? [3점]

① 729　　　　② 720　　　　③ 243

④ 64　　　　⑤ 36

| **풀이** | 두 집합 A, B가 서로소이므로 $U = \{1, 2, 3, 4, 5, 6\}$이라 할 때
6개의 원소는 각각 A, B, $U - (A \cup B)$ 중 한 집합에만 속한다.

따라서 구하는 순서쌍 (A, B)의 개수는 $_3\Pi_6 = 3^6 = 729$　　　　**답** ①

3. 같은 것이 있는 순열

n개 중에서 같은 것이 p개, q개, $\cdots$, r개씩 있을 때, n개를 일렬로 나열하는 순열의 수는

$$\frac{n!}{p!\times q!\times\cdots\times r!}\ (\text{단, } p+q+\cdots+r=n)$$

〈$aaabb$를 일렬로 나열하는 경우의 수〉
a를 a_1, a_2, a_3라 하고 b를 b_1, b_2라 할 때
오른쪽 표의 $3!\times 2!$가지는 하나로 세어야 한다.
$\therefore \dfrac{5!}{3!\times 2!}$

$a_1\ b_1\ a_2\ a_3\ b_2$	$a_1\ b_2\ a_2\ a_3\ b_1$
$a_1\ b_1\ a_3\ a_2\ b_2$	$a_1\ b_2\ a_3\ a_2\ b_1$
$a_2\ b_1\ a_1\ a_3\ b_2$	$a_2\ b_2\ a_1\ a_3\ b_1$
$a_2\ b_1\ a_3\ a_1\ b_2$	$a_2\ b_2\ a_3\ a_1\ b_1$
$a_3\ b_1\ a_1\ a_2\ b_2$	$a_3\ b_2\ a_1\ a_2\ b_1$
$a_3\ b_1\ a_2\ a_1\ b_2$	$a_3\ b_2\ a_2\ a_1\ b_1$

단축Key 같은 것이 있는 순열을 사용하는 상황

(1) 서로 같은 대상을 포함한 것을 일렬로 나열하는 경우

(2) 순서가 정해진 대상이 있는 경우
: 순서가 정해진 대상을 서로 같은 것으로 생각하여 일렬로 나열한 후 그 자리에 대상들을 정해진 순서에 맞게 넣는다고 생각한다.

1, 2, 3, 4, 5를 일렬로 나열할 때, 1, 2, 3은 이 순서대로 나열하는 경우는
1, 2, 3을 모두 A로 생각하여 A, A, A, 4, 5를 일렬로 나열한 후
다시 A에 1, 2, 3 순서로 넣는 경우와 같다. $\therefore \dfrac{5!}{3!}$

예 5, A, A, 4, A
5, 1, 2, 4, 3

(3) 기본 방향인 →가 p개, ↑가 q개로 이루어진 최단 경로의 수
: $\dfrac{(p+q)!}{p!\times q!}$

유형 05 같은 것이 있는 순열(1) - 서로 같은 대상을 포함할 때

대표기출6 _ 2012학년도 수능 가형 5번

흰색 깃발 5개, 파란색 깃발 5개를 일렬로 모두 나열할 때, 양 끝에 흰색 깃발이 놓이는 경우의 수는?
(단, 같은 색 깃발끼리는 서로 구별하지 않는다.) [3점]

① 56 ② 63 ③ 70
④ 77 ⑤ 84

| 풀이 | 양 끝에 각각 흰색 깃발을 놓고
그 사이에 흰색 깃발 3개, 파란색 깃발 5개를 일렬로 나열하면 되므로
$\dfrac{8!}{3!\,5!}=56$

답 ①

유형 06 같은 것이 있는 순열(2) - 일부 대상의 순서가 정해져 있을 때

대표기출7 _ 2014학년도 6월 평가원 B형 5번

1부터 6까지의 자연수가 하나씩 적혀 있는 6장의 카드가 있다. 이 카드를 모두 한 번씩 사용하여 일렬로 나열할 때, 2가 적혀 있는 카드는 4가 적혀 있는 카드보다 왼쪽에 나열하고 홀수가 적혀 있는 카드는 작은 수부터 크기 순서로 왼쪽부터 나열하는 경우의 수는? [3점]

① 56 ② 60 ③ 64
④ 68 ⑤ 72

| 풀이 | 2와 4가 적혀 있는 카드끼리 순서가 정해져 있으므로 두 카드를 a, a라 하고 홀수가 적혀 있는 카드끼리도 순서가 정해져 있으므로
홀수가 적힌 세 카드를 b, b, b라 하여
a, a, b, b, b, 6을 나열하는 경우의 수는 $\dfrac{6!}{2!\,3!}=60$

답 ②

유형 07 최단경로의 수

대표기출8 _ 2024학년도 9월 평가원 (확률과 통계) 24번

그림과 같이 직사각형 모양으로 연결된 도로망이 있다. 이 도로망을 따라 A지점에서 출발하여 P지점을 거쳐 B지점까지 최단 거리로 가는 경우의 수는? [3점]

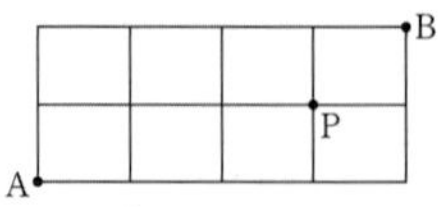

① 6 ② 7 ③ 8
④ 9 ⑤ 10

| 풀이 | A 지점에서 P 지점까지 최단거리로 가려면 →, ↑ 방향으로 각각 3번, 1번씩 이동해야 하므로 →, →, →, ↑을 나열하는 경우의 수는 $\dfrac{4!}{3!}=4$
P 지점에서 B 지점까지 최단거리로 가려면 →, ↑ 방향으로 각각 1번씩 이동해야 하므로 →, ↑을 나열하는 경우의 수는 $2!=2$
따라서 구하는 경우의 수는 $4\times 2=8$

답 ③

조합

1. 중복조합

서로 다른 n개에서 순서를 생각하지 않고 중복을 허용하여
r개를 택하는 중복조합의 수는

$$_n\mathrm{H}_r = {}_{n+r-1}\mathrm{C}_r$$

3개의 문자 a, b, c에서 중복을 허용하여 4개를 택하는 중복조합의 수는
문자 종류 3개의 경계를 나타내는 $(3-1)$개의 ▌와
선택한 문자를 나타내는 4개의 ●를 일렬로 나열하는 경우의 수와 같다.

$$_3\mathrm{H}_4 = \frac{(3-1+4)!}{(3-1)!\,4!} = {}_{3+4-1}\mathrm{C}_4$$

⑩ a, a, b, c ➡ ●●▌▌●

🔑 **단축Key 중복조합을 사용하는 상황**

(1) 방정식의 정수해의 개수를 구하는 경우

방정식 $x_1 + x_2 + x_3 = 4$에서

- 음이 아닌 정수해의 개수 : $_3\mathrm{H}_4$　서로 다른 3개의 문자 중에서 중복을 허락하여 4개를 선택하는 방법의 수와 같다.

- 양의 정수해의 개수 : $_3\mathrm{H}_{4-3}$　x_1, x_2, x_3을 각각 1개씩 선택한 후 3개의 문자 중 중복을 허락하여 $(4-3)$개를 선택한다.

(2) 부등식을 만족시키는 순서쌍의 개수를 구하는 경우

부등식 $1 \le x_1 \le x_2 \le x_3 \le x_4 \le 3$을 만족시키는　1부터 3까지 3개의 자연수 중에서 중복을 허락하여 4개를 선택하여
순서쌍 (x_1, x_2, x_3, x_4)의 개수 : $_3\mathrm{H}_4$　크기순으로 x_1, x_2, x_3, x_4에 각각 대응시킨다.

(3) 함수의 개수를 구하는 경우

함수 $f : X \to Y$에 대하여 $X = \{1, 2, 3, 4\}$, $Y = \{1, 2, 3\}$일 때　공역 Y의 3개의 원소 중에서 중복을 허락하여 4개를 선택한 후
$a \in X$, $b \in X$에 대하여 $a < b$이면 $f(a) \le f(b)$인 함수의 개수 : $_3\mathrm{H}_4$　크기순으로 $f(1)$, $f(2)$, $f(3)$, $f(4)$에 각각 대응시킨다.

● 핵심유형

SET 01
SET 02
SET 03
SET 04
SET 05
SET 06
SET 07
SET 08

유형 08 중복조합(1) - 내적 문제 해결

대표기출9 _ 2013학년도 6월 평가원 가형 25번

방정식 $x + y + z + w = 4$를 만족시키는 음이 아닌 정수해의
순서쌍 (x, y, z, w)의 개수를 구하시오. [3점]

| **풀이** | 방정식 $x + y + z + w = 4$를 만족시키는 음이 아닌 정수해의 순서쌍
(x, y, z, w)의 개수는 서로 다른 4개의 대상 x, y, z, w 중에서 중복을 허락하여
4개를 뽑는 경우의 수와 같다.

$$\therefore \ _4\mathrm{H}_4 = {}_7\mathrm{C}_4 = 35$$

🔲 35

대표기출10 _ 2006학년도 6월 평가원 가형 (이산수학) 30번

$\{1, 2, 3, 4\}$에서 $\{1, 2, 3, 4, 5, 6, 7\}$로의 함수 중에서 $x_1 < x_2$일 때,
$f(x_1) \ge f(x_2)$를 만족시키는 함수 f의 개수를 구하시오. [4점]

| **풀이** | $x_1 < x_2$일 때 $f(x_1) \ge f(x_2)$이려면
$f(1) \ge f(2) \ge f(3) \ge f(4)$를 만족시켜야 한다.
따라서 구하는 함수 f의 개수는 공역의 원소 7개 중에서 $f(1)$, $f(2)$, $f(3)$, $f(4)$의
값을 중복을 허락하여 4개 뽑는 경우의 수와 같다.

$$\therefore \ _7\mathrm{H}_4 = {}_{10}\mathrm{C}_4 = 210$$

🔲 210

유형 09 중복조합(2) - 외적 문제 해결

대표기출11 _ 2019학년도 9월 평가원 나형 16번

서로 다른 종류의 사탕 3개와 같은 종류의 구슬 7개를 같은 종류의
주머니 3개에 남김없이 나누어 넣으려고 한다. 각 주머니에
사탕과 구슬이 각각 1개 이상씩 들어가도록 나누어 넣는 경우의
수는? [4점]

① 11　　　　　② 12　　　　　③ 13

④ 14　　　　　⑤ 15

| **풀이** | 같은 종류의 주머니 3개 각각에
서로 다른 종류의 사탕 3개를 1개씩 나누어 넣는 경우의 수는 1
이때 남아 있는 같은 종류의 구슬 4개를 구분이 되는 3개의 주머니에 넣는
방법의 수는 $_3\mathrm{H}_4 = {}_6\mathrm{C}_4 = 15$
따라서 구하는 경우의 수는 $1 \times 15 = 15$

🔲 ⑤

2 이항정리

이항정리

1. $(a+b)^n$의 전개식

$$(a+b)^n = {}_n C_0 a^n + {}_n C_1 a^{n-1} b + {}_n C_2 a^{n-2} b^2 + \cdots + {}_n C_r a^{n-r} b^r + \cdots + {}_n C_n b^n \quad \cdots\cdots(*)$$

⟨∑ 기호 사용한 표현⟩

$$\sum_{r=0}^{n} {}_n C_r a^{n-r} b^r = (a+b)^n$$

(단, n은 자연수)

- 이항계수 : ${}_n C_0,\ {}_n C_1,\ {}_n C_2,\ \cdots,\ {}_n C_n$
- 일반항 : ${}_n C_r a^{n-r} b^r$ (단, $r = 0,\ 1,\ 2,\ \cdots,\ n$)

$(a+b)^4$의 전개식에서 $a^3 b$항의 계수가 ${}_4 C_1$인 이유

$(\boldsymbol{a}+b)(\boldsymbol{a}+b)(\boldsymbol{a}+b)(a+\boldsymbol{b}) \longrightarrow aaab = a^3 b$
$(\boldsymbol{a}+b)(\boldsymbol{a}+b)(a+\boldsymbol{b})(\boldsymbol{a}+b) \longrightarrow aaba = a^3 b$
$(\boldsymbol{a}+b)(a+\boldsymbol{b})(\boldsymbol{a}+b)(\boldsymbol{a}+b) \longrightarrow abaa = a^3 b$
$(a+\boldsymbol{b})(\boldsymbol{a}+b)(\boldsymbol{a}+b)(\boldsymbol{a}+b) \longrightarrow baaa = a^3 b$

❶ 단축Key **전개식에서 특정 항의 계수 구하기**

(1) $(x+a)^n$의 전개식에서 x^5항의 계수 구하기 (단, $n \geq 5$인 자연수)

　[1단계] 일반항 ${}_n C_r a^{n-r} x^r$을 구한다.

　[2단계] 구한 일반항에 $r = 5$를 대입하면 x^5항의 계수는 ${}_n C_5 a^{n-5}$이다.

　한편, $\left(x + \dfrac{a}{x}\right)^n$과 같은 전개식의 일반항은 지수법칙을 이용하여 구한다.

$${}_n C_r x^r \left(\frac{a}{x}\right)^{n-r} = {}_n C_r a^{n-r} x^{2r-n}$$

(2) $(x+a)^n (bx+c)$의 전개식에서 x^5항의 계수 구하기 (단, $n \geq 5$인 자연수)

　[1단계] $\{(x+a)^n$에서 x^5항의 계수$\} \times \{(bx+c)$에서 상수항$\}$

　[2단계] $\{(x+a)^n$에서 x^4항의 계수$\} \times \{(bx+c)$에서 x항의 계수$\}$

　[3단계] 1, 2단계에서 구한 각각의 x^5항의 계수를 더한다.

유형 **10** 이항정리(1) - 전개식에서 특정 항의 계수 구하기

대표기출12 _ 2021학년도 9월 평가원 가형 22번

$\left(x + \dfrac{4}{x^2}\right)^6$의 전개식에서 x^3의 계수를 구하시오. [3점]

| 풀이 | $\left(x + \dfrac{4}{x^2}\right)^6$의 전개식에서 일반항은

${}_6 C_r x^{6-r} \left(\dfrac{4}{x^2}\right)^r = {}_6 C_r 4^r x^{6-3r}$ (단, $r = 0,\ 1,\ 2,\ \cdots,\ 6$)

x^3의 계수는 $6 - 3r = 3$, 즉 $r = 1$일 때이므로

${}_6 C_1 \times 4^1 = 6 \times 4 = 24$

답 24

유형 **11** 이항정리(2) - 전개식에서 미지수 구하기

대표기출13 _ 2020학년도 6월 평가원 나형 14번

$\left(x^2 - \dfrac{1}{x}\right)\left(x + \dfrac{a}{x^2}\right)^4$의 전개식에서 x^3의 계수가 7일 때, 상수 a의 값은? [4점]

① 1 　　　　 ② 2 　　　　 ③ 3
④ 4 　　　　 ⑤ 5

| 풀이 | $\left(x + \dfrac{a}{x^2}\right)^4$의 전개식에서 일반항은

${}_4 C_r x^{4-r} \left(\dfrac{a}{x^2}\right)^r = {}_4 C_r a^r x^{4-3r}$ (단, $r = 0,\ 1,\ 2,\ 3,\ 4$) 　　　 $\cdots\cdots$㉠

(i) $\left\{\left(x^2 - \dfrac{1}{x}\right)$에서 x^2항의 계수$\right\} \times \left\{\left(x + \dfrac{a}{x^2}\right)^4$에서 x항의 계수$\right\}$

　　㉠에서 $r = 1$일 때이므로 $1 \times ({}_4 C_1 \times a) = 4a$

(ii) $\left\{\left(x^2 - \dfrac{1}{x}\right)$에서 $\dfrac{1}{x}$항의 계수$\right\} \times \left\{\left(x + \dfrac{a}{x^2}\right)^4$에서 x^4항의 계수$\right\}$

　　㉠에서 $r = 0$일 때이므로 $(-1) \times ({}_4 C_0 \times a^0) = -1$

(i), (ii)에서 x^3의 계수는 $4a - 1$이므로 $4a - 1 = 7$이다.

∴ $a = 2$

답 ②

2. 이항계수의 성질

❶ $_nC_0 + _nC_1 + _nC_2 + \cdots + _nC_n = 2^n$
← 항등식 $(*)$에 $a=1$, $b=1$ 대입

❷ $_nC_0 - _nC_1 + _nC_2 - _nC_3 + \cdots + (-1)^n \, _nC_n = 0$
← 항등식 $(*)$에 $a=1$, $b=-1$ 대입

❸ $_nC_0 + _nC_2 + _nC_4 + \cdots = _nC_1 + _nC_3 + _nC_5 + \cdots$
$= 2^{n-1}$
← (좌변)$= \dfrac{❶+❷}{2}$, (우변)$= \dfrac{❶-❷}{2}$

❹ $_nC_r = _nC_{n-r}$
← $(*)$의 이항계수가 좌우대칭을 이루는 이유

❺ $_{n-1}C_{r-1} + _{n-1}C_r = _nC_r$

❻ $_nC_n + _{n+1}C_n + _{n+2}C_n + \cdots + _{n+r}C_n = _{n+r+1}C_{n+1}$

❼ $_nC_0 + _{n+1}C_1 + _{n+2}C_2 + \cdots + _{n+r}C_r = _{n+r+1}C_r$

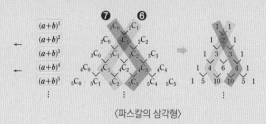

〈파스칼의 삼각형〉

I 경우의 수

핵심유형

SET 01
SET 02
SET 03
SET 04
SET 05
SET 06
SET 07
SET 08

유형 12 이항정리의 응용

대표기출14 _ 2010년 4월 시행 교육청 고3 가형 18번

$\displaystyle\sum_{k=0}^{5} {}_5C_k \left(\dfrac{3}{8}\right)^k \left(\dfrac{13}{8}\right)^{5-k}$ 의 값을 구하시오. [3점]

대표기출15 _ 2013년 10월 시행 교육청 고3 B형 22번

$_5C_0 + _5C_1 + _5C_2 + _5C_3 + _5C_4 + _5C_5$ 의 값을 구하시오. [3점]

| 풀이 | $\displaystyle\sum_{k=0}^{5} {}_5C_k \left(\dfrac{3}{8}\right)^k \left(\dfrac{13}{8}\right)^{5-k} = {}_5C_0 \left(\dfrac{3}{8}\right)^0 \left(\dfrac{13}{8}\right)^5 + {}_5C_1 \left(\dfrac{3}{8}\right)^1 \left(\dfrac{13}{8}\right)^4 + \cdots$
$+ {}_5C_5 \left(\dfrac{3}{8}\right)^5 \left(\dfrac{13}{8}\right)^0$
$= \left(\dfrac{3}{8} + \dfrac{13}{8}\right)^5 = 2^5 = 32$　　답 32

| 풀이 | $(1+x)^5$의 전개식은
$(1+x)^5 = {}_5C_0 x^0 + {}_5C_1 x^1 + {}_5C_2 x^2 + \cdots + {}_5C_5 x^5$ 이므로
$x=1$일 때 $_5C_0 + _5C_1 + _5C_2 + \cdots + _5C_5 = (1+1)^5 = 2^5 = 32$　　답 32

001

$\left(3x + \dfrac{1}{x^2}\right)^5$ 의 전개식에서 $\dfrac{1}{x^4}$ 의 계수는?

① 30   ② 90   ③ 150

④ 210   ⑤ 270

002

서로 다른 종류의 사탕 4개를 3개의 그릇 A, B, C에
남김없이 담는 경우의 수는?

(단, 사탕을 하나도 담지 않는 그릇이 있을 수 있다.)

① 30   ② 47   ③ 64

④ 81   ⑤ 98

003

원 모양의 탁자의 둘레에 일정한 간격을 두고 5개의 빈
의자가 놓여 있다. 각 의자에 최대 1명씩 4명의 학생 A, B,
C, D가 둘러앉는 경우의 수는?

(단, 회전하여 일치하는 것은 같은 것으로 본다.)

① 12   ② 24   ③ 36

④ 48   ⑤ 60

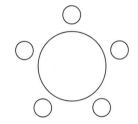

004

그림과 같이 마름모 모양으로 연결된 도로망이 있다.
이 도로망을 따라 A 지점에서 출발하여 P 또는 Q 지점을
지나면서 B 지점까지 최단거리로 가는 경우의 수는?

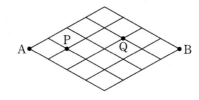

① 51   ② 52   ③ 53

④ 54   ⑤ 55

005

세 자리 자연수 중에서 각 자리의 수의 곱이 4인 자연수는
114, 141, 411, 122, 212, 221이다. 다섯 자리 자연수
중에서 각 자리의 수의 곱이 16인 자연수의 개수는?

① 60   ② 65   ③ 70

④ 75   ⑤ 80

006

부등식 $1 \leq x + y + z \leq 13$을 만족시키는 음이 아닌 정수
x, y, z의 모든 순서쌍 (x, y, z)의 개수를 구하시오.

핵심유형

SET 01
SET 02
SET 03
SET 04
SET 05
SET 06
SET 07
SET 08

007

6개의 숫자 2, 4, 4, 8, 8, 8을 일렬로 나열하여 만든 여섯 자리의 자연수 중 4의 배수의 개수는?

① 30   ② 35   ③ 40

④ 45   ⑤ 50

008

다음 조건을 만족시키는 자연수 a, b, c의 모든 순서쌍 (a, b, c)의 개수는?

> (가) $2 \leq a \leq b \leq c \leq 10$
> (나) $a \times b \times c$는 짝수이다.

① 145   ② 150   ③ 155

④ 160   ⑤ 165

009

찍기출 008 유형 02

네 문자 a, b, c, d 중에서 중복을 허락하여 5개를 택해 일렬로 나열하려고 한다. 다음 조건을 만족시키도록 나열하는 경우의 수는?

> (가) 양 끝에 오는 두 문자는 서로 다르다.
> (나) 한 번도 사용하지 않은 문자가 적어도 하나 있다.

① 528   ② 540   ③ 552
④ 564   ⑤ 576

010

유형 08

집합 $X = \{1,\ 2,\ 3,\ 4\}$에 대하여 다음 조건을 만족시키는 함수 $f : X \rightarrow X$의 개수는?

> 집합 X의 임의의 원소 x에 대하여
> $f(1) \leq f(x) \leq f(4)$이다.

① 40   ② 45   ③ 50
④ 55   ⑤ 60

I 경우의 수

핵심유형
SET 01
SET 02
SET 03
SET 04
SET 05
SET 06
SET 07
SET 08

011

 유형 12

$_{10}C_1 + {}_{10}C_3 + {}_{10}C_5 + {}_{10}C_7 + {}_{10}C_9 = ({}_2H_n)^3$을
만족시키는 자연수 n의 값은?

① 5   ② 6   ③ 7

④ 8   ⑤ 9

012

짝기출 009 유형 11

다항식 $\left(\dfrac{x}{2} - a\right)^6$의 전개식에서 x^3의 계수가 -20일 때,
상수 a의 값은?

① 1   ② 2   ③ 3

④ 4   ⑤ 5

013

짝기출 010 유형 03

집합 $\{1, 2, 3, 4, 5\}$의 두 부분집합 A, B에 대하여
$A \cap B = \{1\}$을 만족시키는 순서쌍 (A, B)의 개수를
구하시오.

014

짝기출 011 유형 06

어느 여행 동아리에서 방문한 도시의 대표적인 관광지는 A, B, C를 포함하여 모두 8곳이다. 이 중에서 오늘 A, B, C를 포함한 5곳을 방문하려고 하는데 A와 C는 B보다 먼저 방문하려고 한다. 오늘 방문할 관광지를 택하고, 택한 관광지의 방문 순서를 정하는 경우의 수는?

① 200 ② 300 ③ 400
④ 500 ⑤ 600

016

유형 08

한 개의 주사위를 4번 던져 나오는 눈의 수를 차례로 a, b, c, d라 하자. $a+b+c+d=10$을 만족시키는 모든 순서쌍 (a, b, c, d)의 개수를 구하시오.

핵심유형

SET 01
SET 02
SET 03
SET 04
SET 05
SET 06
SET 07
SET 08

015

짝기출 012 유형 09

서로 다른 종류의 음료수 3개와 같은 종류의 빵 8개를 3명의 학생에게 남김없이 나누어 주려고 한다. 각 학생이 음료수와 빵을 각각 한 개 이상 갖도록 나누어 주는 경우의 수는?

① 112 ② 119 ③ 126
④ 133 ⑤ 140

017
유형 08

두 집합 $X = \{1, 2, 3, 4\}$, $Y = \{5, 6, 7, 8, 9, 10\}$에 대하여 다음 조건을 만족시키는 함수 $f : X \to Y$의 개수를 구하시오.

(가) $f(1) \geq f(2) \geq f(3) \geq f(4)$
(나) $\{f(1) - f(2)\} \times \{f(2) - f(3)\}$
$\qquad\qquad\qquad \times \{f(3) - f(4)\} = 0$

018
찍기출 013 유형 01

그림과 같이 변을 공유하는 합동인 직각이등변삼각형 8개로 만든 도형이 있다. 빨간색과 파란색을 포함한 서로 다른 8가지의 색을 모두 사용하여, 이 도형 내부의 8개 영역을 칠하려고 한다. 빨간색과 파란색을 서로 이웃한 영역에 칠하는 경우의 수는? (단, 각 영역의 내부에는 한 가지 색만 칠하고, 회전하여 일치하는 것은 같은 것으로 보며, 이웃한 영역은 하나의 변을 공유해야 한다.)

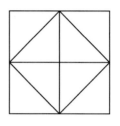

① 2680   ② 2880   ③ 3080
④ 3280   ⑤ 3480

019

픽기출 014 유형 08

다음 조건을 만족시키는 자연수 a, b, c, d, e의 모든
순서쌍 (a, b, c, d, e)의 개수는?

> (가) $a+b+c+d+e=25$
> (나) $\sqrt{a}-\sqrt{b}=2$

① 97   ② 107   ③ 117
④ 127   ⑤ 137

020

유형 05

1, 2, 3의 세 개의 숫자 중에서 중복을 허락하여 다섯 개의
숫자를 선택해 순서쌍 $(a_1, a_2, a_3, a_4, a_5)$를 만들 때, 다음
조건을 만족시키는 모든 순서쌍 $(a_1, a_2, a_3, a_4, a_5)$의
개수는?

> (가) $a_1 < a_2$
> (나) $a_1 + a_2 + a_3 + a_4 + a_5$의 값은 짝수이다.

① 38   ② 39   ③ 40
④ 41   ⑤ 42

I 경우의 수

핵심유형

SET 01
SET 02
SET 03
SET 04
SET 05
SET 06
SET 07
SET 08

021

짝기출 015 유형 10

다항식 $(x+1)^6(x^2-2)^5$의 전개식에서 x^3의 계수는?

① -180 ② -160 ③ -140

④ -120 ⑤ -100

022

유형 02

네 문자 a, b, c, d 중에서 중복을 허락하여 4개를 택해 일렬로 나열할 때, a가 포함되어 있는 경우의 수는?

① 165   ② 170   ③ 175

④ 180   ⑤ 185

023

유형 06

같은 종류의 검은 구슬 4개와 크기가 서로 다른 흰 구슬 5개가 있다. 이 9개의 구슬을 모두 일렬로 나열할 때, 흰 구슬은 크기가 작은 것부터 큰 것 순으로 나열되는 경우의 수를 구하시오.

024

짝기출 016 유형 04

서로 다른 구슬 6개를 4개의 주머니 A, B, C, D에 남김없이 넣으려고 할 때, 주머니 D에는 구슬을 3개만 넣는 경우의 수를 구하시오.

(단, 구슬을 하나도 넣지 않는 주머니가 있을 수 있다.)

025

유형 05

그림과 같이 한 변의 길이가 1인 정사각형과 가로, 세로의 길이가 각각 1, 2인 직사각형이 각각 5개, 3개가 있다.

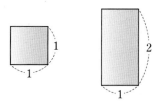

이 중 일부를 사용하여 가로의 길이가 1이고 세로의 길이가 7인 직사각형을 만드는 경우의 수는? (단, 정사각형끼리는 서로 구분하지 않고 직사각형끼리도 서로 구분하지 않는다.)

① 18   ② 20   ③ 22
④ 24   ⑤ 26

026

유형 01

어느 회사의 인사팀 직원 2명, 홍보팀 직원 2명, 마케팅팀 직원 2명이 그림과 같이 원 모양의 탁자에 같은 간격으로 둘러앉으려고 한다. 같은 팀의 직원끼리 서로 맞은편에 앉는 팀이 적어도 1팀이 있도록 둘러앉는 경우의 수는?

(단, 회전하여 일치하는 것은 같은 것으로 본다.)

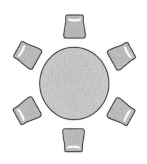

① 56   ② 58   ③ 60
④ 62   ⑤ 64

I 경우의 수

핵심유형
SET 01
SET 02
SET 03
SET 04
SET 05
SET 06
SET 07
SET 08

027

다음 조건을 만족시키는 음이 아닌 정수 a, b, c, d, e의
모든 순서쌍 (a, b, c, d, e)의 개수는?

> (가) $a + b + 2c + 2d + 2e = 15$
>
> (나) $0 < ab < 3$

① 50   ② 52   ③ 54
④ 56   ⑤ 58

028

방정식 $x + y + z + 2w = 0$을 만족시키는 -1 이상의
정수 x, y, z, w의 모든 순서쌍 (x, y, z, w)의 개수는?

① 26   ② 28   ③ 30
④ 32   ⑤ 34

029

짝기출 020 유형 03

집합 $X = \{1,\ 2,\ 3,\ 4,\ 5\}$에 대하여 다음 조건을
만족시키는 함수 $f : X \to X$의 개수는?

> (가) 함수 f의 치역의 원소의 개수는 짝수이다.
> (나) 함수 f의 치역의 모든 원소의 곱은 짝수이다.

① 1260   ② 1310   ③ 1360
④ 1410   ⑤ 1460

030

짝기출 021 유형 09

회원이 총 14명인 어느 요가원에서 3개의 수업시간인
아침반, 점심반, 저녁반에 담당 선생님 A, B, C의 이름과
수업을 듣는 회원 수를 적은 수업 계획표를 작성하려고 한다.

[수업 계획표]

	아침반	점심반	저녁반
담당 선생님			
회원 수 (명)			

각 수업시간의 담당 선생님은 1명이고 수업을 듣는 회원 수는
2 이상의 짝수일 때, 작성할 수 있는 서로 다른 수업 계획표의
개수를 구하시오.

(단, 각 회원은 세 반 중 하나에만 들어갈 수 있다.)

핵심유형
SET 01
SET 02
SET 03
SET 04
SET 05
SET 06
SET 07
SET 08

031

$(3x-1)^5(x+1)^2$의 전개식에서 x^4의 계수를 구하시오.

032

빨간색 공 3개, 파란색 공 4개, 노란색 공 2개를 일렬로 모두 나열할 때, 양 끝에 서로 같은 색의 공이 놓이는 경우의 수는?
(단, 같은 색 공끼리는 서로 구별하지 않는다.)

① 310　　　　② 320　　　　③ 330
④ 340　　　　⑤ 350

033

전체집합 $U = \{1, 2, 3, 4, 5\}$에 대하여 다음 조건을 만족시키는 두 집합 A, B의 모든 순서쌍 (A, B)의 개수를 구하시오.

| (가) $A \subset B \subset U$ |
| (나) $1 \in A$, $2 \in B$ |

034

세 숫자 1, 2, 3을 중복 사용하여 다섯 자리의 자연수를 만들 때, 1이 두 번만 포함되어 있거나 2가 두 번만 포함되어 있는 자연수의 개수는?

① 110   ② 120   ③ 130

④ 140   ⑤ 150

035

다항식 $(x+a)^{10}$의 전개식에서 x^k의 계수가 x^{k+1}의 계수보다 크게 되는 자연수 k의 최솟값이 2일 때, 모든 자연수 a의 값의 합은?

① 6   ② 7   ③ 8

④ 9   ⑤ 10

036

등식 $xyz = 10^5$을 만족시키는 자연수 x, y, z의 모든 순서쌍 (x, y, z)의 개수를 구하시오.

I 경우의 수

핵심유형
SET 01
SET 02
SET 03
SET 04
SET 05
SET 06
SET 07
SET 08

037

세 학생 A, B, C를 포함한 8명의 학생이 있다. 이 8명의 학생 중에서 A, B, C를 포함하여 6명을 선택하고 6명의 학생을 일정한 간격으로 원 모양의 탁자에 둘러앉게 할 때, A, B, C 중 어느 두 학생도 서로 이웃하지 않는 경우의 수를 구하시오. (단, 회전하여 일치하는 것은 같은 것으로 본다.)

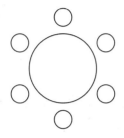

038

유리구슬 3개와 쇠구슬 5개가 있다. 이 8개의 구슬 중에서 6개를 선택하여 세 상자 A, B, C에 남김없이 나누어 담는 경우의 수는? (단, 같은 재질의 구슬끼리는 서로 구별하지 않고, 구슬이 1개도 담기지 않는 상자가 있을 수 있다.)

① 249   ② 251   ③ 253
④ 255   ⑤ 257

039

다음 조건을 만족시키는 정수 x, y, z의 모든 순서쌍 (x, y, z)의 개수를 구하시오.

(가) $|x| + |y| + |z| = 10$
(나) $xy < 0$

040

집합 $X = \{1, 2, 3, 4, 5\}$에 대하여 다음 조건을 만족시키는 함수 $f : X \rightarrow X$의 개수는?

(가) $f(1)$의 값은 홀수이다.
(나) $f(1) \leq f(f(1)) \leq f(2) \leq f(4)$

① 430   ② 435   ③ 440
④ 445   ⑤ 450

I
경우의 수

핵심유형
SET 01
SET 02
SET 03
SET 04
SET 05
SET 06
SET 07
SET 08

041

찍기출 030 유형 11

$\left(x + \dfrac{1}{x^3}\right)\left(x^3 - \dfrac{a}{x}\right)^3$ 의 전개식에서 x^2의 계수가 6일 때, 양수 a의 값은?

① 1   ② $\dfrac{3}{2}$ ③ 2

④ $\dfrac{5}{2}$ ⑤ 3

042

찍기출 004 | 031 유형 07

그림과 같이 직사각형 모양으로 연결된 도로망이 있다. 이 도로망을 따라 A 지점에서 출발하여 C 지점을 지나 B 지점까지 최단거리로 가는 경우의 수를 구하시오.

(단, 한 번 지나간 도로는 다시 지나지 않는다.)

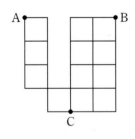

043

유형 12

다항식

$$1 + (1+x) + (1+x)^2 + (1+x)^3 + \cdots + (1+x)^8$$

의 전개식에서 x^4의 계수를 구하시오.

044

서로 다른 공 5개를 4명의 학생 A, B, C, D에게 남김없이 나누어 주려고 할 때, A와 D가 1개 이상 같은 개수의 공을 받는 경우의 수는?

(단, 공을 받지 못하는 학생이 있을 수 있다.)

① 220　　② 225　　③ 230
④ 235　　⑤ 240

046

I, L, O, V, E, Y, O, U의 8개의 문자를 모두 한 번씩 사용하여 일렬로 나열할 때, 같은 문자끼리는 이웃하지 않고 양 끝에 자음이 오되 양 끝에 위치하는 자음끼리는 알파벳 순서로 나열하는 경우의 수는?

① 480　　② 720　　③ 960
④ 1200　　⑤ 1440

045

숫자 1, 2, 3, 4, 5 중에서 중복을 허락하여 4개를 택해 일렬로 나열할 때, 1이 한 번 이하로 나오는 경우의 수는?

① 124　　② 256　　③ 384
④ 512　　⑤ 640

047

짝기출 034 | 035 유형 03

집합 $X = \{1, 2, 3, 4, 5\}$에 대하여 다음 조건을
만족시키는 모든 함수 $f : X \to X$의 개수는?

(가) $k = 1, 2$일 때 $f(k)$는 홀수이다.
(나) $k > 3$이면 $f(k) < f(3)$이다.

① 180   ② 210   ③ 240
④ 270   ⑤ 300

048

유형 01

서로 다른 5가지의 색 A, B, C, D, E를 이용하여 그림과
같이 원을 4등분하여 얻은 도형의 내부에 색을 칠할 때, 다음
조건을 만족시키는 방법의 수는? (단, 회전하여 일치하는 것은
같은 것으로 보며, 이웃한 영역은 하나의 선분을 공유해야 한다.)

(가) A, B, C, D, E 중에서 4가지의 색만을 사용하고,
각 영역의 내부에는 한 가지 색만 칠한다.
(나) A와 B를 포함한 4가지의 색을 칠할 때에는 A와
B가 칠해진 영역이 서로 이웃하지 않아야 한다.

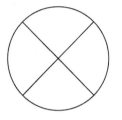

① 12   ② 14   ③ 16
④ 18   ⑤ 20

049

다음 조건을 만족시키는 음이 아닌 정수 x, y, z, w의 모든 순서쌍 (x, y, z, w)의 개수를 구하시오.

(가) $x - y + z + w = 10$
(나) $y \leq 5$이고 $y \leq z$이다.

050

체리맛, 딸기맛, 포도맛, 오렌지맛, 레몬맛 사탕 중에서 7개를 선택하려고 한다. 체리맛, 딸기맛 사탕은 각각 1개 이하를 선택하고 포도맛, 오렌지맛, 레몬맛 사탕은 각각 1개 이상을 선택하는 경우의 수를 구하시오.

(단, 각 종류의 사탕은 7개 이상씩 있다.)

핵심유형
SET 01
SET 02
SET 03
SET 04
SET 05
SET 06
SET 07
SET 08

051

$\sum\limits_{k=1}^{n} ({}_n\mathrm{C}_k \times 3^k) = 1023$을 만족시키는 자연수 n의 값을 구하시오.

053

어느 발표 수업에서 A, B, C, D, E, F의 6명이 다음 규칙에 따라 한 번씩 발표를 하려고 한다. 발표 순서를 정하는 경우의 수는?

> (가) A는 B보다 먼저 발표하지 않는다.
> (나) C와 D 사이에 발표하는 사람은 없다.

① 72 ② 84 ③ 96
④ 108 ⑤ 120

052

$(p+2q)^4(x+y+z+w)^3$의 전개식에서 서로 다른 항의 개수는?

① 80 ② 90 ③ 100
④ 110 ⑤ 120

054

짝기출 039 유형 04

1, 2, 3, 4, 5의 숫자가 하나씩 적힌 5장의 카드를 남김없이 세 사람에게 나누어 주려고 한다. 받은 카드에 적힌 숫자의 최솟값이 2인 사람이 있도록 카드를 나누어 주는 방법의 수는? (단, 카드를 하나도 받지 않은 사람의 카드에 적힌 숫자의 최솟값은 0으로 한다.)

① 146   ② 150   ③ 154

④ 158   ⑤ 162

056

짝기출 040 유형 09

빨간색 볼펜 1자루, 파란색 볼펜 1자루, 검은색 볼펜 5자루가 있다. 이 7자루의 볼펜을 4명의 학생에게 남김없이 나누어 줄 때, 3가지 색의 볼펜을 모두 받는 학생은 없도록 나누어 주는 경우의 수는? (단, 검은색 볼펜끼리는 서로 구별하지 않고, 볼펜을 1개도 받지 못하는 학생이 있을 수 있다.)

① 756   ② 798   ③ 840

④ 882   ⑤ 924

055

유형 01

1학년 학생 2명, 2학년 학생 2명, 3학년 학생 2명이 있다. 이 6명의 학생이 그림과 같은 정삼각형 모양의 탁자에 모두 둘러앉을 때, 같은 변에 같은 학년끼리 이웃하지 않도록 둘러앉는 경우의 수를 구하시오.

(단, 회전하여 일치하는 것은 같은 것으로 본다.)

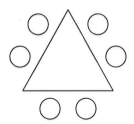

I 경우의 수

핵심유형
SET 01
SET 02
SET 03
SET 04
SET 05
SET 06
SET 07
SET 08

057

짝기출 041 유형 05

a가 2개, b가 3개, c가 4개 있다. 이 9개의 문자를 일렬로 나열하여 만든 문자열 중에서 다음 조건을 만족시키는 문자열의 개수를 구하시오.

> 2개의 a 사이에는 적어도 3개 이상의 문자가 있다.

058

짝기출 017 유형 08

다음 조건을 만족시키는 음이 아닌 정수 a, b, c, d, e의 모든 순서쌍 (a, b, c, d, e)의 개수를 구하시오.

> (가) $a+b+c=2(d+e)$
> (나) $1 \le a+b+c+d+e \le 9$

059

짝기출 042 유형 03

집합 $X = \{1, 2, 3, 4, 5\}$에 대하여 다음 조건을 만족시키는 함수 $f : X \to X$의 개수는?

(가) $f(x)$의 값이 짝수인 집합 X의 원소 x의 개수는 3이다.

(나) 함수 f의 치역의 원소의 개수는 3이다.

① 240   ② 270   ③ 300

④ 330   ⑤ 360

060

짝기출 043 유형 08

다음 조건을 만족시키는 12 이하의 자연수 a, b, c의 순서쌍 (a, b, c)의 개수를 구하시오.

(가) $b - a > 2$, $c - b > 1$

(나) $a \times b \times c$는 7의 배수가 <u>아니다.</u>

I
경우의 수

핵심유형

SET 01
SET 02
SET 03
SET 04
SET 05
SET 06
SET 07
SET 08

061

1, 2, 3, 4를 중복 사용하여 세 자리의 자연수를 만들 때, 각 자리의 수의 합이 9 이하인 자연수의 개수는?

① 50 ② 54 ③ 58
④ 62 ⑤ 66

063

1부터 7까지의 자연수가 각각 하나씩 적혀 있는 7장의 카드가 있다. 이 카드를 모두 한 번씩 사용하여 일렬로 나열할 때, 4가 적혀 있는 카드와 5가 적혀 있는 카드 사이에 적어도 한 장 이상의 카드를 나열하고, 6의 약수가 적혀 있는 카드는 작은 수부터 크기 순서로 왼쪽부터 나열하는 경우의 수는?

① 120 ② 130 ③ 140
④ 150 ⑤ 160

062

다항식 $\left(x-\dfrac{1}{2}\right)^4\left(\dfrac{1}{x}+4\right)^3$ 의 전개식에서 $\dfrac{1}{x^2}$ 의 계수는?

① $\dfrac{1}{8}$ ② $\dfrac{1}{4}$ ③ $\dfrac{3}{8}$
④ $\dfrac{1}{2}$ ⑤ $\dfrac{5}{8}$

064

찍기출 029 유형 08

집합 $X = \{1, 2, 3, 4, 5\}$에 대하여 다음 조건을
만족시키는 X에서 X로의 함수 f의 개수는?

(가) $f(1) \leq 2$, $f(2) \leq 3$
(나) 집합 X의 원소 x_1, x_2에 대하여
$x_1 < x_2$일 때, $f(x_1) \leq f(x_2)$이다.

① 90   ② 95   ③ 100
④ 105   ⑤ 110

065

찍기출 044 유형 09

같은 종류의 연필 7자루와 같은 종류의 볼펜 8자루를 다음
조건을 만족시키도록 3명의 학생에게 남김없이 나누어 주는
경우의 수를 구하시오.

(가) 연필과 볼펜은 각각 적어도 한 자루씩 받는다.
(나) 각 학생이 받는 볼펜의 수는 모두 다르다.

066

찍기출 045 유형 01

네 학생 A, B, C, D를 포함한 7명이 일정한 간격을 두고
원 모양의 탁자에 다음 조건을 만족시키도록 모두 둘러앉는
경우의 수는? (단, 회전하여 일치하는 것은 같은 것으로 본다.)

(가) A는 B, C 중 적어도 한 사람과 이웃한다.
(나) B는 D와 이웃한다.

① 108   ② 120   ③ 132
④ 144   ⑤ 156

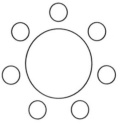

067

유형 01

그림과 같이 정사각형에 내접원과 외접원을 그리고 난 후 정사각형의 내부와 내접원의 외부의 공통 영역에 색칠하여 그린 도형이 있다. 이 도형의 9개의 영역에 1부터 9까지의 자연수를 각각 1개씩 적으려고 한다. 서로 이웃하고 있는 색칠된 영역과 색칠되지 않은 영역에 적힌 두 자연수의 합이 모두 홀수가 되도록 자연수를 적는 방법의 수는?
(단, 숫자가 적힌 상태는 고려하지 않고, 회전하여 일치하는 것은 같은 것으로 본다.)

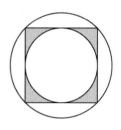

① 240   ② 360   ③ 480
④ 600   ⑤ 720

068

유형 08

다음 조건을 만족시키는 음이 아닌 정수 a, b, c, d의 모든 순서쌍 $(a,\ b,\ c,\ d)$의 개수는?

(가) $a + 2b + 2c + 2d = 15$
(나) $2a > b$

① 90   ② 92   ③ 94
④ 96   ⑤ 98

069

짝기출 046 유형 08

다음 조건을 만족시키는 자연수 a, b, c, d의 모든 순서쌍 (a, b, c, d)의 개수를 구하시오.

(가) $a+b+c+d=20$

(나) a, b, c, d 중 3으로 나눈 나머지가 2인 수는 2개, 3으로 나눈 나머지가 1인 수는 1개이다.

070

짝기출 047 유형 03

집합 $X=\{1, 2, 3, 4, 5, 6\}$에 대하여 다음 조건을 만족시키는 함수 $f : X \to X$의 개수는?

두 함수 f, $f \circ f$의 치역을 각각 A, B라 할 때, $n(A)+n(B)=4$이다.

---

① 1020 ② 1080 ③ 1140
④ 1200 ⑤ 1260

I 경우의 수

핵심유형

SET 01
SET 02
SET 03
SET 04
SET 05
SET 06
SET 07
SET 08

071

유형 01

그림과 같은 중심각의 크기가 90°인 부채꼴 2개와 중심각의 크기가 45°인 부채꼴 4개의 내부에 서로 다른 6가지 색을 모두 사용하여 칠하려고 한다. 부채꼴 하나의 내부에 한 가지 색만을 칠할 때, 색칠한 결과로 나올 수 있는 경우의 수는?

(단, 회전하여 일치하는 것은 같은 것으로 본다.)

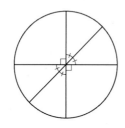

① 120   ② 180   ③ 240
④ 300   ⑤ 360

072

짝기출 048   유형 11

다항식 $(x+9)^n$의 전개식에서 x^{n-1}의 계수가 다항식 $(2x-3)(x+3)^n$의 전개식에서 x^{n-1}의 계수보다 작게 되는 자연수 n의 최솟값은?

① 4   ② 5   ③ 6
④ 7   ⑤ 8

073

유형 12

서로 다른 종류의 과일 8개 중에서 3개 이상의 과일을 골라 포장하여 과일 도시락을 만들 때, 만들 수 있는 과일 도시락의 종류의 가짓수는?

① 215   ② 217   ③ 219
④ 221   ⑤ 223

074

찍기출 032 유형 04

서로 다른 연필 5개를 4명의 학생 A, B, C, D에게
남김없이 나누어 주려고 할 때, A가 B보다 연필을 1개 더
받는 경우의 수는?

(단, 연필을 받지 못하는 학생이 있을 수 있다.)

① 180　　　　② 190　　　　③ 200
④ 210　　　　⑤ 220

076

찍기출 050 유형 06

숫자 1, 1, 1, 1, 2, 3, 4, 4, 4, 4가 하나씩 적혀 있는
10장의 카드를 다음 조건을 만족시키도록 일렬로 나열하는
경우의 수는? (단, 같은 숫자가 적혀 있는 카드끼리는 서로
구별하지 않는다.)

> (가) 2가 적혀 있는 카드의 바로 양옆에는 각각 2보다
>   큰 수가 적혀 있는 카드가 있다.
> (나) 3이 적혀 있는 카드의 바로 양옆에는 각각 3보다
>   작은 수가 적혀 있는 카드가 있다.

① 440　　　　② 450　　　　③ 460
④ 470　　　　⑤ 480

075

찍기출 049 유형 07

그림과 같은 모양의 도로망이 있다. 지점 A에서 지점 B까지
도로를 따라 최단거리로 가는 경우의 수를 구하시오.
(단, 가로 방향 도로와 세로 방향 도로는 각각 서로 평행하다.)

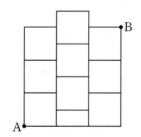

077

다음 조건을 만족시키는 전체집합 $U = \{1, 2, 3, 4\}$의 두 부분집합 A, B의 모든 순서쌍 (A, B)의 개수는?
(단, $A \cap B = \{a\}$일 때 집합 $A \cap B$의 모든 원소의 곱은 a이다.)

(가) $A \cup B = U$, $A \cap B \neq \varnothing$
(나) 집합 $A \cap B$의 모든 원소의 곱은 홀수이다.

① 20   ② 22   ③ 24
④ 26   ⑤ 28

078

다음 조건을 만족시키는 음이 아닌 정수 a, b, c, d의 모든 순서쌍 (a, b, c, d)의 개수를 구하시오.

(가) $a + b + c + d = 10$
(나) $ab \neq 4$이고 $a + b + c \neq 6$이다.

079

정의역이 $X = \{1, 2, 3, 4, 5, 6\}$이고 공역이
$Y = \{1, 2, 3\}$인 함수 $f : X \to Y$ 중에서 다음 조건을
만족시키는 함수의 개수는?

(가) 좌표평면 위의 세 점 $(1, f(1))$, $(2, f(2))$,
$(3, f(3))$은 한 직선 위에 있다.

(나) $f(3) \leq f(4) \leq f(5) \leq f(6)$

---

① 20   ② 22   ③ 24

④ 26   ⑤ 28

080

칫솔 10개와 치약 8개를 다음 조건을 만족시키도록 여학생
3명과 남학생 2명에게 남김없이 나누어 주는 경우의 수를
구하시오. (단, 칫솔끼리는 서로 구별하지 않고, 치약끼리도
서로 구별하지 않는다.)

(가) 여학생이 각각 받는 칫솔의 개수의 합은 6이다.

(나) 5명의 학생 중 오직 한 명만 치약을 2개 받는다.

(다) 5명의 학생은 모두 칫솔과 치약을 각각 1개 이상씩
받는다.

Ⅱ

확률

중단원명	유형명	문항번호
① 확률의 뜻과 활용	유형 01 수학적 확률의 뜻(1) – 일일이 세기	085, 094, 105, 112, 133, 145, 156
	유형 02 수학적 확률의 뜻(2) – 순열·조합을 이용하여 세기	084, 086, 097, 100, 110, 113, 114, 120, 122, 127, 132, 135, 140, 143, 155
	유형 03 확률의 덧셈정리(1) – 확률로 확률 계산	081, 111
	유형 04 확률의 덧셈정리(2) – 활용	082, 093, 098, 102, 104, 118, 119, 125, 130, 144, 149, 154, 158
② 조건부확률	유형 05 조건부확률의 뜻과 계산	101, 131, 151
	유형 06 조건부확률의 활용(1) – 확률 주어질 때	087, 099, 108, 129, 136, 139, 147, 153, 159
	유형 07 조건부확률의 활용(2) – 원소 개수 주어질 때	083, 107, 116, 126, 137, 142
	유형 08 조건부확률의 활용(3) – 비율 주어질 때	088, 117, 124
	유형 09 확률의 곱셈정리	096, 109, 123, 138, 146, 157
	유형 10 사건의 독립과 종속(1) – 확률로 확률 계산	091, 121, 141
	유형 11 사건의 독립과 종속(2) – 뜻과 활용	090, 106, 115, 148
	유형 12 독립시행의 확률	089, 092, 095, 103, 128, 134, 150, 152, 160

1 확률의 뜻과 활용

확률

1. 수학적 확률

어떤 시행에서 사건 A가 일어날 가능성을 수로 나타낸 것을 사건 A가 일어날 확률 $P(A)$라 한다.

표본공간 S의 각 근원사건이 일어날 가능성이 같을 때

$$P(A) = \frac{n(A)}{n(S)} = \frac{(\text{사건 } A \text{가 일어나는 경우의 수})}{(\text{일어날 수 있는 모든 경우의 수})}$$

2. 확률의 기본 성질

표본공간 S와 사건 A에 대하여

❶ $0 \leq P(A) \leq 1$

❷ $P(S) = 1$

❸ 절대로 일어나지 않는 사건 $\varnothing$에 대하여 $P(\varnothing) = 0$

유형 01 수학적 확률의 뜻(1) – 일일이 세기

대표기출16 _ 2023학년도 6월 평가원 (확률과 통계) 24번

주머니 A에는 1부터 3까지의 자연수가 하나씩 적혀 있는 3장의 카드가 들어 있고, 주머니 B에는 1부터 5까지의 자연수가 하나씩 적혀 있는 5장의 카드가 들어 있다. 두 주머니 A, B에서 각각 카드를 임의로 한 장씩 꺼낼 때, 꺼낸 두 장의 카드에 적힌 수의 차가 1일 확률은? [3점]

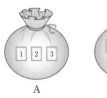

① $\frac{1}{3}$ ② $\frac{2}{5}$ ③ $\frac{7}{15}$

④ $\frac{8}{15}$ ⑤ $\frac{3}{5}$

| **풀이** | 두 주머니 A, B에서 꺼낸 카드에 적혀 있는 수를 각각 a, b라 할 때, 나올 수 있는 모든 순서쌍 (a, b)의 개수는

$3 \times 5 = 15$

이때 $|a - b| = 1$을 만족시키는 순서쌍 (a, b)의 개수는

$(1, 2), (2, 1), (2, 3), (3, 2), (3, 4)$로 5이다.

따라서 구하는 확률은 $\frac{5}{15} = \frac{1}{3}$

답 ①

유형 02 수학적 확률의 뜻(2) – 순열·조합을 이용하여 세기

대표기출17 _ 2021학년도 수능 가형 9번

문자 A, B, C, D, E가 하나씩 적혀 있는 5장의 카드와 숫자 1, 2, 3, 4가 하나씩 적혀 있는 4장의 카드가 있다. 이 9장의 카드를 모두 한 번씩 사용하여 일렬로 임의로 나열할 때, 문자 A가 적혀 있는 카드의 바로 양옆에 각각 숫자가 적혀 있는 카드가 놓일 확률은? [3점]

① $\frac{5}{12}$ ② $\frac{1}{3}$ ③ $\frac{1}{4}$

④ $\frac{1}{6}$ ⑤ $\frac{1}{12}$

| **풀이** | 9장의 카드를 일렬로 나열하는 전체 경우의 수는 9!

□A□를 한 묶음으로 볼 때, A의 양옆인 □에 숫자가 적혀 있는 카드를 나열하는 경우의 수는

$_4P_2 = 4 \times 3 = 12$

이 묶음과 나머지 6장의 카드를 일렬로 나열하는 경우의 수는 7!

즉, 9장의 카드를 일렬로 나열할 때, 문자 A가 적혀 있는 카드의 바로 양옆에 각각 숫자가 적혀 있는 카드를 나열하는 경우의 수는 $12 \times 7!$

따라서 구하는 확률은

$\frac{12 \times 7!}{9!} = \frac{12}{9 \times 8} = \frac{1}{6}$

답 ④

확률의 덧셈정리

1. 배반사건과 여사건

표본공간 S의 사건 A, B에 대하여

- **배반사건** : 사건 A, B 중 한 사건이 일어나면 다른 사건은 일어나지 않을 때,
  즉 $A \cap B = \varnothing$ 일 때 A와 B는 서로 배반이라 하고
  이 두 사건을 서로 배반사건이라 한다.

- **여사건** : 사건 A에 대하여 A가 일어나지 않는 사건을 A의 여사건 A^C이라 한다.

2. 확률의 덧셈정리

표본공간 S의 사건 A, B에 대하여

❶ $P(A \cup B) = P(A) + P(B) - P(A \cap B)$

❷ A, B가 서로 배반사건이면 $P(A \cup B) = P(A) + P(B)$

3. 여사건의 확률

표본공간 S의 사건 A의 여사건 A^C의 확률은

$$P(A^C) = 1 - P(A)$$

🔑 **단축Key** 자주 사용되는 계산

(1) $P(A) = P(A \cap B) + P(A \cap B^C)$

(2) $P(A^C \cap B^C) = P((A \cup B)^C) = 1 - P(A \cup B)$

Ⅱ
확률

핵심유형
SET 09
SET 10
SET 11
SET 12
SET 13
SET 14
SET 15
SET 16

유형 **03** 확률의 덧셈정리(1) – 확률로 확률 계산

대표기출18 _ 2024학년도 6월 평가원 (확률과 통계) 24번

두 사건 A, B에 대하여

$$P(A \cap B^C) = \frac{1}{9},\ P(B^C) = \frac{7}{18}$$

일 때, $P(A \cup B)$의 값은? (단, B^C는 B의 여사건이다.) [3점]

① $\dfrac{5}{9}$ ② $\dfrac{11}{18}$ ③ $\dfrac{2}{3}$

④ $\dfrac{13}{18}$ ⑤ $\dfrac{7}{9}$

| **풀이** | $P(A \cap B^C) = P(A) - P(A \cap B) = \dfrac{1}{9}$

$P(B^C) = \dfrac{7}{18}$ 이므로 $P(B) = 1 - \dfrac{7}{18} = \dfrac{11}{18}$

$\therefore\ P(A \cup B) = P(A) + P(B) - P(A \cap B)$

$\qquad\qquad = \dfrac{1}{9} + \dfrac{11}{18} = \dfrac{13}{18}$

답 ④

유형 **04** 확률의 덧셈정리(2) – 활용

대표기출19 _ 2023학년도 수능 (확률과 통계) 25번

흰색 마스크 5개, 검은색 마스크 9개가 들어 있는 상자가 있다.
이 상자에서 임의로 3개의 마스크를 동시에 꺼낼 때, 꺼낸 3개의
마스크 중에서 적어도 한 개가 흰색 마스크일 확률은? [3점]

① $\dfrac{8}{13}$ ② $\dfrac{17}{26}$ ③ $\dfrac{9}{13}$

④ $\dfrac{19}{26}$ ⑤ $\dfrac{10}{13}$

| **풀이** | 꺼낸 3개의 마스크 중에서 적어도 한 개가 흰색 마스크일 확률은
1 − (꺼낸 3개의 마스크가 모두 검은색 마스크일 확률)로 구할 수 있다.
흰색 마스크 5개, 검은색 마스크 9개가 들어 있는 상자에서 임의로 3개의 마스크를
동시에 꺼낼 때 꺼낸 3개의 마스크가 모두 검은색 마스크일 확률은

$$\frac{{}_9\mathrm{C}_3}{{}_{14}\mathrm{C}_3} = \frac{3}{13}$$

따라서 구하는 확률은 $1 - \dfrac{3}{13} = \dfrac{10}{13}$

답 ⑤

2 조건부확률

조건부확률

1. 조건부확률

사건 A가 일어났을 때의 사건 B의 조건부확률은

$$P(B\,|\,A) = \frac{P(A \cap B)}{P(A)} = \frac{n(A \cap B)}{n(A)} \text{ (단, } P(A) > 0)$$

① 단축Key **조건부확률 $P(B\,|\,A)$ 구하기**

(1) 확률이 주어진 경우

$P(B\,|\,A) = \dfrac{P(A \cap B)}{P(A)}$ 를 이용한다.

(2) 각 집합의 원소의 개수가 표로 주어진 경우

$P(B\,|\,A) = \dfrac{n(A \cap B)}{n(A)}$ 를 이용한다.

(3) 비율이 주어진 경우

각 집합의 원소의 개수를 표로 나타낸 뒤 (2)와 같은 방법으로 구한다.

유형 05 조건부확률의 뜻과 계산

대표기출20 _ 2023학년도 9월 평가원 (확률과 통계) 24번

두 사건 A, B에 대하여

$$P(A \cup B) = 1, \ P(A \cap B) = \frac{1}{4}, \ P(A\,|\,B) = P(B\,|\,A)$$

일 때, $P(A)$의 값은? [3점]

① $\dfrac{1}{2}$ ② $\dfrac{9}{16}$ ③ $\dfrac{5}{8}$

④ $\dfrac{11}{16}$ ⑤ $\dfrac{3}{4}$

| 풀이 | $P(A\,|\,B) = P(B\,|\,A)$이므로 $\dfrac{P(A \cap B)}{P(B)} = \dfrac{P(A \cap B)}{P(A)}$ 이고,

$P(A \cap B) \neq 0$이므로 $P(A) = P(B)$이다.

이때 $P(A \cup B) = 1$, $P(A \cap B) = \dfrac{1}{4}$ 이므로

$P(A \cup B) = P(A) + P(B) - P(A \cap B)$ 에서

$1 = P(A) + P(A) - \dfrac{1}{4}$, $2P(A) = \dfrac{5}{4}$

$\therefore \ P(A) = \dfrac{5}{8}$

답 ③

유형 06 조건부확률의 활용(1) – 확률 주어질 때

대표기출21 _ 2018학년도 수능 가형 13번

한 개의 주사위를 두 번 던진다. 6의 눈이 한 번도 나오지 않을 때, 나온 두 눈의 수의 합이 4의 배수일 확률은? [3점]

① $\dfrac{4}{25}$ ② $\dfrac{1}{5}$ ③ $\dfrac{6}{25}$

④ $\dfrac{7}{25}$ ⑤ $\dfrac{8}{25}$

| 풀이 | (i) 6의 눈이 한 번도 나오지 않을 확률
두 눈의 수가 모두 1, 2, 3, 4, 5 중 하나이어야 하므로

$$\frac{5^2}{6^2} = \frac{25}{36}$$

(ii) 6의 눈이 한 번도 나오지 않고, 두 눈의 수의 합이 4의 배수일 확률
합이 4일 때, (1, 3), (2, 2), (3, 1)로 3가지
합이 8일 때, (3, 5), (4, 4), (5, 3)으로 3가지이므로

$$\frac{3+3}{6^2} = \frac{6}{36}$$

(i), (ii)에서 구하는 확률은 $\dfrac{\frac{6}{36}}{\frac{25}{36}} = \dfrac{6}{25}$

답 ③

유형 07 조건부확률의 활용(2) – 원소 개수 주어질 때

대표기출22 _ 2019학년도 6월 평가원 나형 14번

어느 인공지능 시스템에 고양이 사진 40장과 강아지 사진 40장을 입력한 후, 이 인공지능 시스템이 각각의 사진을 인식하는 실험을 실시하여 다음 결과를 얻었다.

(단위 : 장)

입력 \ 인식	고양이 사진	강아지 사진	합계
고양이 사진	32	8	40
강아지 사진	4	36	40
합계	36	44	80

이 실험에서 입력된 80장의 사진 중에서 임의로 선택한 1장이 인공지능 시스템에 의해 고양이 사진으로 인식된 사진일 때, 이 사진이 고양이 사진일 확률은? [4점]

① $\dfrac{4}{9}$ ② $\dfrac{5}{9}$ ③ $\dfrac{2}{3}$

④ $\dfrac{7}{9}$ ⑤ $\dfrac{8}{9}$

| 풀이 | 고양이 사진으로 인식된 사진 36장 중 입력된 고양이의 사진은 32장이므로 구하는 확률은 $\dfrac{32}{36} = \dfrac{8}{9}$ 답 ⑤

유형 08 조건부확률의 활용(3) – 비율 주어질 때

대표기출23 _ 2019학년도 9월 평가원 나형 12번

여학생이 40명이고 남학생이 60명인 어느 학교 전체 학생을 대상으로 축구와 야구에 대한 선호도를 조사하였다. 이 학교 학생의 70%가 축구를 선택하였으며, 나머지 30%는 야구를 선택하였다. 이 학교의 학생 중 임의로 뽑은 1명이 축구를 선택한 남학생일 확률은 $\dfrac{2}{5}$ 이다. 이 학교의 학생 중 임의로 뽑은 1명이 야구를 선택한 학생일 때, 이 학생이 여학생일 확률은? (단, 조사에서 모든 학생들은 축구와 야구 중 한 가지만 선택하였다.) [3점]

① $\dfrac{1}{4}$ ② $\dfrac{1}{3}$ ③ $\dfrac{5}{12}$

④ $\dfrac{1}{2}$ ⑤ $\dfrac{7}{12}$

| 풀이 |

(단위 : 명)

	여학생	남학생	합계
축구	$70 - 40 = 30$	$100 \times \dfrac{2}{5} = 40$	$100 \times 0.7 = 70$
야구	$30 - 20 = 10$	$60 - 40 = 20$	$100 - 70 = 30$
합계	40	60	100

따라서 구하는 확률은 $\dfrac{10}{30} = \dfrac{1}{3}$ 답 ②

핵심유형

SET 09
SET 10
SET 11
SET 12
SET 13
SET 14
SET 15
SET 16

2. 확률의 곱셈정리

$P(A) > 0$, $P(B) > 0$일 때, 사건 $A \cap B$가 일어날 확률은

$$P(A \cap B) = P(A)P(B|A) = P(B)P(A|B)$$

🔑 단축Key 확률의 곱셈정리를 사용하는 상황

두 사건 A, B가 연달아(또는 동시에) 일어날 확률을 구할 때 확률의 곱셈정리로 $P(A \cap B)$를 구한다.

유형 09 확률의 곱셈정리

대표기출24 _ 2016년 7월 시행 교육청 고3 가형 26번

상자에는 딸기 맛 사탕 6개와 포도 맛 사탕 9개가 들어 있다. 두 사람 A와 B가 이 순서대로 이 상자에서 임의로 1개의 사탕을 각각 1번 꺼낼 때, A가 꺼낸 사탕이 딸기 맛 사탕이고, B가 꺼낸 사탕이 포도 맛 사탕일 확률을 p라 하자. $70p$의 값을 구하시오.

(단, 꺼낸 사탕은 상자에 다시 넣지 않는다.) [4점]

대표기출25 _ 2014학년도 수능 A형 15번

주머니 A에는 흰 공 2개와 검은 공 3개가 들어 있고, 주머니 B에는 흰 공 1개와 검은 공 3개가 들어 있다. 주머니 A에서 임의로 1개의 공을 꺼내어 흰 공이면 흰 공 2개를 주머니 B에 넣고 검은 공이면 검은 공 2개를 주머니 B에 넣은 후, 주머니 B에서 임의로 1개의 공을 꺼낼 때 꺼낸 공이 흰 공일 확률은? [4점]

A   B

① $\dfrac{1}{6}$ ② $\dfrac{1}{5}$ ③ $\dfrac{7}{30}$

④ $\dfrac{4}{15}$ ⑤ $\dfrac{3}{10}$

| 풀이 | A가 딸기 맛 사탕을 꺼낼 확률은 $\dfrac{6}{15}$

남은 14개의 사탕 중에 B가 포도맛 사탕을 꺼낼 확률은 $\dfrac{9}{14}$

따라서 구하는 확률은 $p = \dfrac{6}{15} \times \dfrac{9}{14} = \dfrac{9}{35}$

∴ $70p = 18$ 답 18

| 풀이 | (ⅰ) A에서 흰공, B에서 흰 공을 뽑을 확률은 $\dfrac{2}{5} \times \dfrac{3}{6} = \dfrac{6}{30}$

(ⅱ) A에서 검은 공, B에서 흰 공을 뽑을 확률은 $\dfrac{3}{5} \times \dfrac{1}{6} = \dfrac{3}{30}$

(ⅰ), (ⅱ)에서 구하는 확률은 $\dfrac{6}{30} + \dfrac{3}{30} = \dfrac{3}{10}$ 답 ⑤

사건의 독립과 종속

1. 사건의 독립과 종속

- **독립** : 두 사건 A, B에서 한 사건이 일어나는 것이 다른 사건이 일어날 확률에 영향을 주지 않을 때, 즉

$$P(B|A) = P(B) \text{ 또는 } P(A|B) = P(A)$$

일 때 두 사건 A, B는 서로 **독립**이라 하고, 서로 독립인 두 사건을 서로 **독립사건**이라 한다.

한편, 두 사건 A, B가 서로 독립일 **필요충분조건**은

$$P(A \cap B) = P(A)P(B) \text{ (단, } P(A) > 0, P(B) > 0)$$

- **종속** : 두 사건 A와 B가 서로 독립이 아닐 때, 두 사건 A, B는 서로 **종속**이라 하고,

서로 종속인 두 사건을 서로 **종속사건**이라 한다.

⊙ 단축Key 서로 독립인 사건

두 사건 A와 B가 서로 독립이면

두 사건 A와 B^C, A^C와 B, A^C와 B^C도 서로 독립이다.

유형 10 사건의 독립과 종속(1) – 확률로 확률 계산

대표기출26 _ 2018학년도 수능 나형 10번 / 가형 4번

두 사건 A와 B는 서로 독립이고

$$P(A) = \frac{2}{3}, \ P(A \cup B) = \frac{5}{6}$$

일 때, $P(B)$의 값은? [3점]

① $\dfrac{1}{3}$ ② $\dfrac{5}{12}$ ③ $\dfrac{1}{2}$

④ $\dfrac{7}{12}$ ⑤ $\dfrac{2}{3}$

| **풀이** | 두 사건 A, B가 서로 독립이므로

$P(A \cup B) = P(A) + P(B) - P(A \cap B)$

$\qquad\qquad = P(A) + P(B) - P(A)P(B)$

$\dfrac{5}{6} = \dfrac{2}{3} + P(B) - \dfrac{2}{3}P(B)$

$\therefore \ P(B) = \dfrac{1}{2}$

답 ③

유형 11 사건의 독립과 종속(2) – 뜻과 활용

대표기출27 _ 2019학년도 수능 가형 27번

한 개의 주사위를 한 번 던진다. 홀수의 눈이 나오는 사건을 A, 6 이하의 자연수 m에 대하여 m의 약수의 눈이 나오는 사건을 B라 하자. 두 사건 A와 B가 서로 독립이 되도록 하는 모든 m의 값의 합을 구하시오. [4점]

| **풀이** | $A = \{1, 3, 5\}$이므로 $P(A) = \dfrac{3}{6}$

m	$P(B)$	$P(A \cap B)$	m	$P(B)$	$P(A \cap B)$
1	$\dfrac{1}{6}$	$\dfrac{1}{6}$	4	$\dfrac{3}{6}$	$\dfrac{1}{6}$
2	$\dfrac{2}{6}$	$\dfrac{1}{6}$	5	$\dfrac{2}{6}$	$\dfrac{2}{6}$
3	$\dfrac{2}{6}$	$\dfrac{2}{6}$	6	$\dfrac{4}{6}$	$\dfrac{2}{6}$

두 사건 A와 B가 서로 독립,

즉 $P(A) \times P(B) = P(A \cap B)$이 되도록 하는 m의 값은 2, 6

따라서 구하는 m의 값의 합은 $2 + 6 = 8$이다.

답 8

2. 독립시행

- **독립시행** : 동일한 시행을 반복할 때, 각 시행의 결과가 그 다음 시행의 결과에 아무런 영향을 주지 않을 경우, 즉 각 시행에서 일어나는 사건이 모두 서로 독립인 경우 그러한 시행을 독립시행이라 한다.

- **독립시행의 확률** : 어떤 시행에서 사건 A가 일어날 확률이 p일 때, 이 시행을 n회 반복하는 독립시행에서 사건 A가 r회 일어날 확률은

$$_n\mathrm{C}_r\, p^r (1-p)^{n-r} \ (\text{단},\ r = 0,\ 1,\ 2,\ \cdots,\ n)$$

🔑 **단축Key** **독립시행의 확률 구하기**

동전이나 주사위를 여러 번 던지는 것과 같이 동일한 시행을 반복하는 독립시행의 확률은 다음과 같이 구한다.

[1단계] 한 시행에서 특정 사건 A가 일어날 확률 p를 구한다.

[2단계] 이 시행을 반복하는 총 횟수 n과 그 중 사건 A가 일어날 횟수 r를 확인한다.

[3단계] 1, 2단계에서 구한 p, n, r를 이용하여 $_n\mathrm{C}_r\, p^r (1-p)^{n-r}$의 값을 구한다.

Ⅱ 확률

핵심유형

SET 09
SET 10
SET 11
SET 12
SET 13
SET 14
SET 15
SET 16

유형 12 독립시행의 확률

대표기출28 _ 2018학년도 수능 나형 28번

한 개의 동전을 6번 던질 때, 앞면이 나오는 횟수가 뒷면이 나오는 횟수보다 클 확률은 $\dfrac{q}{p}$이다. $p+q$의 값을 구하시오.

(단, p와 q는 서로소인 자연수이다.) [4점]

대표기출29 _ 2023학년도 6월 평가원 (확률과 통계) 25번

수직선의 원점에 점 P가 있다. 한 개의 주사위를 사용하여 다음 시행을 한다.

> 주사위를 한 번 던져 나온 눈의 수가
> 6의 약수이면 점 P를 양의 방향으로 1만큼 이동시키고,
> 6의 약수가 아니면 점 P를 이동시키지 않는다.

이 시행을 4번 반복할 때, 4번째 시행 후 점 P의 좌표가 2 이상일 확률은? [3점]

① $\dfrac{13}{18}$ ② $\dfrac{7}{9}$ ③ $\dfrac{5}{6}$

④ $\dfrac{8}{9}$ ⑤ $\dfrac{17}{18}$

| 풀이 | (ⅰ) 앞면이 4번, 뒷면이 2번 나올 확률은

$$_6\mathrm{C}_4 \left(\dfrac{1}{2}\right)^4 \left(\dfrac{1}{2}\right)^2 = \dfrac{15}{64}$$

(ⅱ) 앞면이 5번, 뒷면이 1번 나올 확률은

$$_6\mathrm{C}_5 \left(\dfrac{1}{2}\right)^5 \left(\dfrac{1}{2}\right)^1 = \dfrac{6}{64}$$

(ⅲ) 앞면이 6번, 뒷면이 0번 나올 확률은

$$_6\mathrm{C}_6 \left(\dfrac{1}{2}\right)^6 \left(\dfrac{1}{2}\right)^0 = \dfrac{1}{64}$$

(ⅰ)~(ⅲ)에서 구하는 확률은 $\dfrac{15}{64} + \dfrac{6}{64} + \dfrac{1}{64} = \dfrac{11}{32}$

∴ $p + q = 32 + 11 = 43$

답 43

| 풀이 | (4번째 시행 후 점 P의 좌표가 2 이상일 확률)

　　＝ 1 − (4번째 시행 후 점 P의 좌표가 1 이하일 확률)로 구할 수 있다.

주사위를 한 번 던져 나온 눈의 수가 6의 약수일 확률은 $\dfrac{4}{6} = \dfrac{2}{3}$ 이므로

(ⅰ) 4번째 시행 후 점 P의 좌표가 0일 확률

　　4번의 시행 모두 주사위의 눈의 수가 6의 약수가 아닌 수가 나와야 하므로

$$_4\mathrm{C}_0 \left(\dfrac{1}{3}\right)^4 = \dfrac{1}{81}$$

(ⅱ) 4번째 시행 후 점 P의 좌표가 1일 확률

　　4번의 시행 중 1번만 6의 약수가 나와야 하므로

$$_4\mathrm{C}_1 \left(\dfrac{2}{3}\right) \left(\dfrac{1}{3}\right)^3 = 4 \times \dfrac{2}{81} = \dfrac{8}{81}$$

(ⅰ), (ⅱ)에 의하여 구하는 확률은 $1 - \left(\dfrac{1}{81} + \dfrac{8}{81}\right) = \dfrac{8}{9}$

답 ④

081

찍기출 054 유형 **03**

두 사건 A, B에 대하여

$$P(A \cup B) = \frac{2}{3}, \ P(B) = \frac{7}{12}$$

일 때, $P(A \cap B^C)$의 값은? (단, B^C은 B의 여사건이다.)

① $\dfrac{1}{24}$ ② $\dfrac{1}{12}$ ③ $\dfrac{1}{8}$

④ $\dfrac{1}{6}$ ⑤ $\dfrac{5}{24}$

082

찍기출 055 유형 **04**

어느 지구대의 경찰관은 남자 5명, 여자 3명이다.
이 지구대에서 임의로 4명을 선택할 때, 적어도 한 명은
여자 경찰관이 선택될 확률은?

① $\dfrac{9}{14}$ ② $\dfrac{5}{7}$ ③ $\dfrac{11}{14}$

④ $\dfrac{6}{7}$ ⑤ $\dfrac{13}{14}$

083

찍기출 056 유형 **07**

어느 고등학교에서 전체 학생 300명을 대상으로 독서와
동영상 시청을 하루에 각각 1시간 이상 하고 있는지 여부를
조사한 표이다.

(단위 : 명)

독서 \ 동영상 시청	1시간 미만	1시간 이상	계
1시간 미만	64	96	160
1시간 이상	56	84	140
계	120	180	300

이 고등학교 학생 중에서 임의로 선택한 1명이 1시간 미만
독서하는 학생일 때, 이 학생이 1시간 이상 동영상 시청을
하는 학생일 확률은?

① $\dfrac{2}{5}$ ② $\dfrac{7}{15}$ ③ $\dfrac{8}{15}$

④ $\dfrac{3}{5}$ ⑤ $\dfrac{2}{3}$

084

유형 02

세 학생 A, B, C를 포함한 6명의 학생이 일정한 간격으로 원 모양의 탁자에 둘러앉을 때, A, B는 이웃하여 앉고, A, C는 마주보고 앉을 확률은?

(단, 회전하여 일치하는 것은 같은 것으로 본다.)

① $\dfrac{1}{10}$ ② $\dfrac{1}{5}$ ③ $\dfrac{3}{10}$

④ $\dfrac{2}{5}$ ⑤ $\dfrac{1}{2}$

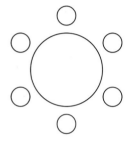

085

짝기출 057 유형 01

1부터 7까지의 자연수가 각각 하나씩 적혀 있는 7장의 카드가 주머니에 들어 있다. 이 주머니에서 1장의 카드를 꺼내어 확인한 후 다시 넣는 시행을 2회 반복할 때, 꺼낸 카드에 적힌 수를 차례로 a, b라 하자. $2a > 3b$이거나 $a + b = 9$일 확률은?

① $\dfrac{2}{7}$ ② $\dfrac{15}{49}$ ③ $\dfrac{16}{49}$

④ $\dfrac{17}{49}$ ⑤ $\dfrac{18}{49}$

086

유형 02

한 개의 주사위를 n $(1 \le n \le 5)$번째 던져서 나온 눈의 수를 a_n이라 할 때,

$$a_n \le a_{n+1} \ (n = 1, 2, 3, 4)$$

를 만족시킬 확률은 $\dfrac{q}{p}$이다. $p + q$의 값을 구하시오.

(단, p와 q는 서로소인 자연수이다.)

II 확률

핵심유형

SET 09
SET 10
SET 11
SET 12
SET 13
SET 14
SET 15
SET 16

087

A, B, C를 포함한 10명의 어느 동호회의 회원 중에서 임의로 3명의 대표를 선출하고자 한다. A와 B 중 한 사람만이 대표로 선출되었을 때, C가 대표로 선출될 확률은?

① $\dfrac{1}{2}$ ② $\dfrac{1}{3}$ ③ $\dfrac{1}{4}$

④ $\dfrac{1}{5}$ ⑤ $\dfrac{1}{6}$

088

회원 수가 200명인 수학 연구회에서 전공자의 50%와 비전공자의 40%가 하계 세미나에 참여한다고 한다. 이 연구회 회원 중에서 임의로 뽑은 1명이 비전공자일 확률은 $\dfrac{3}{5}$이다. 이 연구회 회원 중에서 임의로 뽑은 1명이 하계 세미나에 참여하는 회원일 때, 이 회원이 전공자일 확률은?

① $\dfrac{3}{11}$ ② $\dfrac{4}{11}$ ③ $\dfrac{5}{11}$

④ $\dfrac{6}{11}$ ⑤ $\dfrac{7}{11}$

089

주머니에 검은 공 3개와 흰 공 2개가 들어 있다. 이 주머니에서 임의로 2개의 공을 동시에 꺼내었을 때 꺼낸 2개의 공의 색이 같으면 한 개의 동전을 3번 던지고, 꺼낸 2개의 공의 색이 다르면 한 개의 동전을 4번 던지기로 하였다. 이 시행에서 동전의 앞면이 2번 나올 확률은?

① $\dfrac{5}{16}$ ② $\dfrac{3}{8}$ ③ $\dfrac{7}{16}$

④ $\dfrac{1}{2}$ ⑤ $\dfrac{9}{16}$

090

유형 11

한 개의 주사위를 한 번 던질 때 나오는 눈의 수 n과 두 함수

$$f(x) = (x-1)(x-3)(x-5),$$
$$g(x) = x^2 - mx \ (\text{단}, m\text{은 6 미만의 자연수})$$

에 대하여 $f(n) = 0$일 사건을 A, $g(n) > 0$일 사건을 B라 하자. 두 사건 A와 B가 서로 독립이 되도록 하는 모든 m의 값의 합을 구하시오.

II
확률

핵심유형

SET 09
SET 10
SET 11
SET 12
SET 13
SET 14
SET 15
SET 16

091

짝기출 062 유형 10

두 사건 A, B가 서로 독립이고

$$P(B^C) = \frac{3}{4},\ P(A \cup B) = \frac{2}{3}$$

일 때, $P(A \mid B^C)$의 값은? (단, B^C은 B의 여사건이다.)

① $\frac{2}{9}$ ② $\frac{1}{3}$ ③ $\frac{4}{9}$

④ $\frac{5}{9}$ ⑤ $\frac{2}{3}$

092

짝기출 063 | 064 유형 12

한 개의 주사위를 5번 던질 때, 홀수의 눈이 나오는 횟수와

짝수의 눈이 나오는 횟수의 차가 3일 확률은 $\dfrac{q}{p}$이다.

$p + q$의 값을 구하시오. (단, p와 q는 서로소인 자연수이다.)

093

짝기출 065 유형 04

1, 1, 1, 2, 2, 3의 숫자가 하나씩 적혀 있는 6장의 카드가 있다. 이 카드를 모두 한 번씩 사용하여 임의로 일렬로 나열한 여섯 자리 자연수가 홀수일 확률은?

① $\frac{1}{6}$ ② $\frac{1}{3}$ ③ $\frac{1}{2}$

④ $\frac{2}{3}$ ⑤ $\frac{5}{6}$

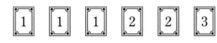

094

찍기출 066 유형 01

숫자 1, 2, 3, 4, 5 중에서 서로 다른 3개를 택해 일렬로
나열하여 만들 수 있는 모든 세 자리의 자연수 중에서 임의로
하나의 수를 택할 때, 택한 수가 10과 서로소일 확률은?

① $\dfrac{1}{5}$ ② $\dfrac{4}{15}$ ③ $\dfrac{1}{3}$

④ $\dfrac{2}{5}$ ⑤ $\dfrac{7}{15}$

095

찍기출 067 유형 12

각 면에 1, 2, 3, 3의 숫자가 하나씩 적혀 있는 정사면체
모양의 상자를 던져 바닥에 닿은 면에 적혀 있는 숫자를
읽기로 한다. 이 상자를 4번 던질 때, 1이 한 번 나오거나
3이 한 번 나올 확률은?

① $\dfrac{17}{32}$ ② $\dfrac{35}{64}$ ③ $\dfrac{9}{16}$

④ $\dfrac{37}{64}$ ⑤ $\dfrac{19}{32}$

096

찍기출 068 유형 09

주머니 A에는 흰 공 2개와 검은 공 3개가 들어 있고,
주머니 B에는 흰 공 4개와 검은 공 1개가 들어 있다. 한
개의 주사위를 던져서 2 이하의 눈이 나오면 주머니 A에서
임의로 2개의 공을 동시에 꺼내고, 3 이상의 눈이 나오면
주머니 B에서 임의로 3개의 공을 동시에 꺼낼 때, 흰 공의
개수가 2일 확률은?

① $\dfrac{11}{30}$ ② $\dfrac{2}{5}$ ③ $\dfrac{13}{30}$

④ $\dfrac{7}{15}$ ⑤ $\dfrac{1}{2}$

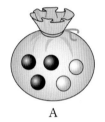 

A   B

II
확률

핵심유형
SET 09
SET 10
SET 11
SET 12
SET 13
SET 14
SET 15
SET 16

097

유형 02

남학생 3명과 여학생 6명이 영화 관람을 위하여 그림과 같이 A1부터 A4, B1부터 B5까지의 모든 빈 좌석에 임의로 한 명씩 앉으려고 한다. 남학생 3명이 같은 열에 나란히 이웃하여 앉을 확률이 $\dfrac{q}{p}$ 일 때, $p+q$의 값을 구하시오. (단, p와 q는 서로소인 자연수이다.)

098

유형 04

집합 $A = \{-2, -1, 1, 2\}$에 대하여 집합 $\{(a, b) \mid a \in A, b \in A\}$의 모든 원소를 각각 좌표평면 위에 점으로 나타내고, 이 점들 중에서 임의로 서로 다른 두 점을 선택하였을 때, 선택한 두 점을 이은 선분이 x축 또는 y축과 만날 확률은?

① $\dfrac{1}{2}$ ② $\dfrac{2}{3}$ ③ $\dfrac{3}{4}$

④ $\dfrac{4}{5}$ ⑤ $\dfrac{5}{6}$

099
유형 06

흰 공 5개와 검은 공 2개가 들어 있는 상자가 있다. 1개의 주사위를 한 번 던져 나온 눈의 수만큼 이 상자에서 동시에 임의로 공을 꺼낸다. 꺼낸 흰 공과 검은 공의 개수가 같을 때, 주사위의 눈의 수가 4이었을 확률은 $\dfrac{q}{p}$이다. $p+q$의 값을 구하시오. (단, p와 q는 서로소인 자연수이다.)

100
유형 02

다음 조건을 만족시키는 a, b, c, d, e의 모든 순서쌍 (a, b, c, d, e) 중에서 1개를 임의로 선택할 때, 이 순서쌍이 $abcde = 0$을 만족시킬 확률은 $\dfrac{q}{p}$이다. $p+q$의 값을 구하시오. (단, p와 q는 서로소인 자연수이다.)

(가) 집합 $A = \{0, 1, 2\}$에 대하여
   $a \in A$, $b \in A$, $c \in A$, $d \in A$, $e \in A$이다.
(나) $a+b+c+d+e = 6$

II
확률

핵심유형
SET 09
SET 10
SET 11
SET 12
SET 13
SET 14
SET 15
SET 16

101

찍기출 062 유형 05

두 사건 A, B에 대하여

$$P(A) = \frac{7}{15}, \quad P(A \cup B) = \frac{2}{3}$$

일 때, $P(B|A^C)$의 값은? (단, A^C은 A의 여사건이다.)

① $\frac{1}{8}$ ② $\frac{1}{4}$ ③ $\frac{3}{8}$

④ $\frac{1}{2}$ ⑤ $\frac{5}{8}$

102

유형 04

어느 대학교 동아리에서는 중학교 교육 봉사 프로그램에 멘토로 참여하기로 하였다. 이 동아리는 여학생 4명, 남학생 6명으로 구성되어 있다. 10명의 학생 중에서 임의로 3명을 동시에 멘토로 선택할 때, 여학생과 남학생이 적어도 1명씩 선택될 확률은?

① $\frac{2}{5}$ ② $\frac{1}{2}$ ③ $\frac{3}{5}$

④ $\frac{7}{10}$ ⑤ $\frac{4}{5}$

103

찍기출 069 유형 12

A가 한 개의 동전을 3번 던졌을 때 앞면이 나오는 횟수를 a라 하고, B가 한 개의 동전을 4번 던졌을 때 앞면이 나오는 횟수를 b라 할 때, $ab = 4$일 확률은?

① $\frac{21}{128}$ ② $\frac{11}{64}$ ③ $\frac{23}{128}$

④ $\frac{3}{16}$ ⑤ $\frac{25}{128}$

104

1부터 12까지의 자연수 중에서 임의로 서로 다른 3개의 수를 선택할 때, 선택된 세 자연수 중에서 가장 작은 수가 3 이하이거나 가장 큰 수가 9 이상일 확률은?

① $\dfrac{17}{22}$ ② $\dfrac{9}{11}$ ③ $\dfrac{19}{22}$

④ $\dfrac{10}{11}$ ⑤ $\dfrac{21}{22}$

105

한 개의 주사위를 두 번 던져 나오는 눈의 수를 차례로 m, n이라 하자. $\sin\dfrac{m\pi}{3}\times\cos\dfrac{n\pi}{3}\geq\dfrac{\sqrt{3}}{4}$ 이 성립할 확률은?

① $\dfrac{1}{3}$ ② $\dfrac{13}{36}$ ③ $\dfrac{7}{18}$

④ $\dfrac{5}{12}$ ⑤ $\dfrac{4}{9}$

106

1부터 8까지의 자연수가 각각 하나씩 적힌 8장의 카드가 들어 있는 주머니에서 임의로 1장의 카드를 꺼내는 시행을 한다. 이 시행에서 카드에 적힌 수가 소수인 사건을 A, 8 이하의 자연수 m에 대하여 m 이하의 수가 나오는 사건을 B라 할 때, 두 사건 A와 B가 서로 독립이 되도록 하는 모든 m의 값의 합을 구하시오.

II 확률

핵심유형
SET 09
SET 10
SET 11
SET 12
SET 13
SET 14
SET 15
SET 16

107

짝기출 073 유형 07

주머니 안에 서로 다른 자연수가 하나씩 적혀 있는 흰 공 30개와 검은 공 20개가 들어 있다. 이 주머니에서 임의로 꺼낸 한 개의 공이 흰 공일 때, 이 공에 적혀 있는 수가 홀수일 확률이 $\dfrac{2}{5}$이고, 이 주머니에서 임의로 꺼낸 한 개의 공에 적혀 있는 수가 홀수일 때, 이 공이 검은 공일 확률이 $\dfrac{4}{7}$이다. 이 주머니에서 홀수가 적혀 있는 공의 개수는?

① 14 ② 21 ③ 28
④ 35 ⑤ 49

108

짝기출 074 | 075 유형 06

좌표평면 위의 세 점 $(0, 0)$, $(4, 0)$, $(0, 8)$을 꼭짓점으로 하는 삼각형 둘레와 내부에 x좌표와 y좌표가 모두 자연수인 점 (a, b) 중에서 임의로 서로 다른 두 점을 선택한다. 선택된 두 점의 x좌표가 같을 때, 이 두 점의 x좌표가 2일 확률은 $\dfrac{q}{p}$이다. $p + q$의 값을 구하시오.

(단, p와 q는 서로소인 자연수이다.)

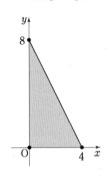

109

두 주머니 A와 B에는 숫자 1, 2, 3, 4가 하나씩 적혀 있는 4장의 카드가 각각 들어 있다. 갑은 주머니 A에서, 을은 주머니 B에서 각자 임의로 한 장의 카드를 꺼내어 두 카드에 적혀 있는 숫자를 확인한 후 다시 넣지 않는다. 이와 같은 시행을 반복할 때, 첫 번째 꺼낸 두 카드에 적혀 있는 숫자의 합은 홀수이고, 두 번째 꺼낸 두 카드에 적혀 있는 숫자의 합은 짝수일 확률은?

A   B

① $\dfrac{1}{9}$ ② $\dfrac{2}{9}$ ③ $\dfrac{1}{3}$

④ $\dfrac{4}{9}$ ⑤ $\dfrac{5}{9}$

110

유형 02

두 집합 $X = \{1, 2, 3\}$, $Y = \{1, 2, 3, 4, 5, 6\}$이 있다.
함수 $f : X \to Y$ 중에서 임의로 하나를 선택할 때,

$$f(n+1) - f(n) \geq 1 \ (n = 1, 2)$$

을 만족시키는 함수 f를 선택할 확률은 $\dfrac{q}{p}$이다. $p+q$의 값을 구하시오. (단, p와 q는 서로소인 자연수이다.)

II 확률

핵심유형
SET 09
SET 10
SET 11
SET 12
SET 13
SET 14
SET 15
SET 16

111

짝기출 077 · 유형 03

두 사건 A, B에 대하여 A^C과 B^C이 서로 배반사건이고

$$P(A) = \frac{2}{3}, \ P(B) = \frac{5}{6}$$

일 때, $P(A \cap B)$의 값은? (단, A^C은 A의 여사건이다.)

① $\dfrac{1}{6}$ ② $\dfrac{1}{4}$ ③ $\dfrac{1}{3}$

④ $\dfrac{5}{12}$ ⑤ $\dfrac{1}{2}$

112

유형 01

숫자 1, 2, 3이 하나씩 적혀 있는 흰 구슬 3개와 숫자 3, 4, 5가 하나씩 적혀 있는 검은 구슬 3개가 있다. 이 6개의 구슬에서 임의로 2개의 구슬을 선택할 때, 선택한 2개의 구슬에 적힌 숫자의 합이 4의 배수일 확률은?

① $\dfrac{2}{15}$ ② $\dfrac{1}{5}$ ③ $\dfrac{4}{15}$

④ $\dfrac{1}{3}$ ⑤ $\dfrac{2}{5}$

113

유형 02

1학년 학생 4명, 2학년 학생 3명, 3학년 학생 2명이 있다. 이 9명의 학생이 일렬로 설 때, 2학년 학생끼리는 어느 누구도 서로 이웃하지 않고 3학년 학생은 양 끝에 서게 될 확률은?

① $\dfrac{1}{126}$ ② $\dfrac{1}{63}$ ③ $\dfrac{1}{42}$

④ $\dfrac{2}{63}$ ⑤ $\dfrac{5}{126}$

114

4보다 큰 자연수 k에 대하여 1부터 k까지의 모든 자연수 중 임의로 서로 다른 세 수를 선택할 때, 선택된 수 중 가장 작은 수가 2일 확률이 $\frac{1}{4}$이 되도록 하는 k의 값은?

① 8   ② 9   ③ 10

④ 11   ⑤ 12

115

보기출 078   유형 11

어느 학교에서 여름방학 보충수업으로 두 과목 X, Y를 개설하였다. 보충수업을 지원한 학생은 1학년 180명, 2학년 120명이고 각 학생은 두 과목 중 하나의 과목만 지원하였다고 할 때, 지원 결과는 다음 표와 같다.

(단위 : 명)

과목＼학년	1학년	2학년
X	96	a
Y	b	c

보충수업에 지원한 1학년과 2학년 학생들 중에서 임의로 한 명을 선택할 때, 선택한 학생이 과목 X를 지원한 학생일 사건과 2학년 학생일 사건이 서로 독립일 때, a의 값을 구하시오.

116

남학생 100명과 여학생 200명을 대상으로 참고서 A와 참고서 B의 구입 여부를 조사하였는데, 그 결과 모든 학생은 적어도 1권의 참고서를 구입하였다고 한다. 참고서 A를 구입한 학생 180명 중 남학생이 60명이었고, 참고서 B를 구입한 학생 210명 중 여학생이 155명이었다. 두 참고서 A와 B를 모두 구입한 학생 중에서 한 명을 임의로 뽑을 때, 이 학생이 남학생일 확률은? (단, 한 학생은 한 종류의 참고서를 최대 1권 살 수 있다.)

① $\frac{1}{2}$ ② $\frac{1}{3}$ ③ $\frac{1}{4}$

④ $\frac{1}{5}$ ⑤ $\frac{1}{6}$

II 확률

핵심유형

SET 09
SET 10
SET 11
SET 12
SET 13
SET 14
SET 15
SET 16

117

어느 수영장의 전체 회원은 120명이고, 각 회원은 취미반과 전문가반 중 하나에만 속해 있다. 이 수영장의 남성 회원 중 50 %가 취미반에 속해 있고, 여성 회원 중 25 %가 전문가반에 속해 있다. 이 수영장의 남성 회원 중 임의로 선택한 한 명이 전문가반에 속해 있을 확률과 전문가반에 속한 회원 중 임의로 선택한 한 명이 남성 회원일 확률이 같을 때, 이 수영장의 취미반에 속한 여성 회원의 수를 구하시오. (단, 여성 회원과 남성 회원은 모두 1명 이상이다.)

118

네 학생 A, B, C, D를 포함한 8명의 학생이 원 모양의 탁자에 일정한 간격을 두고 임의로 모두 둘러앉을 때, A가 B, C, D 중 적어도 한 학생과 이웃하게 될 확률은?

(단, 회전하여 일치하는 것은 같은 것으로 본다.)

① $\dfrac{2}{3}$　　　② $\dfrac{5}{7}$　　　③ $\dfrac{16}{21}$

④ $\dfrac{17}{21}$　　　⑤ $\dfrac{6}{7}$

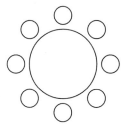

119

짝기출 082 유형 04

방정식 $x+y+z=8$을 만족시키는 음이 아닌 정수 x, y, z의 모든 순서쌍 (x, y, z) 중에서 임의로 한 개를 선택할 때, 선택한 순서쌍 (x, y, z)가

$$0 < x+y < 8$$

을 만족시킬 확률은?

① $\dfrac{4}{9}$ ② $\dfrac{5}{9}$ ③ $\dfrac{2}{3}$

④ $\dfrac{7}{9}$ ⑤ $\dfrac{8}{9}$

120

짝기출 083 유형 02

집합 $X = \{1,\ 2,\ 3,\ 4,\ 5\}$에 대하여 다음 조건을 만족시키는 모든 함수 $f : X \to X$ 중 임의로 하나를 선택할 때, 선택한 함수 f가 $f(3) = 3$을 만족시킬 확률은 $\dfrac{q}{p}$이다. $p+q$의 값을 구하시오. (단, p와 q는 서로소인 자연수이다.)

집합 X의 임의의 원소 x에 대하여
$(x-3)\{f(x)-f(3)\} \geq 0$이다.

121

유형 10

서로 독립인 두 사건 A, B에 대하여

$$\mathrm{P}(A \cap B^C) = \frac{1}{4}, \ \mathrm{P}(A) + \mathrm{P}(B) = 1$$

일 때, $\mathrm{P}(A \cup B)$의 값은? (단, B^C은 B의 여사건이다.)

① $\dfrac{11}{16}$ ② $\dfrac{3}{4}$ ③ $\dfrac{13}{16}$

④ $\dfrac{7}{8}$ ⑤ $\dfrac{15}{16}$

122

유형 02

6명의 사람이 각자 세 상자 A, B, C 중 임의로 1개의 상자를 선택하여 공을 1개씩 넣을 때, 세 상자에 서로 같은 개수의 공이 들어갈 확률은?

① $\dfrac{1}{9}$ ② $\dfrac{10}{81}$ ③ $\dfrac{11}{81}$

④ $\dfrac{4}{27}$ ⑤ $\dfrac{13}{81}$

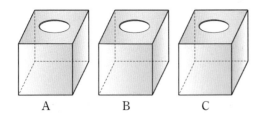

A   B   C

123

유형 09

1부터 9까지의 자연수가 하나씩 적혀 있는 9개의 공이 들어 있는 상자에서 임의로 1개의 공을 꺼내는 시행을 반복할 때, 홀수가 적혀 있는 공을 모두 꺼내면 시행을 멈춘다.
7번째까지 시행을 한 후 시행을 멈출 확률은?

(단, 꺼낸 공은 다시 넣지 않는다.)

① $\dfrac{2}{21}$ ② $\dfrac{5}{42}$ ③ $\dfrac{3}{21}$

④ $\dfrac{1}{6}$ ⑤ $\dfrac{4}{21}$

124

찍기출 084 유형 08

어느 고등학교 1학년 학생의 60%가 남학생이다. 이 고등학교 1학년 학생의 50%는 동아리에 가입을 하였고, 나머지 50%는 가입하지 않았다. 이 고등학교 1학년 학생 중 임의로 선택한 1명의 학생이 동아리에 가입한 여학생일 확률은 $\frac{1}{5}$이다. 이 고등학교 1학년 학생 중 임의로 선택한 1명의 학생이 동아리에 가입하지 않은 학생일 때, 이 학생이 남학생일 확률이 p이다. $100p$의 값을 구하시오.

125

찍기출 085 유형 04

어느 회사의 채용시험에 응시한 2명의 지원자가 이 회사에서 준비한 서로 다른 5개의 질문지 중 각자 임의로 3개씩의 질문지를 선택할 때, 2명의 지원자가 공통으로 선택한 질문지가 2개 이상 있을 확률은?

① $\frac{2}{5}$ ② $\frac{1}{2}$ ③ $\frac{3}{5}$

④ $\frac{7}{10}$ ⑤ $\frac{4}{5}$

126

유형 07

어느 학교에서 두 지역 A, B로 교환학생을 보내기 위하여 남학생, 여학생 각각 100명의 지원을 받았다. 지원한 모든 학생은 두 지역 중 하나의 지역에만 지원한다고 할 때, 지원 결과는 다음 표와 같다.

(단위 : 명)

학생＼지역	A	B
남	25	75
여	55	45

교환학생으로 지원한 학생 중 두 지역 A, B에서 각각 1명씩 임의로 선발하려고 한다. 선발된 2명의 학생 중에서 적어도 1명의 학생이 남학생일 때, 지역 B의 교환학생으로 선발된 학생이 여학생일 확률은?

① $\frac{3}{38}$ ② $\frac{3}{19}$ ③ $\frac{9}{38}$

④ $\frac{6}{19}$ ⑤ $\frac{15}{38}$

II 확률

핵심유형
SET 09
SET 10
SET 11
SET 12
SET 13
SET 14
SET 15
SET 16

127

짝기출 086 유형 02

주머니에 1, 1, 2, 2, 3, 3의 숫자가 하나씩 적혀 있는 6개의 공이 들어 있다. 이 주머니에서 임의로 3개의 공을 동시에 꺼내어 임의로 일렬로 나열하고, 나열된 순서대로 공에 적혀 있는 수를 a, b, c라 할 때, $a < b \leq c$일 확률은?

① $\dfrac{1}{6}$　　　② $\dfrac{1}{3}$　　　③ $\dfrac{1}{2}$

④ $\dfrac{2}{3}$　　　⑤ $\dfrac{5}{6}$

128

짝기출 087 유형 12

주사위 한 개를 던져 나오는 눈의 수를 n이라 할 때, 비어 있는 두 상자 A, B에 다음과 같은 규칙으로 공을 넣으려고 한다.

> (가) $n = 1$, 4이면 상자 A에 공 1개를 넣는다.
> (나) $n = 2$, 5이면 상자 B에 공 1개를 넣는다.
> (다) $n = 3$, 6이면 두 상자 A, B에 공을 각각 1개씩 넣는다.

주사위를 던지는 시행을 5회 하였을 때, 상자 A에 공이 2개 들어 있을 확률은?

① $\dfrac{4}{27}$　　　② $\dfrac{38}{243}$　　　③ $\dfrac{40}{243}$

④ $\dfrac{14}{81}$　　　⑤ $\dfrac{44}{243}$

129

유형 06

1부터 10까지의 자연수가 하나씩 적혀 있는 10개의 공이 들어 있는 상자에서 임의로 3개의 공을 동시에 꺼낸다. 꺼낸 3개의 공에 적혀 있는 수의 최댓값이 6보다 클 때, 최솟값이 3보다 작을 확률은?

① $\dfrac{8}{25}$　　② $\dfrac{2}{5}$　　③ $\dfrac{12}{25}$

④ $\dfrac{14}{25}$　　⑤ $\dfrac{16}{25}$

130

빅기출 088　유형 04

1부터 10까지의 자연수 중에서 임의로 서로 다른 3개의 수를 선택한다. 선택된 세 개의 수의 합과 곱을 각각 a, b라 할 때, $a \times b$가 3의 배수일 확률은?

① $\dfrac{1}{2}$　　② $\dfrac{2}{3}$　　③ $\dfrac{3}{4}$

④ $\dfrac{4}{5}$　　⑤ $\dfrac{5}{6}$

II 확률

핵심유형

SET 09
SET 10
SET 11
SET 12
SET 13
SET 14
SET 15
SET 16

131

유형 05

두 사건 A, B에 대하여

$$\mathrm{P}(A \mid B) = \mathrm{P}(A^{C} \mid B),\ \mathrm{P}(A) = \mathrm{P}(B) = \frac{1}{2}$$

일 때, $\mathrm{P}(A \cup B)$의 값은? (단, A^{C}은 A의 여사건이다.)

① $\dfrac{1}{2}$　　　② $\dfrac{5}{8}$　　　③ $\dfrac{3}{4}$

④ $\dfrac{7}{8}$　　　⑤ 1

132

짝기출 089 유형 02

흰 공 4개와 검은 공 6개가 들어 있는 상자에서 임의로
3개의 공을 동시에 꺼낼 때, 꺼낸 공 중에서 흰 공의 개수가
검은 공의 개수보다 적을 확률은?

① $\dfrac{2}{9}$　　　② $\dfrac{1}{3}$　　　③ $\dfrac{4}{9}$

④ $\dfrac{5}{9}$　　　⑤ $\dfrac{2}{3}$

133

짝기출 090 유형 01

각 면에 1, 2, 3, 4의 숫자가 하나씩 적혀 있는 정사면체
모양의 상자가 있다. 이 상자를 4번 던질 때, n번째 던진
상자의 바닥에 닿은 면에 적힌 숫자를 a_n이라 하면, 다음
조건을 만족시킬 확률은 $\dfrac{q}{p}$이다. $p + q$의 값을 구하시오.

(단, p와 q는 서로소인 자연수이다.)

(가) $a_1 = 1$
(나) $0 \le a_{i+1} - a_i \le 1\ (i = 1, 2, 3)$

134

짝기출 091 | 092 유형 12

동전 A의 앞면과 뒷면에는 각각 1과 2가 적혀 있다. 한 개의 주사위를 던져 나온 눈의 수가 3의 배수이면 동전 A를 3번 던지고, 나온 눈의 수가 3의 배수가 아니면 동전 A를 5번 던진다. 이 시행에서 동전 A를 던져 나온 수의 곱이 8일 때, 동전 A를 5번 던졌을 확률은?

① $\dfrac{5}{6}$　　　② $\dfrac{2}{3}$　　　③ $\dfrac{1}{2}$

④ $\dfrac{1}{3}$　　　⑤ $\dfrac{1}{6}$

135

짝기출 093 유형 02

흰색 우산 2개, 회색 우산 3개, 검은색 우산 5개가 들어 있는 상자가 있다. 이 상자에서 임의로 6개의 우산을 동시에 꺼낼 때, 꺼낸 6개의 우산 중 흰색 우산의 개수와 회색 우산의 개수의 합이 검은색 우산의 개수보다 클 확률은?

① $\dfrac{13}{42}$　　　② $\dfrac{2}{7}$　　　③ $\dfrac{11}{42}$

④ $\dfrac{5}{21}$　　　⑤ $\dfrac{3}{14}$

136

유형 06

상자에 1, 1, 1, 1, 2, 2, 2, 3, 3의 숫자가 하나씩 적혀 있는 9장의 카드가 들어 있다. A가 상자에서 임의로 한 장의 카드를 꺼낸 뒤 B가 상자에서 임의로 한 장의 카드를 꺼낸다. A와 B가 상자에서 꺼낸 카드에 적힌 숫자가 서로 같을 때, 그 수가 홀수일 확률은?

(단, 꺼낸 카드는 상자에 다시 넣지 않는다.)

① $\dfrac{11}{20}$　　　② $\dfrac{3}{5}$　　　③ $\dfrac{13}{20}$

④ $\dfrac{7}{10}$　　　⑤ $\dfrac{3}{4}$

II 확률

핵심유형

SET 09
SET 10
SET 11
SET 12
SET 13
SET 14
SET 15
SET 16

137

딱기출 094 유형 07

어느 기업에서 실시한 이벤트의 당첨자 250명을 대상으로 당첨 품목, 성별 현황을 조사한 결과는 다음과 같다.

(단위 : 명)

구분	모바일 쿠폰	무선충전기	태블릿PC	합계
남성	65	$35-a$	a	100
여성	105	b	$45-b$	150

당첨자 250명 중에서 무선충전기를 받은 사람의 비율은 22 %이다. 당첨자 250명 중에서 임의로 선택한 1명이 남성일 때 이 당첨자가 태블릿PC를 받았을 확률과, 당첨자 250명 중에서 임의로 선택한 1명이 여성일 때 이 당첨자가 태블릿PC를 받았을 확률이 서로 같을 때, ab의 값을 구하시오. (단, 각 당첨자는 한 개의 품목에만 당첨되었다.)

138

딱기출 095 유형 09

한 개의 주사위를 세 번 던져서 나오는 눈의 수를 차례로 a, b, c라 할 때, $a \times b \times c$가 4의 배수일 확률은?

① $\dfrac{1}{2}$　　　② $\dfrac{13}{24}$　　　③ $\dfrac{7}{12}$

④ $\dfrac{5}{8}$　　　⑤ $\dfrac{2}{3}$

139

짝기출 096 유형 06

주머니에 숫자 1, 3, 5, 7, 9, 11이 하나씩 적혀 있는 흰 공 6개와 숫자 2, 4, 6, 8, 10, 12가 하나씩 적혀 있는 검은 공 6개가 들어 있다. 이 주머니를 사용하여 다음 규칙에 따라 점수를 얻는 시행을 한다.

> 주머니에서 임의로 2개의 공을 동시에 꺼내어
> 꺼낸 두 공의 색이 서로 같으면 꺼낸 두 공에 적힌 수의 차를 점수로 얻고,
> 꺼낸 두 공의 색이 서로 다르면 꺼낸 두 공에 적힌 수의 곱을 점수로 얻는다.

이 시행을 한 번 하여 얻은 점수가 3의 배수일 때, 꺼낸 두 공의 색이 서로 같을 확률은?

① $\dfrac{3}{16}$ ② $\dfrac{1}{5}$ ③ $\dfrac{3}{14}$

④ $\dfrac{3}{13}$ ⑤ $\dfrac{1}{4}$

140

유형 02

집합 $X = \{0, 1, 2, 3, 4\}$에 대하여 다음 조건을 만족시키는 모든 함수 $f : X \to X$ 중에서 임의로 하나를 선택할 때, 선택한 함수 f의 치역의 원소의 개수가 3 이상일 확률은?

> (가) 집합 X의 서로 다른 임의의 두 원소 x_1, x_2에 대하여 $\dfrac{f(x_2) - f(x_1)}{x_2 - x_1} \le 0$이다.
> (나) $f(0) + f(1) + f(4) = 8$

① $\dfrac{16}{25}$ ② $\dfrac{17}{25}$ ③ $\dfrac{18}{25}$

④ $\dfrac{19}{25}$ ⑤ $\dfrac{4}{5}$

핵심유형
SET 09
SET 10
SET 11
SET 12
SET 13
SET 14
SET 15
SET 16

141

두 사건 A와 B가 서로 독립이고

$$\mathrm{P}(B^C|A) = \frac{4}{9}\mathrm{P}(A), \ \mathrm{P}(A \cap B) = \frac{1}{2}$$

일 때, $\mathrm{P}(A)$의 값은? (단, B^C은 B의 여사건이다.)

① $\dfrac{5}{12}$ ② $\dfrac{1}{2}$ ③ $\dfrac{7}{12}$

④ $\dfrac{2}{3}$ ⑤ $\dfrac{3}{4}$

142

도시철도 A 역의 역명 개정에 대한 찬반 투표에 참여한 270명의 도시철도 이용고객은 찬성과 반대 중 하나에 반드시 투표했으며 이에 대한 결과가 다음과 같다.

(단위 : 명)

구분	남성	여성	합계
찬성	18	72	90
반대	a	b	180

투표에 참여한 고객 중에서 임의로 선택한 한 명의 고객이 역명 개정에 찬성했을 때 이 고객이 남성일 확률을 p라 하면, 임의로 선택한 한 명의 고객이 남성이었을 때 이 고객이 역명 개정에 반대했을 확률은 $4p$이다. $b-a$의 값을 구하시오.

143

집합 $X = \{1, 2, 3, 6\}$에 대하여 X에서 X로의 모든 함수 f 중에서 임의로 하나를 선택할 때, 이 함수가 다음 조건을 만족시킬 확률은 $\dfrac{q}{p}$이다. $p+q$의 값을 구하시오.

(단, p와 q는 서로소인 자연수이다.)

(가) $f(2)f(3) = 6$
(나) 6은 함수 f의 치역에 반드시 속한다.

144

찍기출 100 유형 04

각 면에 1, 2, 2, 3, 3, 3의 숫자가 하나씩 적혀 있는
정육면체 모양의 상자와 각 면에 1, 2, 2, 3의 숫자가 하나씩
적혀 있는 정사면체 모양의 상자가 있다. 이 두 상자를 동시에
던져 정육면체 모양의 상자의 윗면에 적힌 눈의 수를 a,
정사면체 모양의 상자의 바닥에 닿은 면에 적힌 수를 b라 할
때, $(a-1)(a-2)(b-2) = 0$일 확률은?

① $\dfrac{1}{4}$ ② $\dfrac{3}{8}$ ③ $\dfrac{1}{2}$

④ $\dfrac{5}{8}$ ⑤ $\dfrac{3}{4}$

145

유형 01

주머니 안에 1부터 8까지의 자연수가 하나씩 적혀 있는
8개의 공이 들어 있다. 이 주머니에서 임의로 2개의 공을
동시에 꺼낼 때, 꺼낸 2개의 공에 적혀 있는 수의 평균과
주머니 안에 남아 있는 6개의 공에 적혀 있는 수의 평균이
같을 확률은?

① $\dfrac{1}{10}$ ② $\dfrac{1}{9}$ ③ $\dfrac{1}{8}$

④ $\dfrac{1}{7}$ ⑤ $\dfrac{1}{6}$

146

유형 09

상자 A에는 흰 구슬 2개와 검은 구슬 3개가 들어 있고,
상자 B에는 검은 구슬 2개가 들어 있다. 상자 A에서 임의로
2개의 구슬을 꺼내어 검은 구슬이 나오면 꺼낸 구슬을 상자
B에 넣고, 검은 구슬이 나오지 않으면 꺼낸 구슬을 상자 B에
넣은 후 다시 상자 B에서 임의로 1개의 구슬을 꺼내어 상자
A에 넣을 때, 상자 A에 있는 흰 구슬의 개수가 1일 확률은?

① $\dfrac{11}{20}$ ② $\dfrac{3}{5}$ ③ $\dfrac{13}{20}$

④ $\dfrac{7}{10}$ ⑤ $\dfrac{3}{4}$

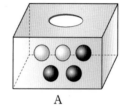 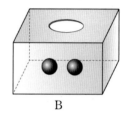

A   B

핵심유형
SET 09
SET 10
SET 11
SET 12
SET 13
SET 14
SET 15
SET 16

147

3개의 주사위를 동시에 던져서 나온 3개의 눈의 수의 합이

9일 때, 그 3개의 눈의 수의 곱이 짝수일 확률은 $\dfrac{q}{p}$ 이다.

$p+q$의 값을 구하시오. (단, p와 q는 서로소인 자연수이다.)

148

1부터 10까지의 자연수가 하나씩 적혀 있는 10장의 카드가
들어 있는 상자에서 임의로 1장의 카드를 꺼내는 시행을
한다. 이 시행에서 사건 A를 $A = \{1,\ 3,\ 6,\ 8\}$이라 할 때,
사건 A와 독립이고 $n(A \cap X) = 2$인 사건 X의 개수는?

(단, $n(B)$는 집합 B의 원소의 개수를 나타낸다.)

① 100   ② 120   ③ 140

④ 160   ⑤ 180

149

집합 $X = \{1, 2, 3, 4, 5, 6\}$에 대하여 다음 조건을 만족시키는 모든 함수 $f : X \to X$ 중 임의로 하나를 선택할 때, 선택한 함수의 치역의 원소의 개수가 3 이상일 확률은 $\dfrac{q}{p}$이다. $p + q$의 값을 구하시오.

(단, p와 q는 서로소인 자연수이다.)

> (가) $f(1) \leq f(2) \leq f(3) \leq f(4) \leq f(5) \leq f(6)$
> (나) $f(1) \times f(2) = f(6)$

150

한 개의 동전과 한 개의 주사위를 동시에 던져 그 결과에 따라 좌표평면 위의 점을 다음과 같이 이동시킨다.

> (가) 동전의 앞면이 나오면 x축의 방향으로 1만큼, 뒷면이 나오면 x축의 방향으로 -1만큼 이동시킨다.
> (나) 주사위의 눈의 수가 3의 배수이면 y축의 방향으로 1만큼, 3의 배수가 아니면 y축의 방향으로 -1만큼 이동시킨다.

한 개의 동전과 한 개의 주사위를 동시에 던지는 시행을 2회 반복한 후 원점에 위치한 점 P가 직선 $y = \dfrac{1}{2}x + 1$ 위의 점으로 옮겨지게 될 확률은?

① $\dfrac{1}{18}$ ② $\dfrac{1}{12}$ ③ $\dfrac{1}{9}$

④ $\dfrac{5}{36}$ ⑤ $\dfrac{1}{6}$

II 확률

핵심유형
SET 09
SET 10
SET 11
SET 12
SET 13
SET 14
SET 15
SET 16

151

짝기출 105 유형 05

두 사건 A, B에 대하여

$$\mathrm{P}(A^C \mid B^C) = \frac{1}{2},\ \mathrm{P}(B^C \mid A^C) = \frac{1}{4},$$

$$\mathrm{P}(A) + \mathrm{P}(B) = 1$$

일 때, $\mathrm{P}(A \cup B)$의 값은? (단, A^C은 A의 여사건이다.)

① $\frac{1}{6}$ ② $\frac{1}{3}$ ③ $\frac{1}{2}$

④ $\frac{2}{3}$ ⑤ $\frac{5}{6}$

152

유형 12

한 개의 동전을 3번 던질 때, 앞면과 뒷면이 나오는 횟수를 각각 m, n이라 하자. $64^{\frac{1}{m+1}} \times 81^{\frac{1}{n+1}}$ 이 자연수일 확률은?

① $\frac{1}{4}$ ② $\frac{3}{8}$ ③ $\frac{1}{2}$

④ $\frac{5}{8}$ ⑤ $\frac{3}{4}$

153

짝기출 106 유형 06

한 개의 주사위를 두 번 던져서 나온 두 눈의 수를 차례로 a, b라 하자. 두 수 $a+1$과 $b+1$의 곱 $(a+1)(b+1)$이 5의 배수가 아닐 때, 두 수 $a+1$과 $b+1$이 서로소일 확률은?

① $\frac{4}{25}$ ② $\frac{6}{25}$ ③ $\frac{8}{25}$

④ $\frac{2}{5}$ ⑤ $\frac{12}{25}$

154

유형 04

1부터 9까지의 자연수가 하나씩 적혀 있는 9개의 공 중에서 임의로 서로 다른 3개의 공을 선택하였다. 선택한 공에 적혀 있는 수 중에서 최솟값을 a, 최댓값을 b라 할 때, $a > 1$ 또는 $b < 8$을 만족시킬 확률은?

① $\dfrac{3}{4}$
② $\dfrac{65}{84}$
③ $\dfrac{67}{84}$
④ $\dfrac{23}{28}$
⑤ $\dfrac{71}{84}$

155

짝기출 099 유형 02

집합 $X = \{1, 2, 3, 4, 5\}$에 대하여 X에서 X로의 모든 함수 f 중 임의로 하나를 선택할 때, 이 함수가 다음 조건을 만족시킬 확률은 $\dfrac{q}{p}$이다. $p + q$의 값을 구하시오.

(단, p와 q는 서로소인 자연수이다.)

(가) 함수 f의 치역의 원소의 개수는 4이다.
(나) $f(1) \neq f(2)$

156

짝기출 034 유형 01

주사위 1개를 4번 던질 때 나오는 눈의 수를 차례로 a, b, c, d라 하자. 네 수 a, b, c, d가 다음 조건을 만족시킬 확률은?

(가) ab는 10의 배수이다.
(나) $(b - c)(b - d) > 0$

① $\dfrac{41}{648}$
② $\dfrac{11}{162}$
③ $\dfrac{47}{648}$
④ $\dfrac{25}{324}$
⑤ $\dfrac{53}{648}$

II 확률

핵심유형
SET 09
SET 10
SET 11
SET 12
SET 13
SET 14
SET 15
SET 16

157

 유형 09

숫자 1, 1, 2, 2, 3이 하나씩 적힌 5개의 공이 들어 있는
주머니 A와 숫자 1, 2, 3, 3이 하나씩 적힌 4개의 공이
들어 있는 주머니 B가 있다. 주머니 A에서 임의로 1개의
공을 꺼내어 주머니 B에 넣은 후 주머니 B에서 임의로
2개를 공을 꺼낼 때, 꺼낸 2개의 공에 적힌 수의 합이 4일

확률은 $\dfrac{q}{p}$이다. $p+q$의 값을 구하시오.

(단, p와 q는 서로소인 자연수이다.)

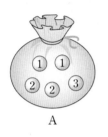 

A   B

158

유형 04

6개의 숫자 1, 2, 3, 4, 5, 6이 각각 하나씩 적혀 있는
카드가 2장씩 있다. 이 12장의 카드 중에서 임의로 3장을
동시에 뽑는 시행을 한다. 이 시행에서 뽑힌 3장의 카드에
적힌 수 중 최댓값과 최솟값의 차가 1인 사건을 A, 뽑힌
3장의 카드에 적혀 있는 수를 모두 곱한 값이 12인 사건을
B라 할 때, $\mathrm{P}(A \cup B)$의 값은?

① $\dfrac{8}{55}$ ② $\dfrac{3}{20}$ ③ $\dfrac{17}{110}$

④ $\dfrac{7}{44}$ ⑤ $\dfrac{9}{55}$

159

짝기출 109 유형 06

주머니에 숫자 1, 2가 하나씩 적혀 있는 흰 공 2개와 숫자 2, 3, 4, 5, 6, 7이 하나씩 적혀 있는 검은 공 6개가 들어 있다. 이 주머니에서 임의로 3개의 공을 동시에 꺼내는 시행을 한다. 이 시행에서 꺼낸 공에 적혀 있는 세 수가 모두 서로 다를 때, 꺼낸 공 중 흰 공이 1개일 확률은 p이다. $100p$의 값을 구하시오.

160

짝기출 110 유형 12

8개의 동전이 모두 앞면이 보이도록 바닥에 놓여 있고, 1개의 주사위를 사용하여 다음 시행을 한다.

주사위를 한 번 던져 나온 눈의 수가
3의 배수이면 바닥에 놓인 동전 중
임의로 1개를 뒤집어 놓고,
3의 배수가 아니면 바닥에 놓인 동전 중
임의로 2개를 동시에 뒤집어 놓는다.

위의 시행을 5번 반복할 때, 바닥에 놓인 동전 중 앞면이 보이는 것의 개수와 뒷면이 보이는 것의 개수의 차가 0 또는 4의 배수일 확률은 $\dfrac{q}{p}$이다. $p+q$의 값을 구하시오.

(단, p와 q는 서로소인 자연수이다.)

Ⅱ
확률

핵심유형
SET 09
SET 10
SET 11
SET 12
SET 13
SET 14
SET 15
SET 16

통계

중단원명	유형명	문항번호
① 확률분포	유형 01 확률질량함수	186, 211
	유형 02 이산확률변수의 평균	161, 171, 187, 200, 205, 231
	유형 03 이산확률변수의 분산	166, 178, 183, 197, 221, 237
	유형 04 이항분포의 뜻	162, 191, 201
	유형 05 이항분포의 활용	164, 170, 184, 196, 206, 214, 223, 225, 239
	유형 06 확률밀도함수 – 확률 계산	176, 194, 202, 209, 212, 232
	유형 07 확률밀도함수 – 확률을 이용하여 정의한 새로운 함수	163, 172, 189
	유형 08 정규분포와 표준정규분포	174, 179, 190, 192, 208, 220, 224, 236
	유형 09 정규분포의 활용(1) – 확률변수 1개	165, 185, 203, 219
	유형 10 정규분포의 활용(2) – 확률변수 2개	180, 199, 226, 229, 233
② 통계적 추정	유형 11 표본평균의 정의	181, 210, 228, 230
	유형 12 표본평균의 분포(1) – 확률 구하기	167, 182, 193, 217, 235, 240
	유형 13 표본평균의 분포(2) – 확률이 주어질 때	169, 177, 207, 215, 218, 222
	유형 14 모평균의 추정	168, 173, 175, 188, 195, 198, 204, 213, 216, 227, 234, 238

1 확률분포

이산확률변수

1. 확률변수와 확률분포의 뜻

- **확률변수** : 어떤 시행에서 표본공간의 각 근원사건에 하나의 실수를 대응시키는 관계
- **확률분포** : 확률변수 X가 갖는 값과 X가 이 값을 가질 확률의 대응 관계

2. 이산확률변수의 확률분포

- **이산확률변수** : 가질 수 있는 값이 유한개이거나 자연수처럼 셀 수 있는 확률변수
- $\mathrm{P}(X=x)$: 이산확률변수 X가 어떤 값 x를 가질 확률
- 이산확률변수 X의 확률분포는 다음과 같이 나타낼 수 있다.

$$\mathrm{P}(X=x_i) = p_i \ (i=1, 2, 3, \cdots, n) \quad \text{: 이산확률변수 } X\text{의 확률질량함수}$$

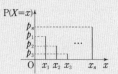

X	x_1	x_2	x_3	$\cdots$	x_n	계
$\mathrm{P}(X=x_i)$	p_1	p_2	p_3	$\cdots$	p_n	1

- **이산확률변수의 확률분포의 성질**

  이산확률변수 X의 확률질량함수가 $\mathrm{P}(X=x_i)=p_i \ (i=1, 2, 3, \cdots, n)$일 때

  ❶ $0 \le \mathrm{P}(X=x_i)=p_i \le 1$

  ❷ $p_1 + p_2 + p_3 + \cdots + p_n = 1$ 확률의 총합은 1이다.

  ❸ $\mathrm{P}(x_i \le X \le x_j) = p_i + p_{i+1} + p_{i+2} + \cdots + p_j$ (단, $j=1, 2, 3, \cdots, n$이고 $i \le j$)

유형 01 확률질량함수

대표기출30 _ 2009학년도 9월 평가원 가형 (확률과 통계) 27번

이산확률변수 X가 취할 수 있는 값이 $-2, -1, 0, 1, 2$이고 X의 확률질량함수가

$$\mathrm{P}(X=x) = \begin{cases} k - \dfrac{x}{9} & (x = -2, -1, 0) \\ k + \dfrac{x}{9} & (x = 1, 2) \end{cases}$$

일 때, 상수 k의 값은? [3점]

① $\dfrac{1}{15}$ ② $\dfrac{2}{15}$ ③ $\dfrac{1}{5}$

④ $\dfrac{4}{15}$ ⑤ $\dfrac{1}{3}$

| **풀이** | 확률의 총합이 1이므로

$$\left(k + \frac{2}{9}\right) + \left(k + \frac{1}{9}\right) + k + \left(k + \frac{1}{9}\right) + \left(k + \frac{2}{9}\right) = 1$$

$$\therefore \ k = \frac{1}{15}$$

답 ①

3. 이산확률변수의 평균, 분산, 표준편차

- 이산확률변수 X의 확률질량함수가 $\mathrm{P}(X=x_i)=p_i\,(i=1,\,2,\,3,\,\cdots,\,n)$일 때

  ❶ $\mathrm{E}(X)=x_1 p_1 + x_2 p_2 + x_3 p_3 + \cdots + x_n p_n = m = \displaystyle\sum_{i=1}^{n} x_i p_i$

  ❷ $\mathrm{V}(X)=\mathrm{E}((X-m)^2)=\displaystyle\sum_{i=1}^{n}(x_i-m)^2 p_i$
  $\qquad = \mathrm{E}(X^2)-\{\mathrm{E}(X)\}^2 = \displaystyle\sum_{i=1}^{n} x_i^2 p_i - m^2$

  ❸ $\sigma(X)=\sqrt{\mathrm{V}(X)}$

- 이산확률변수 $aX+b$의 평균, 분산, 표준편차

  이산확률변수 X와 상수 $a(a \neq 0)$, b에 대하여

  ❶ $\mathrm{E}(aX+b)=a\mathrm{E}(X)+b$

  ❷ $\mathrm{V}(aX+b)=a^2\mathrm{V}(X)$

  ❸ $\sigma(aX+b)=|a|\sigma(X)$

유형 02 이산확률변수의 평균

대표기출31 _ 2018학년도 9월 평가원 나형 28번 / 가형 14번

두 이산확률변수 X와 Y가 가지는 값이 각각 1부터 5까지의 자연수이고

$$\mathrm{P}(Y=k)=\frac{1}{2}\mathrm{P}(X=k)+\frac{1}{10}\ (k=1,\,2,\,3,\,4,\,5)$$

이다. $\mathrm{E}(X)=4$일 때, $\mathrm{E}(Y)=a$이다. $8a$의 값을 구하시오. [4점]

| 풀이 | $\mathrm{E}(X)=\displaystyle\sum_{k=1}^{5}\{k\times\mathrm{P}(X=k)\}=4$이므로 $\quad\cdots\cdots\,\bigcirc$

$\begin{aligned}\mathrm{E}(Y)&=\sum_{k=1}^{5}\{k\times\mathrm{P}(Y=k)\}\\&=\sum_{k=1}^{5}\left[k\times\left\{\frac{1}{2}\mathrm{P}(X=k)+\frac{1}{10}\right\}\right]\\&=\sum_{k=1}^{5}\left\{\frac{1}{2}\times k\times\mathrm{P}(X=k)+\frac{1}{10}\times k\right\}\\&=\frac{1}{2}\sum_{k=1}^{5}\{k\times\mathrm{P}(X=k)\}+\frac{1}{10}\sum_{k=1}^{5}k\\&=\frac{1}{2}\times 4+\frac{1}{10}\times 15=\frac{7}{2}=a\ (\because\ \bigcirc)\end{aligned}$

$\therefore\ 8a=28$

답 28

유형 03 이산확률변수의 분산

대표기출32 _ 2010학년도 수능 나형 8번

확률변수 X의 확률분포표는 다음과 같다.

X	0	1	2	계
$\mathrm{P}(X=x)$	$\frac{2}{7}$	$\frac{3}{7}$	$\frac{2}{7}$	1

확률변수 $7X$의 분산 $\mathrm{V}(7X)$의 값은? [3점]

① 14 ② 21 ③ 28
④ 35 ⑤ 42

| 풀이 | $\mathrm{E}(X)=0\times\dfrac{2}{7}+1\times\dfrac{3}{7}+2\times\dfrac{2}{7}=1$,

$\mathrm{E}(X^2)=0\times\dfrac{2}{7}+1\times\dfrac{3}{7}+4\times\dfrac{2}{7}=\dfrac{11}{7}$이므로

$\mathrm{V}(X)=\mathrm{E}(X^2)-\{\mathrm{E}(X)\}^2=\dfrac{11}{7}-1^2=\dfrac{4}{7}$

$\therefore\ \mathrm{V}(7X)=49\mathrm{V}(X)=28$

답 ③

III 통계

핵심유형

SET 17
SET 18
SET 19
SET 20
SET 21
SET 22
SET 23
SET 24

4. 이항분포

- ### 이항분포

한 번의 시행에서 사건 A가 일어날 확률이 p로 일정할 때, n번의 독립시행에서 사건 A가 일어나는 횟수를 X라 하면 확률변수 X가 가질 수 있는 값은 $0, 1, 2, \cdots, n$이고, 그 확률질량함수는 다음과 같다.

$$\mathrm{P}(X=x) = {}_nC_x p^x q^{n-x} \ (x=0, 1, 2, \cdots, n) \ (단, \ q=1-p)$$

이와 같은 확률분포를 이항분포라 한다.

시행횟수 확률
$\mathrm{B}(\underset{}{n}, \ \underset{}{p})$

X	0	1	2	$\cdots$	n	계
$\mathrm{P}(X=x)$	${}_nC_0 q^n$	${}_nC_1 pq^{n-1}$	${}_nC_2 p^2 q^{n-2}$	$\cdots$	${}_nC_n p^n$	1

$$\sqsubset \sum_{x=0}^{n} \mathrm{P}(X=x) = \sum_{x=0}^{n} {}_nC_x p^x q^{n-x} = (p+q)^n = 1$$

- ### 이항분포에서의 평균, 분산, 표준편차

확률변수 X가 이항분포 $\mathrm{B}(n, p)$를 따를 때 (단, $q=1-p$)

❶ $\mathrm{E}(X) = np$

❷ $\mathrm{V}(X) = npq$

❸ $\sigma(X) = \sqrt{npq}$

유형 04 이항분포의 뜻

대표기출33 _ 2024학년도 9월 평가원 (확률과 통계) 23번

확률변수 X가 이항분포 $\mathrm{B}\left(30, \dfrac{1}{5}\right)$을 따를 때, $\mathrm{E}(X)$의 값은? [2점]

① 6　　　　② 7　　　　③ 8
④ 9　　　　⑤ 10

| 풀이 | 확률변수 X가 이항분포 $\mathrm{B}\left(30, \dfrac{1}{5}\right)$을 따르므로

$\mathrm{E}(X) = 30 \times \dfrac{1}{5} = 6$

답 ①

유형 05 이항분포의 활용

대표기출34 _ 2011학년도 수능 나형 21번

동전 2개를 동시에 던지는 시행을 10회 반복할 때, 동전 2개 모두 앞면이 나오는 횟수를 확률변수 X라 하자. 확률변수 $4X+1$의 분산 $\mathrm{V}(4X+1)$의 값을 구하시오. [3점]

| 풀이 | 동전 2개를 던질 때 모두 앞면이 나올 확률은

${}_2C_2\left(\dfrac{1}{2}\right)^2 = \dfrac{1}{4}$ 이므로

확률변수 X는 이항분포 $\mathrm{B}\left(10, \dfrac{1}{4}\right)$을 따른다.

$\mathrm{V}(X) = 10 \times \dfrac{1}{4} \times \dfrac{3}{4} = \dfrac{30}{16}$

$\therefore \ \mathrm{V}(4X+1) = 16\mathrm{V}(X) = 30$

답 30

연속확률변수

1. 연속확률변수의 확률분포

- **연속확률변수** : 어떤 범위에 속하는 모든 실수의 값을 가질 수 있는 확률변수
- **연속확률변수의 확률분포의 성질**

  연속확률변수 X가 갖는 값이 $\alpha \le X \le \beta$에 속하는 모든 실수의 값이고,

  $\alpha \le x \le \beta$에서 정의된 확률밀도함수가 $y = f(x)$일 때

  ❶ $f(x) \ge 0$ (단, $\alpha \le x \le \beta$)

  ❷ 함수 $y = f(x)$의 그래프와 x축 및

  두 직선 $x = \alpha$, $x = \beta$로 둘러싸인 부분의 넓이는 1이다. $P(\alpha \le X \le \beta) = 1$

  ❸ 확률 $P(a \le X \le b)$는 함수 $y = f(x)$의 그래프와 x축 및

  두 직선 $x = a$, $x = b$로 둘러싸인 부분의 넓이와 같다. (단, $\alpha \le a \le b \le \beta$)

  연속확률변수 X가 특정한 값을 가질 확률은 0이므로
  $$P(a \le X \le b) = P(a < X \le b)$$
  $$= P(a \le X < b)$$
  $$= P(a < X < b)$$

유형 06 확률밀도함수 - 확률 계산

대표기출35 _ 2017학년도 9월 평가원 나형 11번

연속확률변수 X가 갖는 값의 범위는 $0 \le X \le 1$이고, X의
확률밀도함수의 그래프는 그림과 같다.

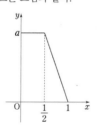

상수 a의 값은? [3점]

① $\dfrac{10}{9}$ ② $\dfrac{11}{9}$ ③ $\dfrac{4}{3}$

④ $\dfrac{13}{9}$ ⑤ $\dfrac{14}{9}$

| 풀이 | 확률밀도함수의 그래프와 x축 및 두 직선 $x = 0$, $x = 1$로 둘러싸인 부분의
넓이는 1이다.

즉, $\left(1 + \dfrac{1}{2}\right) \times a \times \dfrac{1}{2} = 1$이므로 $\dfrac{3}{4}a = 1$

$\therefore a = \dfrac{4}{3}$ 답 ③

유형 07 확률밀도함수 - 확률을 이용하여 정의한 새로운 함수

대표기출36 _ 2015학년도 9월 평가원 A형 29번

연속확률변수 X가 갖는 값의 범위는 $0 \le X \le 3$이고
$$P(x \le X \le 3) = a(3-x) \ (0 \le x \le 3)$$

이 성립할 때, $P(0 \le X < a) = \dfrac{q}{p}$이다. $p + q$의 값을 구하시오.

(단, a는 상수이고, p와 q는 서로소인 자연수이다.) [4점]

| 풀이 | 확률의 총합은 1이므로

$P(0 \le X \le 3) = a(3 - 0) = 1$, $a = \dfrac{1}{3}$

$\therefore P(x \le X \le 3) = \dfrac{1}{3}(3 - x)$

이때 $P(a \le X \le 3) = P\left(\dfrac{1}{3} \le X \le 3\right) = \dfrac{1}{3}\left(3 - \dfrac{1}{3}\right) = \dfrac{8}{9}$

$P(0 \le X < a) = P(0 \le X \le 3) - P(a \le X \le 3)$

$\qquad\qquad\qquad = 1 - \dfrac{8}{9} = \dfrac{1}{9}$

$\therefore p + q = 9 + 1 = 10$ 답 10

핵심유형

SET 17
SET 18
SET 19
SET 20
SET 21
SET 22
SET 23
SET 24

2. 정규분포

- **정규분포**

  확률밀도함수가 $f(x) = \dfrac{1}{\sqrt{2\pi}\,\sigma} e^{-\frac{(x-m)^2}{2\sigma^2}}$ (x는 모든 실수, m은 상수, σ는 양수)인

  연속확률변수 X의 확률분포이다. 이때 확률변수 X의 평균과 표준편차는 각각 m, σ이고

  확률변수 X는 정규분포 $\mathrm{N}(m, \sigma^2)$을 따른다고 한다.

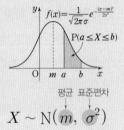

- **정규분포곡선의 성질**

  ❶ 직선 $x = m$에 대하여 대칭이다.

  ❷ $x = m$일 때 최댓값을 갖는다.

  ❸ x축을 점근선으로 한다.

  ❹ 곡선과 x축 사이의 넓이는 1이다.

  ❺ 평균 m의 값이 일정할 때

  　σ의 값이 커지면 → 곡선의 중앙 부분이 낮아지고 옆으로 퍼짐

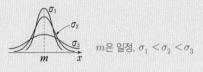
m은 일정, $\sigma_1 < \sigma_2 < \sigma_3$

  ❻ 표준편차 σ의 값이 일정할 때

  　m의 값이 변하면 → 곡선 모양 일정, 대칭축 변함

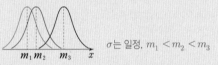
σ는 일정, $m_1 < m_2 < m_3$

3. 표준정규분포

- **표준정규분포**

  평균이 0이고 표준편차가 1인 정규분포 $\mathrm{N}(0, 1)$을 표준정규분포라 한다.

  표준정규분포 $\mathrm{N}(0, 1)$을 따르는 확률변수 Z의 확률밀도함수는

  $f(z) = \dfrac{1}{\sqrt{2\pi}} e^{-\frac{z^2}{2}}$이다.

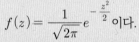

- **정규분포와 표준정규분포의 관계**

  ❶ 확률변수 X가 정규분포 $\mathrm{N}(m, \sigma^2)$을 따를 때, 확률변수

  　$Z = \dfrac{X - m}{\sigma}$

  　은 표준정규분포 $\mathrm{N}(0, 1)$을 따른다.

  ❷ $\mathrm{P}(a \le X \le b) = \mathrm{P}\left(\dfrac{a-m}{\sigma} \le Z \le \dfrac{b-m}{\sigma}\right)$ 이 값은 표준정규분포표를 이용하여 구할 수 있다.

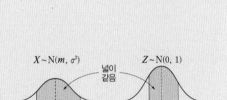

4. 이항분포와 정규분포 사이의 관계

확률변수 X가 이항분포 $\mathrm{B}(n, p)$를 따르고 n이 충분히 클 때, $np \ge 5$, $nq \ge 5$일 때

X는 근사적으로 정규분포 $\mathrm{N}(np, npq)$를 따른다. (단, $q = 1 - p$)

대표기출37 _ 2016학년도 9월 평가원 A형 29번

확률변수 X가 정규분포 $N(4, 3^2)$을 따를 때,

$$\sum_{n=1}^{7} P(X \le n) = a$$ 이다. $10a$의 값을 구하시오. [4점]

대표기출38 _ 2020학년도 9월 평가원 나형 13번 / 가형 12번

확률변수 X가 평균이 m, 표준편차가 $\dfrac{m}{3}$인 정규분포를 따르고

$$P\left(X \le \dfrac{9}{2}\right) = 0.9987$$

일 때, 오른쪽 표준정규분포표를 이용하여 m의 값을 구한 것은? [3점]

z	$P(0 \le Z \le z)$
1.5	0.4332
2.0	0.4772
2.5	0.4938
3.0	0.4987

① $\dfrac{3}{2}$　　　② $\dfrac{7}{4}$　　　③ 2

④ $\dfrac{9}{4}$　　　⑤ $\dfrac{5}{2}$

| 풀이 | 정규분포 $N(4, 3^2)$을 따르는 확률변수 X의 확률밀도함수는 직선 $x = 4$에 대하여 대칭이므로

$$\sum_{n=1}^{7} P(X \le n)$$
$$= P(X \le 1) + P(X \le 2) + P(X \le 3) + P(X \le 4)$$
$$\qquad\qquad + P(X \le 5) + P(X \le 6) + P(X \le 7)$$
$$= P(X \le 1) + P(X \le 2) + P(X \le 3) + P(X \le 4)$$
$$\qquad\qquad + P(X \ge 3) + P(X \ge 2) + P(X \ge 1)$$
$$= \{P(X \le 1) + P(X \ge 1)\} + \{P(X \le 2) + P(X \ge 2)\}$$
$$\qquad\qquad + \{P(X \le 3) + P(X \ge 3)\} + P(X \le 4)$$
$$= 1 \times 3 + 0.5 = 3.5 = a$$
$$\therefore 10a = 35$$

답 35

| 풀이 | 확률변수 X가 정규분포 $N\left(m, \left(\dfrac{m}{3}\right)^2\right)$을 따르므로

$$P\left(X \le \dfrac{9}{2}\right) = P\left(Z \le \dfrac{\dfrac{9}{2} - m}{\dfrac{m}{3}}\right)$$
$$= P\left(Z \le \dfrac{27 - 6m}{2m}\right)$$
$$= 0.5 + P\left(0 \le Z \le \dfrac{27 - 6m}{2m}\right) = 0.9987$$

에서 $P\left(0 \le Z \le \dfrac{27 - 6m}{2m}\right) = 0.4987$

주어진 표에서 $P(0 \le Z \le 3) = 0.4987$이므로

$$\dfrac{27 - 6m}{2m} = 3, \; 27 - 6m = 6m$$
$$\therefore m = \dfrac{9}{4}$$

답 ④

대표기출39 _ 2020학년도 수능 나형 13번

어느 농장에서 수확하는 파프리카 1개의 무게는 평균이 180g, 표준편차가 20g인 정규분포를 따른다고 한다. 이 농장에서 수확한 파프리카 중에서 임의로 선택한 파프리카 1개의 무게가 190g 이상이고 210g 이하일 확률을 오른쪽 표준정규분포표를 이용하여 구한 것은? [3점]

z	$P(0 \le Z \le z)$
0.5	0.1915
1.0	0.3413
1.5	0.4332
2.0	0.4772

① 0.0440　　　② 0.0919　　　③ 0.1359

④ 0.1498　　　⑤ 0.2417

| 풀이 | 파프리카 1개의 무게(g)를 확률변수 X라 하면 X는 정규분포 $N(180, 20^2)$을 따르므로 구하는 확률은

$$P(190 \le X \le 210) = P\left(\dfrac{190 - 180}{20} \le Z \le \dfrac{210 - 180}{20}\right)$$
$$= P(0.5 \le Z \le 1.5)$$
$$= P(0 \le Z \le 1.5) - P(0 \le Z \le 0.5)$$
$$= 0.4332 - 0.1915$$
$$= 0.2417$$

답 ⑤

대표기출40 _ 2023학년도 9월 평가원 (확률과 통계) 25번

어느 인스턴트 커피 제조 회사에서 생산하는 A제품 1개의 중량은 평균이 9, 표준편차가 0.4인 정규분포를 따르고, B제품 1개의 중량은 평균이 20, 표준편차가 1인 정규분포를 따른다고 한다. 이 회사에서 생산한 A제품 중에서 임의로 선택한 1개의 중량이 8.9 이상 9.4 이하일 확률과 B제품 중에서 임의로 선택한 1개의 중량이 19 이상 k 이하일 확률이 서로 같다. 상수 k의 값은? (단, 중량의 단위는 g이다.) [3점]

① 19.5　　　② 19.75　　　③ 20

④ 20.25　　　⑤ 20.5

| 풀이 | 이 회사에서 생산하는 A 제품 1개의 중량을 확률변수 X, B 제품 1개의 중량을 확률변수 Y라 하면 두 확률변수 X, Y는 각각 정규분포 $N(9, 0.4^2)$, $N(20, 1^2)$을 따른다.

$$P(8.9 \le X \le 9.4) = P\left(\dfrac{8.9 - 9}{0.4} \le Z \le \dfrac{9.4 - 9}{0.4}\right)$$
$$= P(-0.25 \le Z \le 1)$$
$$= P(-1 \le Z \le 0.25)$$
$$P(19 \le Y \le k) = P\left(\dfrac{19 - 20}{1} \le Z \le \dfrac{k - 20}{1}\right)$$
$$= P(-1 \le Z \le k - 20)$$
$P(-1 \le Z \le 0.25) = P(-1 \le Z \le k - 20)$이므로
$$k - 20 = 0.25$$
$$\therefore k = 20.25$$

답 ④

2 통계적 추정

모집단과 표본

1. 모집단과 표본

❶ **전수조사** : 조사의 대상이 되는 집단 전체를 조사하는 것

❷ **표본조사** : 집단 전체에서 일부분을 택하여 조사하는 것

❸ **모집단** : 표본조사에서 조사의 대상이 되는 집단 전체

❹ **표본** : 모집단에서 뽑은 일부분

❺ **표본의 크기** : 표본조사에서 뽑은 표본의 개수

❻ **추출** : 모집단에서 표본을 뽑는 것

❼ **임의추출** : 모집단의 각 대상이 같은 확률로 추출되도록 표본을 추출하는 방법

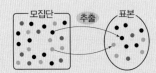

표본평균의 분포

1. 모평균과 표본평균

❶ 모집단에서 조사하고자 하는 특성을 나타내는 확률변수 X의

평균, 분산, 표준편차를 각각 **모평균, 모분산, 모표준편차**라 하고,

이것을 각각 기호로 m, σ^2, σ와 같이 나타낸다.

❷ 모집단에서 임의추출한 크기가 n인 표본을 X_1, X_2, $\cdots$, X_n이라 할 때,

표본평균, 표본분산, 표본표준편차를 각각 기호로 $\overline{X}$, S^2, S와 같이 나타내고,

다음과 같이 정의한다.

> 표본평균 $\overline{X}$ 는 추출한 임의의 표본
> X_1, X_2, $\cdots$, X_n에 따라 다른 값을 가질 수 있으므로
> 하나의 확률변수이다.

$$\overline{X} = \frac{1}{n}(X_1 + X_2 + \cdots + X_n)$$

$$S^2 = \frac{1}{n-1}\left\{(X_1 - \overline{X})^2 + (X_2 - \overline{X})^2 + \cdots + (X_n - \overline{X})^2\right\}$$

$$S = \sqrt{S^2}$$

2. 표본평균의 평균, 분산, 표준편차

모평균이 m이고 모표준편차가 σ인 모집단에서 크기가 n인

표본 $X_1,\ X_2,\ \cdots,\ X_n$을 임의추출할 때, 표본평균 $\overline{X}$에 대하여

$$\mathrm{E}(\overline{X}) = m,\ \mathrm{V}(\overline{X}) = \frac{\sigma^2}{n},\ \sigma(\overline{X}) = \frac{\sigma}{\sqrt{n}}$$

〈모집단과 표본평균 $\overline{X}$의 평균, 분산, 표준편차 비교〉
예를 들어 확률변수 X의 확률분포가 다음과 같을 때

X	1	3	5	계
$\mathrm{P}(X=x)$	$\frac{1}{3}$	$\frac{1}{3}$	$\frac{1}{3}$	1

모집단의 평균, 분산, 표준편차 :
→ $m = \mathrm{E}(X) = 3,\ \sigma^2 = \frac{8}{3},\ \sigma = \frac{2\sqrt{6}}{3}$

크기가 2인 표본 $X_1,\ X_2$에 대한 표본평균 $\overline{X} = \dfrac{X_1 + X_2}{2}$는 다음과 같다.

X_1, X_2	1, 1	1, 3	1, 5	3, 1	3, 3	3, 5	5, 1	5, 3	5, 5
$\overline{X}$	1	2	3	2	3	4	3	4	5

표본의 개수 : $_3\Pi_2 = 9$
모집단의 원소의 개수 표본의 크기

따라서 표본평균 $\overline{X}$의 확률분포는 다음과 같다.

$\overline{X}$	1	2	3	4	5	계
$\mathrm{P}(\overline{X}=\overline{x})$	$\frac{1}{9}$	$\frac{2}{9}$	$\frac{1}{3}$	$\frac{2}{9}$	$\frac{1}{9}$	1

표본평균의 평균, 분산, 표준편차 :
→ $\mathrm{E}(\overline{X}) = 3,\ \mathrm{V}(\overline{X}) = \frac{4}{3},\ \sigma(\overline{X}) = \frac{2\sqrt{3}}{3}$

유형 11 표본평균의 정의

대표기출41 _ 2016학년도 수능 A형 9번

모표준편차가 14인 모집단에서 크기가 n인 표본을 임의추출하여
구한 표본평균을 $\overline{X}$라 하자. $\sigma(\overline{X}) = 2$일 때, n의 값은? [3점]

① 9　　　　② 16　　　　③ 25
④ 36　　　　⑤ 49

| 풀이 |　$\sigma(\overline{X}) = \dfrac{14}{\sqrt{n}} = 2$이므로 $\sqrt{n} = 7$

$\therefore\ n = 49$　　　　　　　　　　　답 ⑤

핵심유형
SET 17
SET 18
SET 19
SET 20
SET 21
SET 22
SET 23
SET 24

3. 표본평균 $\overline{X}$ 의 분포

모평균이 m이고 모표준편차가 σ인 모집단에서 크기가 n인

표본 $X_1, X_2, \cdots, X_n$을 임의추출할 때, 표본평균 $\overline{X}$ 에 대하여

❶ 모집단이 정규분포 $\mathrm{N}(m, \sigma^2)$을 따르면 n의 크기에 관계없이

   $\overline{X}$ 는 정규분포 $\mathrm{N}\left(m, \dfrac{\sigma^2}{n}\right)$을 따른다.

❷ 모집단이 정규분포를 따르지 않더라도 n이 충분히 크면 $n \geq 30$일 때

   $\overline{X}$ 는 근사적으로 정규분포 $\mathrm{N}\left(m, \dfrac{\sigma^2}{n}\right)$을 따른다.

유형 12 표본평균의 분포(1) – 확률 구하기

대표기출42 _ 2018학년도 수능 나형 15번 / 가형 10번

어느 공장에서 생산하는 화장품 1개의 내용량은 평균이 201.5 g이고
표준편차가 1.8 g인 정규분포를 따른다고 한다. 이 공장에서
생산한 화장품 중 임의추출한 9개의
화장품 내용량의 표본평균이 200 g 이상일
확률을 오른쪽 표준정규분포표를
이용하여 구한 것은? [4점]

z	$\mathrm{P}(0 \leq Z \leq z)$
1.0	0.3413
1.5	0.4332
2.0	0.4772
2.5	0.4938

① 0.7745   ② 0.8413   ③ 0.9932

④ 0.9772   ⑤ 0.9938

| 풀이 | 화장품의 내용량(g)을 확률변수 X라 하면

X는 정규분포 $\mathrm{N}(201.5, (1.8)^2)$을 따르므로

크기가 9인 표본의 표본평균 $\overline{X}$ 는 정규분포 $\mathrm{N}(201.5, (0.6)^2)$을 따른다.

따라서 구하는 확률은

$$\mathrm{P}(\overline{X} \geq 200) = \mathrm{P}\left(Z \geq \frac{200 - 201.5}{0.6}\right)$$
$$= \mathrm{P}(Z \geq -2.5) = \mathrm{P}(Z \leq 2.5)$$
$$= \mathrm{P}(Z \leq 0) + \mathrm{P}(0 \leq Z \leq 2.5)$$
$$= 0.5 + 0.4938 = 0.9938$$

답 ⑤

유형 13 표본평균의 분포(2) – 확률이 주어질 때

대표기출43 _2021학년도 9월 평가원 나형 12번

어느 회사에서 일하는 플랫폼 근로자의 일주일 근무 시간은
평균이 m시간, 표준편차가 5시간인 정규분포를 따른다고 한다.
이 회사에서 일하는 플랫폼 근로자 중에서
임의추출한 36명의 일주일 근무 시간의
표본평균이 38시간 이상일 확률을 오른쪽
표준정규분포표를 이용하여 구한 값이
0.9332일 때, m의 값은? [3점]

z	$\mathrm{P}(0 \leq Z \leq z)$
0.5	0.1915
1.0	0.3413
1.5	0.4332
2.0	0.4772

① 38.25   ② 38.75   ③ 39.25

④ 39.75   ⑤ 40.25

| 풀이 | 플랫폼 근로자의 일주일 근무 시간(시간)을 확률변수 X라 하면 X는
정규분포 $\mathrm{N}(m, 5^2)$을 따르므로 크기가 36인 표본의 표본평균 $\overline{X}$ 는 정규분포
$\mathrm{N}\left(m, \left(\dfrac{5}{\sqrt{36}}\right)^2\right)$, 즉 $\mathrm{N}\left(m, \left(\dfrac{5}{6}\right)^2\right)$을 따른다.

표본평균이 38 이상일 확률이 0.9332이므로

$$\mathrm{P}(\overline{X} \geq 38) = \mathrm{P}\left(Z \geq \frac{38 - m}{\frac{5}{6}}\right) = \mathrm{P}\left(Z \leq \frac{m - 38}{\frac{5}{6}}\right)$$
$$= 0.5 + \mathrm{P}\left(0 \leq Z \leq \frac{m - 38}{\frac{5}{6}}\right) = 0.9332$$

에서 $\mathrm{P}\left(0 \leq Z \leq \dfrac{m - 38}{\frac{5}{6}}\right) = 0.4332$

주어진 표에서 $\mathrm{P}(0 \leq Z \leq 1.5) = 0.4332$이므로

$$\frac{m - 38}{\frac{5}{6}} = 1.5$$

$$\therefore \; m = 38 + \frac{3}{2} \times \frac{5}{6} = 39.25$$

답 ③

모평균의 추정

1. 모평균의 신뢰구간 구하기

모집단의 분포가 정규분포 $N(m, \sigma^2)$을 따를 때, 크기가 n인 표본을 임의추출하여 구한 표본평균의 값을 $\overline{x}$라 하면 모평균 m에 대한 신뢰도 95%, 99%의 신뢰구간 및 신뢰구간의 길이는 다음과 같다.

Z가 표준정규분포를 따르는 확률변수일 때, $P(|Z| \leq 1.96) = 0.95$, $P(|Z| \leq 2.58) = 0.99$로 계산하면

신뢰도	신뢰구간	신뢰구간의 길이
95%	$\overline{x} - 1.96 \dfrac{\sigma}{\sqrt{n}} \leq m \leq \overline{x} + 1.96 \dfrac{\sigma}{\sqrt{n}}$	$2 \times 1.96 \dfrac{\sigma}{\sqrt{n}}$
99%	$\overline{x} - 2.58 \dfrac{\sigma}{\sqrt{n}} \leq m \leq \overline{x} + 2.58 \dfrac{\sigma}{\sqrt{n}}$	$2 \times 2.58 \dfrac{\sigma}{\sqrt{n}}$

모표준편차를 모르는 경우
표본의 크기 n이 충분히 크면 $(n \geq 30)$
모표준편차 σ 대신 표본표준편차 s 사용 가능

[n 일정] 신뢰도 ↑ → 신뢰구간의 길이 ↑
[신뢰도 일정] n ↑ → 신뢰구간의 길이 ↓

🔑 **단축Key** 신뢰구간이 주어졌을 때, $\overline{x}$, σ, n 구하기

신뢰구간은 $\overline{x} - ★ \leq m \leq \overline{x} + ★$의 구조를 가지므로

양 끝 값을 더하면 $(\overline{x} + ★) + (\overline{x} - ★) = 2\overline{x}$

양 끝 값을 빼면 $(\overline{x} + ★) - (\overline{x} - ★) = 2★$ (신뢰구간의 길이)

이다. 이를 이용하면 $\overline{x}$, σ, n 중 어느 것이 주어지지 않았을 때 그 값을 찾을 수 있다.

📝 모평균 m에 대한 신뢰도 95%의 신뢰구간이 $a \leq m \leq b$라고 주어졌을 때
$b + a = 2\overline{x}$, $b - a = 2 \times 1.96 \times \dfrac{\sigma}{\sqrt{n}}$ (신뢰도 99%이면 1.96 대신 2.58)

유형 ⑭ 모평균의 추정

핵심유형
SET 17
SET 18
SET 19
SET 20
SET 21
SET 22
SET 23
SET 24

대표기출44 _ 2020학년도 9월 평가원 나형 25번

어느 음식점을 방문한 고객의 주문 대기 시간은 평균이 m분, 표준편차가 σ분인 정규분포를 따른다고 한다. 이 음식점을 방문한 고객 중 64명을 임의추출하여 얻은 표본평균을 이용하여, 이 음식점을 방문한 고객의 주문 대기 시간의 평균 m에 대한 신뢰도 95%의 신뢰구간을 구하면 $a \leq m \leq b$이다. $b - a = 4.9$일 때, σ의 값을 구하시오. (단, Z가 표준정규분포를 따르는 확률변수일 때, $P(|Z| \leq 1.96) = 0.95$로 계산한다.) [3점]

대표기출45 _ 2019학년도 9월 평가원 가형 17번

어느 고등학교 학생들의 1개월 자율학습실 이용 시간은 평균이 m, 표준편차가 5인 정규분포를 따른다고 한다. 이 고등학교 학생 25명을 임의추출하여 1개월 자율학습실 이용 시간을 조사한 표본평균이 $\overline{x_1}$일 때, 모평균 m에 대한 신뢰도 95%의 신뢰구간이 $80 - a \leq m \leq 80 + a$이었다. 또 이 고등학교 학생 n명을 임의추출하여 1개월 자율학습실 이용 시간을 조사한 표본평균이 $\overline{x_2}$일 때, 모평균 m에 대한 신뢰도 95%의 신뢰구간이 다음과 같다.

$$\frac{15}{16}\overline{x_1} - \frac{5}{7}a \leq m \leq \frac{15}{16}\overline{x_1} + \frac{5}{7}a$$

$n + \overline{x_2}$의 값은? (단, 이용 시간의 단위는 시간이고, Z가 표준정규분포를 따르는 확률변수일 때, $P(0 \leq Z \leq 1.96) = 0.475$로 계산한다.) [4점]

① 121   ② 124   ③ 127
④ 130   ⑤ 133

| **풀이** | 주문 대기 시간(분)을 확률변수 X라 하면 X는 정규분포 $N(m, \sigma^2)$을 따른다.
$P(|Z| \leq 1.96) = 0.95$이므로
신뢰도 95%로 추정한 모평균 m에 대한 신뢰구간의 길이는

$b - a = 2 \times 1.96 \times \dfrac{\sigma}{\sqrt{64}}$

이때 주어진 조건에 의하여 $b - a = 4.9$이므로

$4.9 = 0.49\sigma$

∴ $\sigma = 10$

🔲 **답** 10

| **풀이** | 학생들의 1개월 자율학습실 이용 시간(시간)을 확률변수 X라 하면 X는 정규분포 $N(m, 5^2)$을 따른다.
크기가 25인 표본으로 구한 표본평균이 $\overline{x_1}$이므로 주어진 신뢰구간에서

$\overline{x_1} = 80$, $a = 1.96 \times \dfrac{5}{\sqrt{25}} = 1.96$ ⋯⋯㉠

크기가 n인 표본으로 구한 표본평균이 $\overline{x_2}$이므로 주어진 신뢰구간에서

$\overline{x_2} = \dfrac{15}{16}\overline{x_1} = 75$, $1.96 \times \dfrac{5}{\sqrt{n}} = \dfrac{5}{7}a$에서 $n = 49$ (∵ ㉠)

∴ $n + \overline{x_2} = 124$

🔲 **답** ②

Ⅲ
통계

161

짝기출 111 유형 02

이산확률변수 X의 확률분포를 표로 나타내면 다음과 같다.

X	1	2	3	계
$P(X=x)$	a	$\dfrac{1}{4}$	$\dfrac{a}{5}$	1

$E(4X+5)$의 값을 구하시오.

162

짝기출 112 유형 04

이항분포 $B\left(n, \dfrac{1}{4}\right)$을 따르는 확률변수 X에 대하여

$V\left(\dfrac{2}{3}X-1\right)=5$일 때, n의 값은?

① 30   ② 40   ③ 50

④ 60   ⑤ 70

163

짝기출 113 유형 07

연속확률변수 X가 갖는 값의 범위가 $0 \le X \le 5$일 때,
상수 t에 대하여 함수 $f(x)=P(0 \le X \le x)$의 그래프는
그림과 같다.

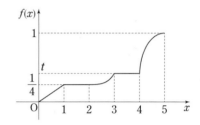

$P(0 \le X \le 1)=P\left(2 \le X \le \dfrac{10}{3}\right)$일 때, t의 값은?

① $\dfrac{3}{8}$ ② $\dfrac{7}{16}$ ③ $\dfrac{1}{2}$

④ $\dfrac{9}{16}$ ⑤ $\dfrac{5}{8}$

164

짝기출 114 유형 05

동전 3개를 동시에 던지는 시행을 n회 반복할 때, 동전 3개 중에서 2개만 앞면이 나오는 횟수를 확률변수 X라 하자. $E(X) = 15$일 때, 자연수 n의 값을 구하시오.

166

유형 03

이산확률변수 X가 가질 수 있는 값이 $0, 1, 2, 3$이고 X가 x의 값을 가질 확률은

$$P(X = x) = \begin{cases} a & (x = 0, 1, 2) \\ b & (x = 3) \end{cases}$$

이다. $E(3X - 1) = 5$일 때, $V(X)$의 값은?

(단, a, b는 상수이다.)

① $\dfrac{7}{6}$ ② $\dfrac{4}{3}$ ③ $\dfrac{3}{2}$

④ $\dfrac{5}{3}$ ⑤ $\dfrac{11}{6}$

165

짝기출 115 유형 09

어느 귤 농장에서 수확하는 귤 1개의 무게는 평균이 $90\,g$이고 표준편차가 $4\,g$인 정규분포를 따른다고 한다. 이 귤 농장에서 수확한 귤 중 임의로 1개를 선택할 때, 이 귤의 무게가 $94\,g$ 이상이고 $100\,g$ 이하일 확률을 오른쪽 표준정규분포표를 이용하여 구한 것은?

z	$P(0 \le Z \le z)$
1.0	0.3413
1.5	0.4332
2.0	0.4772
2.5	0.4938

① 0.0440   ② 0.0606   ③ 0.0919

④ 0.1359   ⑤ 0.1525

III 통계

핵심유형

SET 17
SET 18
SET 19
SET 20
SET 21
SET 22
SET 23
SET 24

167

박기출 116 유형 12

어느 고등학교 학생들의 개인별 상담 시간은 평균이 45분, 표준편차가 10분인 정규분포를 따른다고 한다. 이 고등학교 학생 중 25명을 임의추출하여 조사할 때, 상담 시간의 표본평균이 42분 이상이고 50분 이하일 확률을 오른쪽 표준정규분포표를 이용하여 구한 것은?

z	$P(0 \leq Z \leq z)$
1.0	0.3413
1.5	0.4332
2.0	0.4772
2.5	0.4938

① 0.8185 ② 0.8351 ③ 0.9104

④ 0.9270 ⑤ 0.9710

168

박기출 117 유형 14

어느 나라의 성인들이 일주일 동안 섭취한 커피에 포함된 카페인의 양은 모평균이 m, 모표준편차가 120인 정규분포를 따른다고 한다. 이 나라의 성인 중 n명을 임의추출하여 신뢰도 95 %로 추정한 모평균 m에 대한 신뢰구간이 $560.8 \leq m \leq 639.2$일 때, n의 값을 구하시오.

(단, 카페인의 양의 단위는 mg이고, Z가 표준정규분포를 따르는 확률변수일 때, $P(|Z| \leq 1.96) = 0.95$로 계산한다.)

169

짝기출 118 유형 13

정규분포 $N(150, 24^2)$을 따르는 모집단에서 크기가 36인 표본을 임의추출하여 구한 표본평균을 $\overline{X}$, 같은 모집단에서 크기가 n인 표본을 임의추출하여 구한 표본평균을 $\overline{Y}$라 하자.

$$P(\overline{X} \le 142) = P(\overline{Y} \ge 156)$$

일 때, n의 값을 구하시오.

170

짝기출 119 유형 05

좌표평면의 원점에 점 A가 있다. 한 개의 주사위를 사용하여 다음 시행을 한다.

주사위를 한 번 던져 나오는 눈의 수가
6의 약수이면 점 A를 x축의 방향으로 1만큼,
6의 약수가 아니면 점 A를 y축의 방향으로 -2만큼
이동시킨다.

위의 시행을 5번 반복하여 점 A를 연이어 이동시킬 때, 5번째 시행 후 점 A와 원점 사이의 거리를 확률변수 X라 하자. $P(X=5)$의 값은?

① $\dfrac{112}{243}$
② $\dfrac{38}{81}$
③ $\dfrac{116}{243}$

④ $\dfrac{118}{243}$
⑤ $\dfrac{40}{81}$

핵심유형
SET 17
SET 18
SET 19
SET 20
SET 21
SET 22
SET 23
SET 24

171

유형 02

각 면에 1, 1, 1, 2, 2, 3의 숫자가 하나씩 적혀 있는 정육면체 모양의 상자가 있다. 이 상자를 던졌을 때, 윗면에 적힌 수를 확률변수 X라 하자. $\mathrm{E}(3X+1)$의 값은?

① 5   ② 6   ③ 7
④ 8   ⑤ 9

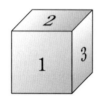

172

짝기출 120   유형 07

연속확률변수 X가 갖는 값의 범위는 $0 \le X \le 2$이고

$$\mathrm{P}(x \le X \le 2) = a(x-2)^2 \ (0 \le x \le 2)$$

이 성립할 때, $\mathrm{P}\left(\dfrac{1}{2} \le X < \dfrac{3}{2}\right)$의 값은? (단, a는 상수이다.)

① $\dfrac{5}{16}$ ② $\dfrac{3}{8}$ ③ $\dfrac{7}{16}$
④ $\dfrac{1}{2}$ ⑤ $\dfrac{9}{16}$

173

짝기출 121   유형 14

어느 회사 직원의 지난주 근무시간은 평균이 m, 표준편차가 3인 정규분포를 따른다고 한다. 이 회사 직원 중 임의추출한 36명의 지난주 근무시간의 표본평균을 이용하여, 이 회사 직원의 지난주 근무시간의 평균 m에 대한 신뢰도 99%의 신뢰구간을 구하면 $38.71 \le m \le a$이다. a의 값은? (단, 근무시간의 단위는 시간이고, Z가 표준정규분포를 따르는 확률변수일 때, $\mathrm{P}(0 \le Z \le 2.58) = 0.495$로 계산한다.)

① 40.87   ② 41.01   ③ 41.15
④ 41.29   ⑤ 41.43

174

확률변수 X는 정규분포 $N(8, 2^2)$을 따르고, 확률변수 Y는 정규분포 $N(m, \sigma^2)$을 따른다. 두 확률변수 X, Y가

$$P(X \le 5) + P(m \le Y \le m+6) \le \frac{1}{2}$$

을 만족시킬 때, 표준편차 σ의 최솟값은?

① 4   ② 5   ③ 6
④ 7   ⑤ 8

175

유형 14

어느 회사에서 생산하는 물약 1병의 용량은 평균이 m, 표준편차가 $\frac{50}{49}$인 정규분포를 따른다고 한다. 이 회사에서 생산하는 물약 중에서 n병을 임의추출하여 얻은 표본평균을 이용하여 구한 m에 대한 신뢰도 95%의 신뢰구간이 $a \le m \le b$일 때, $b - a$의 값이 $\frac{3}{5}$ 이하가 되기 위한 자연수 n의 최솟값은? (단, 용량의 단위는 mL이고, Z가 표준정규분포를 따르는 확률변수일 때, $P(|Z| \le 1.96) = 0.95$로 계산한다.)

① 41   ② 43   ③ 45
④ 47   ⑤ 49

176

짝기출 123   유형 06

연속확률변수 X가 취할 수 있는 값의 범위는 $0 \le X \le a$이고, X의 확률밀도함수의 그래프가 그림과 같다.

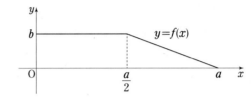

$P\left(X \le \frac{a}{2}\right) - P\left(X \ge \frac{a}{2}\right) = \frac{2}{3} P(X \ge 1)$일 때, $a+b$의 값은? (단, a, b는 상수이다.)

① $\frac{8}{3}$ ② $\frac{19}{6}$ ③ $\frac{11}{3}$
④ $\frac{25}{6}$ ⑤ $\frac{14}{3}$

핵심유형
SET 17
SET 18
SET 19
SET 20
SET 21
SET 22
SET 23
SET 24

177

찍기출 124 유형 13

어느 공장에서 생산하는 제품의 길이는 평균이 80, 표준편차가 8인 정규분포를 따른다. 이 공장에서 생산된 제품 중 크기가 n인 표본을 임의추출하여 구한 표본평균을 $\overline{X}$라 하자. $\mathrm{P}(\overline{X} \geq 78.68) \geq 0.9505$를 만족시키는 자연수 n의 최솟값을 오른쪽 표준정규분포표를 이용하여 구하시오. (단, 제품의 길이의 단위는 cm 이다.)

z	$\mathrm{P}(0 \leq Z \leq z)$
1.55	0.4394
1.65	0.4505
1.75	0.4599
1.85	0.4678

178

찍기출 125 유형 03

이산확률변수 X의 확률분포를 표로 나타내면 다음과 같다.

X	$-a$	a	1	계
$\mathrm{P}(X=x)$	$\dfrac{1}{4}$	$\dfrac{1}{2}$	$\dfrac{1}{4}$	1

$\mathrm{V}(\sqrt{3}\,X) = 2\,\mathrm{E}(X^2)$일 때, $\sigma(X)$의 값은? (단, $0 < a < 1$)

① $\dfrac{\sqrt{6}}{6}$ ② $\dfrac{\sqrt{2}}{3}$ ③ $\dfrac{\sqrt{10}}{6}$

④ $\dfrac{\sqrt{3}}{3}$ ⑤ $\dfrac{\sqrt{14}}{6}$

179

짝기출 126 유형 08

확률변수 X가 평균이 10, 표준편차가 σ인 정규분포를 따르고

$$P(0 \le X \le 10) + P(X \le 20) = 0.8830$$

을 만족시킬 때, 오른쪽 표준정규분포표를 이용하여 σ의 값을 구한 것은?

z	$P(0 \le Z \le z)$
0.5	0.1915
1.0	0.3413
1.5	0.4332
2.0	0.4772

① 15   ② 20   ③ 25

④ 30   ⑤ 35

180

짝기출 127 유형 10

어느 회사에서 생산되는 A 음료수의 용량은 평균이 200이고 표준편차가 4인 정규분포를 따르고, B 음료수의 용량은 평균이 240이고 표준편차가 8인 정규분포를 따른다고 한다. 이 회사에서 생산되는 A 음료수, B 음료수에서 임의로 음료수 1개씩을 선택할 때, 선택한 A 음료수의 용량이 a 이상일 때 불량으로 처리하고, 선택한 B 음료수의 용량이 b 이하일 때 불량으로 처리한다. A 음료수와 B 음료수가 불량으로 처리될 확률이 0.0228로 동일할 때, $a+b$의 값을 구하시오. (단, 용량의 단위는 mL이고, Z가 표준정규분포를 따르는 확률변수일 때, $P(0 \le Z \le 2) = 0.4772$로 계산한다.)

Ⅲ
통계

핵심유형

SET 17
SET 18
SET 19
SET 20
SET 21
SET 22
SET 23
SET 24

181

찍기출 128 유형 11

평균이 100, 표준편차가 4인 정규분포를 따르는 모집단에서 크기가 25인 표본을 임의추출하여 구한 표본평균을 $\overline{X}$ 라 할 때, $\mathrm{E}(\overline{X}) \times \mathrm{V}(\overline{X})$의 값은?

① 16   ② 36   ③ 64

④ 100   ⑤ 144

182

찍기출 129 유형 12

어느 도시의 한 가구의 월간 통신비는 평균이 15만 원, 표준편차가 3만 원인 정규분포를 따른다고 한다. 이 도시의 가구 중에서 임의로 추출한 36가구의 월간 통신비의 표본평균이 14만 원 이상이고 15만 5천 원 이하일 확률을 오른쪽 표준정규분포표를 이용하여 구한 것은?

z	$\mathrm{P}(0 \le Z \le z)$
0.5	0.1915
1.0	0.3413
1.5	0.4332
2.0	0.4772

① 0.5328   ② 0.6687   ③ 0.7745

④ 0.8185   ⑤ 0.9104

183

찍기출 130 유형 03

이산확률변수 X의 확률분포를 표로 나타내면 다음과 같다.

X	1	2	3	4	계
$\mathrm{P}(X=x)$	$\dfrac{1}{4}$	$\dfrac{1}{2}$	a	b	1

$\mathrm{E}(X) = \dfrac{17}{8}$, $\mathrm{E}(X^2) = c$일 때, $Y = \dfrac{X}{b} + ac$에 대하여 확률변수 Y의 분산 $\mathrm{V}(Y)$의 값을 구하시오.

184

짝기출 131 유형 05

어느 대회에 여자 3명, 남자 4명으로 구성된 n개의 팀이 참가하였다. 각 팀에서 임의로 2명씩 선택할 때, 여자만 선택된 팀의 수를 확률변수 X라 하자. $\sigma(X) = 6$일 때, 자연수 n의 값을 구하시오.

(단, 두 팀 이상에 속한 사람은 없다.)

185

짝기출 132 유형 09

어느 도시에서 하루에 발생하는 쓰레기의 양은 정규분포 $N(m, 2^2)$을 따른다고 한다. 어느 날 이 도시에서 발생하는 쓰레기의 양이 32 이상일 확률이 0.0668일 때, m의 값을 오른쪽 표준정규분포표를 이용하여 구한 것은?

(단, 단위는 t(톤)이다.)

z	$P(0 \leq Z \leq z)$
0.5	0.1915
1.0	0.3413
1.5	0.4332
2.0	0.4772

① 26　　　　　② 27　　　　　③ 28

④ 29　　　　　⑤ 30

186

유형 01

흰 공 4개와 검은 공 n개가 들어 있는 주머니가 있다. 이 주머니에서 임의로 2개의 공을 동시에 꺼낼 때, 꺼낸 검은 공의 개수를 확률변수 X라 하자. $P(X \leq 1) = \dfrac{11}{14}$일 때, n의 값은? (단, n은 2 이상의 자연수이다.)

① 2　　　　　② 3　　　　　③ 4

④ 5　　　　　⑤ 6

핵심유형
SET 17
SET 18
SET 19
SET 20
SET 21
SET 22
SET 23
SET 24

187

짝기출 133 유형 02

주사위 한 개를 던져 나온 눈의 수를 a라 할 때, 이차함수 $y = x^2 - 2x + 6$의 그래프와 직선 $y = 2x + a$가 만나는 점의 개수를 확률변수 X라 하자. $\mathrm{E}(X) = \dfrac{q}{p}$일 때, $p + q$의 값을 구하시오. (단, p와 q는 서로소인 자연수이다.)

188

짝기출 134 유형 14

어느 공장에서 생산되는 연필의 길이 X는 정규분포 $\mathrm{N}(m,\ \sigma^2)$을 따르고

$$\mathrm{P}(X \geq m+1) + \mathrm{P}(Z \leq 2) = 1$$

이다. 이 공장에서 생산된 연필 중에서 49자루를 임의추출하여 얻은 표본평균을 이용하여, 이 공장에서 생산되는 연필의 길이의 평균 m에 대한 신뢰도 95%의 신뢰구간을 구하면 $a \leq m \leq b$이다. $100 \times (b-a)$의 값을 구하시오. (단, 길이의 단위는 cm이고, Z는 표준정규분포를 따르는 확률변수이며, $\mathrm{P}(|Z| \leq 1.96) = 0.95$로 계산한다.)

189

짝기출 113　유형 07

연속확률변수 X가 갖는 값의 범위가 $0 \leq X \leq 10$일 때,
그림은 함수 $f(x) = \mathrm{P}(0 \leq X \leq x)$의 그래프이다.

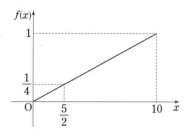

$\dfrac{5}{2} < a < 10$인 상수 a에 대하여 $2 \leq X \leq a$를 만족시키는

사건을 A, $\dfrac{5}{2} \leq X \leq 10$을 만족시키는 사건을 B라 할 때,

두 사건 A와 B가 서로 독립이 되도록 하는 a의 값은?

① $\dfrac{8}{3}$　　　　② 3　　　　③ $\dfrac{10}{3}$

④ $\dfrac{11}{3}$　　　　⑤ 4

190

유형 08

확률변수 X는 평균이 0, 표준편차가 σ인 정규분포를
따른다. 실수 전체의 집합에서 정의된 함수 $G(t)$는

$$G(t) = \mathrm{P}(X \leq 2t) - \mathrm{P}(|X| \leq |t|)$$

이고, 다음 조건을 만족시킨다.

| (가) $G(6) = 0.4583$ |
| (나) $G(-6) = -0.2243$ |

σ의 값을 오른쪽
표준정규분포표를 이용하여
구하시오.

z	$\mathrm{P}(0 \leq Z \leq z)$
0.5	0.1915
1.0	0.3413
1.5	0.4332
2.0	0.4772

핵심유형
SET 17
SET 18
SET 19
SET 20
SET 21
SET 22
SET 23
SET 24

191

짝기출 135 유형 04

확률변수 X가 이항분포 $B(4, p)$를 따를 때,

$$V(X) = 9P(X = 1)$$

을 만족시킨다. $E(X)$의 값은? (단, $0 < p < 1$이다.)

① 2   ② $\dfrac{7}{3}$ ③ $\dfrac{8}{3}$

④ 3   ⑤ $\dfrac{10}{3}$

192

짝기출 136 유형 08

정규분포 $N(m, 5)$를 따르는 확률변수 X에 대하여 함수

$$f(t) = P(X \leq t) + P(X \geq t + 8)$$

은 $t = -2$일 때 최솟값을 갖는다. 상수 m의 값은?

① 0   ② 1   ③ 2

④ 3   ⑤ 4

193

짝기출 137 유형 12

어느 택배회사에서 배송하는 물품의 무게는 평균이 $2\,\mathrm{kg}$, 표준편차가 $0.4\,\mathrm{kg}$인 정규분포를 따른다고 한다. 이 택배회사에서 배송하는 물품 중 400개를 임의추출하여 조사할 때, 400개 물품의 무게의 총합이 $820\,\mathrm{kg}$ 이하일 확률을 오른쪽 표준정규분포표를 이용하여 구한 것은?

z	$P(0 \leq Z \leq z)$
1.0	0.3413
1.5	0.4332
2.0	0.4772
2.5	0.4938

① 0.8413   ② 0.9332   ③ 0.9542

④ 0.9772   ⑤ 0.9938

정답과 풀이 60쪽

194

뽝기출 138 유형 06

연속확률변수 X가 갖는 값의 범위는 $0 \leq X \leq 2$이고, X의 확률밀도함수의 그래프는 그림과 같다. $\frac{1}{2} < k < 1$일 때, 확률 $P(k \leq X \leq 2k)$의 값이 최대가 되도록 하는 상수 k의 값은?

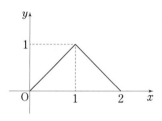

① $\frac{7}{10}$ ② $\frac{3}{4}$ ③ $\frac{4}{5}$

④ $\frac{17}{20}$ ⑤ $\frac{9}{10}$

195

뽝기출 139 유형 14

어느 수영장을 이용하는 회원이 30분 동안 수영을 할 때 소모하는 열량은 평균이 m인 정규분포를 따른다고 한다. 이 수영장을 이용하는 회원 중 임의추출한 100명에 대하여 30분 동안 수영을 할 때 소모하는 열량을 측정하였더니 표본평균이 250, 표본표준편차가 5였다. 이 결과를 이용하여 신뢰도 95%로 추정한 m에 대한 신뢰구간이 $a \leq m \leq b$일 때, $b^2 - a^2$의 값을 구하시오. (단, 열량의 단위는 kcal이고, Z가 표준정규분포를 따르는 확률변수일 때, $P(|Z| \leq 1.96) = 0.95$로 계산한다.)

196

뽝기출 140 유형 05

함수 $f(x) = \cos\frac{\pi x}{3}$가 있다. 한 개의 주사위를 던져 나온 눈의 수 m에 대하여 $f(m) > 0$인 사건을 A라 하자. 한 개의 주사위를 12회 던지는 독립시행에서 사건 A가 일어나는 횟수를 확률변수 X라 할 때, $V(10X)$의 값을 구하시오.

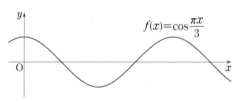

III
통계

핵심유형
SET 17
SET 18
SET 19
SET 20
SET 21
SET 22
SET 23
SET 24

197

짝기출 141 유형 03

두 이산확률변수 X, Y의 확률분포를 표로 나타내면 각각 다음과 같다.

X	1	3	5	7	계
$P(X=x)$	a	b	c	d	1

Y	4	8	12	16	계
$P(Y=y)$	d	c	b	a	1

$E(X)+E(Y)=\dfrac{27}{2}$ 이고 $V(X)+V(Y)=\dfrac{35}{4}$ 일 때,

$E(X^2)$의 값을 구하시오.

198

짝기출 142 유형 14

어느 공장에서 생산하는 막대사탕 1개의 무게는 정규분포 $N(m, \sigma^2)$을 따른다고 한다. 이 공장에서 생산하는 막대사탕 중에서 16개를 임의추출하여 얻은 표본평균 $\overline{x_1}$를 이용하여 구한 m에 대한 신뢰도 95%의 신뢰구간이 $18.02 \leq m \leq 19.98$이었다. 이 공장에서 생산하는 막대사탕 중에서 64개를 임의추출하여 얻은 표본평균 $\overline{x_2}$를 이용하여 구한 m에 대한 신뢰도 99%의 신뢰구간이 $a \leq m \leq b$이고 $b^2 - a^2 = 56.76$일 때, $\overline{x_2} - \overline{x_1}$의 값은? (단, 무게의 단위는 g이고, Z가 표준정규분포를 따르는 확률변수일 때, $P(|Z| \leq 1.96) = 0.95$, $P(|Z| \leq 2.58) = 0.99$로 계산한다.)

① 1   ② 2   ③ 3

④ 4   ⑤ 5

199

어느 공장에서 생산되는 드론 A, 드론 B의 최대 비행시간은 각각 평균이 m, $2m$이고 표준편차가 σ, 2σ인 정규분포를 따른다고 한다. 이 공장에서 생산된 드론 A와 드론 B 중에서 임의로 각각 1개씩 선택할 때, 선택된 드론 A의 최대 비행시간이 k 이상일 확률과 드론 B의 최대 비행시간이 k 이상일 확률의 합이 1이고, 차가 0.3이다. $\dfrac{k}{\sigma}$의 값은?

(단, 시간의 단위는 분이고, Z가 표준정규분포를 따르는 확률변수일 때, $P(0 \le Z \le 0.39) = 0.15$로 계산한다.)

① 0.39　　　　② 0.78　　　　③ 1.17

④ 1.56　　　　⑤ 1.95

200

어형 02

그림과 같이 0, 1, 2의 숫자가 하나씩 적혀 있는 흰 공 3개와 1, 2의 숫자가 하나씩 적혀 있는 검은 공 2개가 들어 있는 상자가 있다.

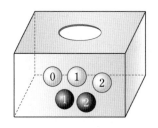

이 상자에서 임의로 2개의 공을 동시에 꺼낼 때, 꺼낸 공의 색과 적힌 수에 따라 다음과 같이 확률변수 X의 값을 정한다.

> (가) 서로 같은 색이면 두 수 중 작은 수를 X라 한다.
> (나) 서로 다른 색이면 두 수 중 크거나 같은 수를 X라 한다.

$E(10X + 5)$의 값을 구하시오.

201

 찍기출 143 유형 04

이산확률변수 X가 값 x를 가질 확률이

$$P(X=x) = {}_{50}C_x \left(\frac{1}{5}\right)^x \left(\frac{4}{5}\right)^{50-x}$$

$$(x=0, 1, 2, \cdots, 50)$$

일 때, $E(X^2)$의 값을 구하시오.

202

찍기출 144 유형 06

연속확률변수 X가 갖는 값의 범위는 $0 \le X \le 10$이고, X의 확률밀도함수 $f(x)$의 그래프는 직선 $x=5$에 대하여 대칭이다.

$$P(0 \le X \le 7) = 4P(7 \le X \le 10)$$

일 때, $P(3 \le X \le 7)$의 값은?

① $\dfrac{1}{5}$ ② $\dfrac{3}{10}$ ③ $\dfrac{2}{5}$

④ $\dfrac{1}{2}$ ⑤ $\dfrac{3}{5}$

203

찍기출 145 유형 09

어느 공장에서 생산되는 샤프심 단면의 지름의 길이는 평균이 $0.5\,\text{mm}$, 표준편차가 $0.01\,\text{mm}$인 정규분포를 따르고, 단면의 지름의 길이가 $0.48\,\text{mm}$ 이하인 샤프심과 $0.52\,\text{mm}$ 이상인 샤프심은 불량품으로 분류한다. 임의로 추출한 한 개의 샤프심이 불량품일 확률을 오른쪽 표준정규분포표를 이용하여 구한 것은?

z	$P(0 \le Z \le z)$
0.5	0.1915
1.0	0.3413
1.5	0.4332
2.0	0.4772

① 0.0062 ② 0.0228 ③ 0.0456

④ 0.0668 ⑤ 0.1336

204

짝기출 146 유형 14

어느 놀이공원에서 판매하는 음료 1잔의 용량은 평균이 m, 표준편차가 3인 정규분포를 따른다고 한다. 이 놀이공원에서 판매하는 음료 중에서 n잔을 임의추출하여 얻은 표본평균을 이용하여 이 놀이공원에서 판매하는 음료 1잔의 용량의 평균 m에 대한 신뢰도 99 %의 신뢰구간을 구하면 $a \le m \le b$ 이다. $b - a = 1.29$가 성립하도록 하는 자연수 n의 값은? (단, 용량의 단위는 mL이고, Z가 표준정규분포를 따르는 확률변수일 때, $P\left(|Z| \le 2.58\right) = 0.99$로 계산한다.)

① 64 ② 81 ③ 100
④ 121 ⑤ 144

205

짝기출 147 유형 02

두 이산확률변수 X와 Y가 가지는 값은 1, 2, 3, 4이고

$$P\left(Y = k\right) = \frac{1}{2}P\left(X = k\right) + \frac{1}{8} \ (k = 1, 2, 3, 4)$$

이다. $E\left(Y\right) = 3$일 때, $E\left(\dfrac{1}{2}X\right)$의 값은?

① $\dfrac{5}{4}$ ② $\dfrac{3}{2}$ ③ $\dfrac{7}{4}$
④ 2 ⑤ $\dfrac{9}{4}$

206

유형 05

한 개의 주사위를 한 번 던져 나오는 눈이 3의 배수이면 4점을 얻고, 3의 배수가 아니면 1점을 얻는 시행을 12번 반복하여 얻은 총점을 확률변수 X라 하자. $E\left(X^2\right)$의 값을 구하시오.

III 통계

핵심유형
SET 17
SET 18
SET 19
SET 20
SET 21
SET 22
SET 23
SET 24

207

유형 13

어느 지역에 등록된 자동차의 주행거리는 평균이 m, 표준편차가 σ인 정규분포를 따른다고 한다. 등록된 자동차의 주행거리가 80000 이상일 확률이 0.5이고, 100000 이상일 확률이 0.2일 때, 이 지역에 등록된 자동차 중에서 임의추출한 100대의 주행거리의 표본평균이 78000 이상이고 82000 이하일 확률은?

(단, 주행거리의 단위는 km이다.)

① 0.2   ② 0.3   ③ 0.4

④ 0.5   ⑤ 0.6

208

유형 08

11보다 큰 자연수 m에 대하여 확률변수 X가 정규분포 $N(m, \sigma^2)$을 따르고

$$P(11 \le X \le m) < P(m \le X \le 15),$$

$$P(X \ge m+3) = 0.0668$$

을 만족시킬 때, $P(11 \le X \le 16)$의 값을 오른쪽 표준정규분포표를 이용하여 구한 것은?

z	$P(0 \le Z \le z)$
0.5	0.1915
1.0	0.3413
1.5	0.4332
2.0	0.4772

① 0.5328   ② 0.6247   ③ 0.6687

④ 0.7745   ⑤ 0.8185

209

짝기출 148 유형 06

두 연속확률변수 X, Y가 취할 수 있는 값의 범위는 각각 $0 \leq X \leq 3$, $0 \leq Y \leq 3$이고 X, Y의 확률밀도함수는 각각 $f(x)$, $g(x)$이다. 두 상수 a, b와 $0 \leq x \leq 3$인 모든 실수 x에 대하여

$$f(x) = \begin{cases} a & (0 \leq x < 1) \\ ax & (1 \leq x < 2), \\ 2a & (2 \leq x \leq 3) \end{cases}$$

$$3f(x) - 2g(x) = b$$

일 때, $\mathrm{P}(Y \geq 1) = \dfrac{q}{p}$이다. $p+q$의 값을 구하시오.

(단, p와 q는 서로소인 자연수이다.)

210

짝기출 149 유형 11

다음은 어느 모집단의 확률분포표이다.

X	1	2	3	계
$\mathrm{P}(X=x)$	$\dfrac{1}{4}$	$\dfrac{1}{4}$	$\dfrac{1}{2}$	1

이 모집단에서 크기가 3인 표본을 임의추출하여 구한 표본평균을 $\overline{X}$ 라 할 때, $\mathrm{P}(\overline{X}=2)$의 값은?

① $\dfrac{11}{64}$
② $\dfrac{3}{16}$
③ $\dfrac{13}{64}$
④ $\dfrac{7}{32}$
⑤ $\dfrac{15}{64}$

211

짝기출 147 유형 01

두 이산확률변수 X와 Y가 가지는 값이 각각 1부터 4까지 자연수이고

$$\mathrm{P}(X=k)=a-\mathrm{P}(Y=k)\,(k=1, 2, 3, 4)$$

이다. $\mathrm{P}(X \leq 3) = \dfrac{5}{4}a$일 때, $\mathrm{P}(Y=4)$의 값은?

(단, a는 상수이다.)

① $\dfrac{1}{16}$ 　　② $\dfrac{1}{14}$ 　　③ $\dfrac{1}{12}$

④ $\dfrac{1}{10}$ 　　⑤ $\dfrac{1}{8}$

212

짝기출 150 유형 06

연속확률변수 X가 갖는 값의 범위는 $-6 \leq X \leq 2$이고 X의 확률밀도함수의 그래프는 그림과 같다.

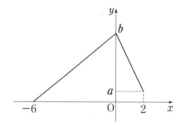

$\mathrm{P}(-6 \leq X \leq -1) = \mathrm{P}(-1 \leq X \leq 2)$일 때, $a+b$의 값은? (단, a, b는 상수이다.)

① $\dfrac{1}{5}$ 　　② $\dfrac{6}{25}$ 　　③ $\dfrac{7}{25}$

④ $\dfrac{8}{25}$ 　　⑤ $\dfrac{9}{25}$

213

짝기출 151 유형 14

어느 마을에서 수확하는 사과의 무게는 평균이 m, 표준편차가 σ인 정규분포를 따른다고 한다. 이 마을에서 수확한 사과 중에서 임의추출한 크기가 36인 표본을 조사하였더니 사과 무게의 표본평균의 값이 $\overline{x}$이었다. 이 결과를 이용하여, 이 마을에서 수확하는 사과 한 개의 무게의 평균 m에 대한 신뢰도 99%의 신뢰구간을 구하면 $171.4 \leq m \leq 188.6$이다. $\overline{x} + \sigma$의 값을 구하시오. (단, 무게의 단위는 g이고, Z가 표준정규분포를 따르는 확률변수일 때, $\mathrm{P}(|Z| \leq 2.58) = 0.99$로 계산한다.)

214

짝기출 152 유형 05

수직선의 원점에 점 P가 있다. 숫자 1, 1, 1, 2, 2가 하나씩 적힌 5개의 공이 들어 있는 주머니에서 임의로 한 개의 공을 꺼내어 숫자를 확인한 후 다음 시행을 하고 공을 다시 넣는다.

> 주머니에서 꺼낸 한 개의 공에 적힌 수가
> 1이면 양의 방향으로 3만큼,
> 2이면 음의 방향으로 4만큼 이동시킨다.

이 시행을 20번 반복하여 이동된 점 P의 좌표를 확률변수 X라 하자. $\mathrm{E}(X)$의 값을 구하시오.

215

짝기출 153　유형 13

정규분포 $N(40, 12^2)$을 따르는 모집단에서 크기가 9인 표본을 임의추출하여 구한 표본평균을 $\overline{X}$, 정규분포 $N(55, 16^2)$을 따르는 모집단에서 크기가 n인 표본을 임의추출하여 구한 표본평균을 $\overline{Y}$ 라 하자.

$$P(\overline{X} \geq 35) = 1 - P(\overline{Y} \geq 57)$$

일 때, $P(\overline{Y} \leq 51)$의 값을 오른쪽 표준정규분포표를 이용하여 구한 것은?

z	$P(0 \leq Z \leq z)$
1.0	0.3413
1.5	0.4332
2.0	0.4772
2.5	0.4938

① 0.0062　　② 0.0228　　③ 0.0668
④ 0.1587　　⑤ 0.1742

216

짝기출 154　유형 14

어느 공장에서 생산하는 비누 1개의 무게는 정규분포 $N(m, 5^2)$을 따른다고 한다. 이 공장에서 생산하는 비누 중에서 n개를 임의추출하여 얻은 표본평균을 이용하여 구한 m에 대한 신뢰도 95 %의 신뢰구간이 $a \leq m \leq b$이다. 이 공장에서 생산하는 비누 중에서 $9n$개를 임의추출하여 얻은 표본평균을 이용하여 구한 m에 대한 신뢰도 99 %의 신뢰구간이 $c \leq m \leq d$일 때, $b + c < a + d + 2$를 만족시키는 자연수 n의 최솟값은? (단, 무게의 단위는 g이고, Z가 표준정규분포를 따르는 확률변수일 때, $P(|Z| \leq 1.96) = 0.95$, $P(|Z| \leq 2.58) = 0.99$로 계산한다.)

① 30　　② 31　　③ 32
④ 33　　⑤ 34

217

정규분포를 따르는 어느 학교 학생들의 1일 학습시간 X에 대하여

$$2\mathrm{P}(X \geq 300) = 1,$$
$$\mathrm{P}(Z \leq -1.5) + \mathrm{P}(X \leq 450) = 1$$

이다. 이 학교 학생 중에서 임의추출한 25명의 1일 학습시간의 표본평균을 $\overline{X}$ 라 할 때, $\mathrm{P}(\overline{X} \geq 320)$의 값을 오른쪽 표준정규분포표를 이용하여 구한 것은?
(단, 학습시간의 단위는 분이고, Z는 표준정규분포를 따르는 확률변수이다.)

z	$\mathrm{P}(0 \leq Z \leq z)$
1.0	0.3413
1.5	0.4332
2.0	0.4772
2.5	0.4938

① 0.0062 ② 0.0228 ③ 0.0668
④ 0.1587 ⑤ 0.3413

218

A 지역의 주택 한 가구당 월간 전기 사용량을 확률변수 X 라 하고, B 지역의 주택 한 가구당 월간 전기 사용량을 확률변수 Y 라 하자. 확률변수 X 는 평균이 600, 표준편차가 σ 인 정규분포를 따르고, 확률변수 Y 는 평균이 640, 표준편차가 2σ 인 정규분포를 따른다고 한다.
A 지역의 주택 중 임의추출한 25가구의 한 가구당 월간 전기 사용량의 표본평균을 $\overline{X}$ 라 하고, B 지역의 주택 중 임의추출한 n가구의 한 가구당 월간 전기 사용량의 표본평균을 $\overline{Y}$ 라 할 때,

$$\mathrm{P}(\overline{X} \leq 608) \leq \mathrm{P}(\overline{Y} \geq 630)$$

을 만족시키는 자연수 n의 최솟값을 구하시오.
(단, 전기 사용량의 단위는 kWh 이다.)

219

어느 고등학교 학생들의 1학기 중간고사 수학 점수는 평균이 77.4점, 표준편차가 4점인 정규분포를 따른다고 한다. 1학기 중간고사 수학 점수가 80점 이상인 학생들 중에서 40%, 80점 미만인 학생들 중에서 20%가 여학생이다. 이 고등학교 학생들 중 임의로 선택한 1명이 여학생일 때, 1학기 중간고사 수학 점수가 80점 이상일 확률은 $\dfrac{q}{p}$이다.

$p+q$의 값을 구하시오. (단, Z가 표준정규분포를 따르는 확률변수일 때, $\mathrm{P}(0 \leq Z \leq 0.65) = 0.24$로 계산하고, p와 q는 서로소인 자연수이다.)

220

정규분포 $\mathrm{N}(10, \sigma^2)$을 따르는 확률변수 X와 어떤 정수 m에 대하여 정규분포 $\mathrm{N}(m, \sigma^2)$을 따르는 확률변수 Y가 다음 조건을 만족시킨다.

(가) $\mathrm{P}(8 \leq X \leq 10) = 0.3413$
(나) 두 확률변수 X, Y의 확률밀도함수를 각각 $f(x)$, $g(x)$라 하면 부등식 $f(8) \leq g(n)$을 만족시키는 모든 정수 n의 값의 합은 100이다.

$\mathrm{P}(24 \leq Y \leq 25)$의 값을 오른쪽 표준정규분포표를 이용하여 구한 것은?

z	$\mathrm{P}(0 \leq Z \leq z)$
1.0	0.3413
1.5	0.4332
2.0	0.4772
2.5	0.4938

① 0.0166   ② 0.0440   ③ 0.0606
④ 0.0919   ⑤ 0.1359

221

짝기출 158 유형 03

이산확률변수 X에 대하여

$$\mathrm{P}(X=-1)=1-\mathrm{P}(X=1),$$

$$\frac{1}{2}<\mathrm{P}(X=1)<1,\ \mathrm{V}(2X)=3$$

이 성립할 때, $\mathrm{P}(X=-1)$의 값은?

① $\dfrac{3}{16}$

② $\dfrac{1}{4}$

③ $\dfrac{5}{16}$

④ $\dfrac{3}{8}$

⑤ $\dfrac{7}{16}$

222

짝기출 159 유형 13

어느 통신회사의 고객들의 한 달 데이터 사용량은 평균이 $5.2\,\mathrm{GB}$이고 표준편차가 $1.6\,\mathrm{GB}$인 정규분포를 따른다고 한다. 이 통신사의 고객 중 임의로 추출한 n명의 고객의 한 달 데이터 사용량의 표본평균이 $4.8\,\mathrm{GB}$ 이상일 확률이 0.9772일 때, 오른쪽 표준정규분포표를 이용하여 n의 값을 구한 것은?

z	$\mathrm{P}(0 \le Z \le z)$
0.5	0.1915
1.0	0.3413
1.5	0.4332
2.0	0.4772

① 36

② 49

③ 64

④ 81

⑤ 100

223

유형 05

확률변수 X가 취할 수 있는 값이 0 이상 4 이하의 정수이고, 두 양수 a, b $(a>b)$에 대하여 X의 확률질량함수가

$$\mathrm{P}(X=k)=\frac{{}_4\mathrm{C}_k \times b^k}{a^4}\ (k=0,\,1,\,2,\,3,\,4)$$

이다. $\mathrm{E}(X)=\dfrac{10}{3}$일 때, $a+b$의 값을 구하시오.

224

유형 08

양의 실수 전체의 집합을 정의역으로 하는 함수 $f(t)$는 평균이 10, 표준편차가 $\dfrac{12}{t}$인 정규분포를 따르는 확률변수 X에 대하여

$$f(t) = \mathrm{P}(X \le 12)$$

이다. 부등식

$f(n) \le 0.9938$을 만족시키는 모든 자연수 n의 개수를 오른쪽 표준정규분포표를 이용하여 구하시오.

z	$\mathrm{P}(0 \le Z \le z)$
1.5	0.4332
2.0	0.4772
2.5	0.4938
3.0	0.4987

226

짝기출 161 유형 10

어느 공장에서 생산하는 제품 A의 무게는 평균이 m, 표준편차가 σ인 정규분포를 따르고, 제품 B의 무게는 평균이 $m-25$, 표준편차가 2σ인 정규분포를 따른다고 한다. 이 공장에서 생산된 제품 A와 제품 B에서 임의로 제품을 1개씩 선택할 때, 선택한 제품 A의 무게가 50 이하일 확률이 0.15, 제품 B의 무게가 50 이상일 확률이 0.03이다.

오른쪽 표준정규분포표를 이용하여 $10m + \sigma$의 값을 구하시오. (단, 제품의 무게의 단위는 kg이다.)

z	$\mathrm{P}(0 \le Z \le z)$
0.08	0.03
0.39	0.15
1.04	0.35
1.98	0.47

225

짝기출 160 유형 05

두 주사위 A, B를 동시에 던질 때, 나오는 각각의 눈의 수 m, n에 대하여 좌표평면 위의 원

$$(x-m)^2 + (y-n)^2 = 9$$

가 x축 또는 y축과 만나는 사건을 H라 하자. 두 주사위 A, B를 동시에 던지는 20회의 독립시행에서 사건 H가 일어나는 횟수를 확률변수 X라 할 때, $\mathrm{E}(X)$의 값을 구하시오.

Ⅲ 통계

핵심유형

SET 17
SET 18
SET 19
SET 20
SET 21
SET 22
SET 23
SET 24

227

어느 고등학교의 여학생의 키는 평균이 m, 표준편차가 σ인 정규분포를 따른다고 한다. 이 고등학교의 여학생 중 25명을 임의추출하여 얻은 표본평균을 이용하여 구한 여학생의 키의 모평균 m에 대한 신뢰도 95%의 신뢰구간은 $158 - a \leq m \leq 158 + a$이었다. 같은 표본을 이용하여 구한 모평균 m에 대한 신뢰도 99%의 신뢰구간이 $b \leq m \leq 163.16$일 때, $b - 2a$의 값을 구하시오. (단, 키의 단위는 cm이고, Z가 표준정규분포를 따르는 확률변수일 때, $P(0 \leq Z \leq 1.96) = 0.475$, $P(0 \leq Z \leq 2.58) = 0.495$로 계산한다.)

228

다음은 어느 모집단의 확률분포표이다.

X	$8-a$	8	$8+a$	계
$P(X=x)$	$\dfrac{1}{4}$	$\dfrac{1}{2}$	$\dfrac{1}{4}$	1

이 모집단에서 크기가 4인 표본을 임의추출하여 구한 표본평균을 $\overline{X}$ 라 하자. $V(\overline{X}) = 2$일 때, 양수 a의 값을 구하시오.

229

유형 10

두 확률변수 X, Y는 정규분포를 따르고, 각각의 확률밀도함수 $f(x)$, $g(x)$는 다음 조건을 만족시킨다.

(단, a, b는 상수이고 $a+b \neq 5$이다.)

> (가) 임의의 실수 x_1, x_2에 대하여
> $$f(x_1) + g(x_2) \leq f(a) + g(b)$$이다.
> (나) $f(3) = f(5)$, $g(5) = g(a+b)$

$P(X \geq b-a) = 0.3085$이고 $V(Y) = 4V(X)$일 때, $P(Y \geq b-a)$의 값을 오른쪽 표준정규분포표를 이용하여 구한 것은?

z	$P(0 \leq Z \leq z)$
0.5	0.1915
1.0	0.3413
1.5	0.4332
2.0	0.4772

① 0.7745 ② 0.8185 ③ 0.8413
④ 0.9332 ⑤ 0.9772

230

짝기출 164 유형 11

주머니 속에 검은 구슬 3개, 흰 구슬 2개가 들어 있다. 이 주머니에서 임의로 3개의 구슬을 동시에 꺼내어 색을 확인한 후 다시 주머니에 넣는다. 이와 같은 시행을 2회 반복하여 꺼낸 구슬 중에 검은 구슬의 개수의 평균을 $\overline{X}$ 라 하자. $P(\overline{X} = 2) = \dfrac{q}{p}$ 라 할 때, $p+q$의 값을 구하시오.

(단, p와 q는 서로소인 자연수이다.)

231

 짝기출 165 유형 02

이산확률변수 X가 값 x를 가질 확률이

$$\mathrm{P}(X=x)=ax+b \ (x=1, 2, 3, 4, 5)$$

이고 $\mathrm{E}(X)=2$일 때, 두 상수 a, b에 대하여 $a+b$의 값은?

① $\dfrac{1}{5}$ ② $\dfrac{3}{10}$ ③ $\dfrac{2}{5}$

④ $\dfrac{1}{2}$ ⑤ $\dfrac{3}{5}$

232

짝기출 166 유형 06

연속확률변수 X가 갖는 값의 범위는 $0 \leq X \leq 3$이고, 구간 $[0, 3]$에서 정의된 X의 확률밀도함수 $f(x)$가

$$f(x) = \begin{cases} ax & (0 \leq x < 2) \\ 2a(3-x) & (2 \leq x \leq 3) \end{cases}$$

일 때, $\mathrm{P}(a \leq X \leq 2)$의 값은? (단, a는 상수이다.)

① $\dfrac{11}{18}$ ② $\dfrac{17}{27}$ ③ $\dfrac{35}{54}$

④ $\dfrac{2}{3}$ ⑤ $\dfrac{37}{54}$

233

 짝기출 167 유형 10

어느 전통 약과 공장에서 생산하는 A 제품 1개의 중량은 평균이 31, 표준편차가 2인 정규분포를 따르고, B 제품 1개의 중량은 평균이 52, 표준편차가 3인 정규분포를 따른다고 한다. 이 공장에서 생산한 A 제품 중에서 임의로 선택한 1개의 중량이 28 이상 35 이하일 확률을 p_A 라 하고, B 제품 중에서 임의로 선택한 1개의 중량이 46 이상 k 이하일 확률을 p_B 라 하자. $p_\mathrm{A} < p_\mathrm{B}$ 를 만족시키는 자연수 k의 최솟값은? (단, 중량의 단위는 g 이다.)

① 54   ② 55   ③ 56

④ 57   ⑤ 58

234

유형 14

정규분포 $N(m, \sigma^2)$을 따르는 모집단에서 크기가 100, n인 표본을 임의추출하여 신뢰도 95%로 추정한 모평균 m에 대한 신뢰구간은 각각 $a \le m \le b$, $c \le m \le d$이다.

$\dfrac{d-c}{b-a} = 2$일 때, n의 값을 구하시오.

(단, Z가 표준정규분포를 따르는 확률변수일 때, $P(0 \le Z \le 1.96) = 0.475$로 계산한다.)

236

짝기출 169 유형 08

확률변수 X가 정규분포 $N(m, \sigma^2)$을 따르고 다음 조건을 만족시킨다.

(가) $P(X \le 0) + P(X \ge 2m) = 0.0456$
(나) $P(0 \le X \le 6) = 0.0440$

$m + \sigma$의 값을 오른쪽 표준정규분포표를 이용하여 구하시오.

z	$P(0 \le Z \le z)$
0.5	0.1915
1.0	0.3413
1.5	0.4332
2.0	0.4772

235

짝기출 168 유형 12

어느 지역에 사는 중학생들의 일주일 동안 인터넷 접속시간은 평균이 80분, 표준편차가 16분인 정규분포를 따른다고 한다. A와 B 두 사람이 크기가 16인 표본을 각각 독립적으로 임의추출하였다. A가 추출한 표본의 평균이 75분 이상 86분 이하이고, B가 추출한 표본의 평균이 80분 이상일 확률을 오른쪽 표준정규분포표를 이용하여 구한 것은?

z	$P(0 \le Z \le z)$
1.00	0.3413
1.25	0.3944
1.50	0.4332
1.75	0.4599

① 0.1972   ② 0.2166   ③ 0.3944
④ 0.4006   ⑤ 0.4138

III 통계

핵심유형
SET 17
SET 18
SET 19
SET 20
SET 21
SET 22
SET 23
SET 24

237

유형 03

이산확률변수 X가 가질 수 있는 값은 $-2, -1, 0, 1, 2$이고

$$P(X=-k)=P(X=k) \ (k=-2, -1, 0, 1, 2)$$

이다. $P(0 \leq X \leq 1)=\dfrac{5}{16}$, $P(1 \leq X \leq 2)=\dfrac{7}{16}$일

때, $V(4X)$의 값은?

① 32 ② 34 ③ 36
④ 38 ⑤ 40

238

찍기출 170 유형 14

어느 마을에서 수확하는 고구마의 무게는 평균이 m, 표준편차가 σ인 정규분포를 따른다고 한다. 이 마을에서 수확한 고구마 중에서 49개를 임의추출하여 얻은 표본평균이 104일 때, 모평균 m에 대한 신뢰도 95%의 신뢰구간이 $a \leq m \leq b$이다. 이 마을에서 수확한 고구마 중 16개를 다시 임의추출하여 얻은 표본평균이 $\overline{x}$일 때, 모평균 m에 대한 신뢰도 95%의 신뢰구간은 $a-6.3 \leq m \leq b+6.3$이다. $\sigma+\overline{x}$의 값은? (단, 무게의 단위는 g이고, Z가 표준정규분포를 따르는 확률변수일 때, $P(0 \leq Z \leq 1.96)=0.475$로 계산한다.)

① 131 ② 132 ③ 133
④ 134 ⑤ 135

239

유형 05

한 개의 동전을 8번 던질 때, n번째 던진 동전이 앞면이면 $a_n = 1$, 뒷면이면 $a_n = 3$이라 하자. 예를 들어 2번째 던진 동전이 앞면이면 $a_2 = 1$, 5번째 던진 동전이 뒷면이면 $a_5 = 3$이다. 확률변수 X를

$$X = a_1 \times a_2 \times a_3 \times \cdots \times a_8$$

이라 할 때, $\mathrm{E}(X)$의 값을 구하시오.

240

짝기출 171 유형 12

네 숫자 1, 2, 3, 5가 각각 하나씩 적힌 4장의 카드가 들어 있는 주머니가 있다. 이 주머니에서 임의로 2장의 카드를 동시에 꺼내어 카드에 적힌 두 수의 합을 득점한 후 다시 넣는 시행을 한다. 이 시행을 5번 반복하여 얻은 득점의 평균을 $\overline{X}$라 할 때, $\mathrm{P}(\overline{X} = 4) = \dfrac{q}{p}$이다. $p + q$의 값을 구하시오. (단, p와 q는 서로소인 자연수이다.)

부록

핵심문제
짝기출

.
.
.

본문에 수록된 문제의 모티브가 된 수능·평가원 모의고사,
교육청 학력평가 기출문제를 세트별로 수록하였습니다.
실제로는 어떻게 출제되었는지 확인해보세요.

'짝기출'에 수록된 기출문제는
별도의 풀이 없이 정답만 제공합니다.
('빠른정답'에서 확인 가능)

001

2021학년도 9월 평가원 가형 22번

$\left(x + \dfrac{4}{x^2}\right)^6$ 의 전개식에서 x^3 의 계수를 구하시오. [3점]

003

2018학년도 9월 평가원 나형 6번

서로 다른 5개의 접시를 원 모양의 식탁에 일정한 간격을 두고 원형으로 놓는 경우의 수는?

(단, 회전하여 일치하는 것은 같은 것으로 본다.) [3점]

① 6　　　　　② 12　　　　　③ 18

④ 24　　　　　⑤ 30

002

2016학년도 6월 평가원 B형 9번

서로 다른 종류의 연필 5자루를 4명의 학생 A, B, C, D 에게 남김없이 나누어 주는 경우의 수는?

(단, 연필을 받지 못하는 학생이 있을 수 있다.) [3점]

① 1024　　　　② 1034　　　　③ 1044

④ 1054　　　　⑤ 1064

004

2018학년도 6월 평가원 나형 7번

그림과 같이 직사각형 모양으로 연결된 도로망이 있다. 이 도로망을 따라 A 지점에서 출발하여 P 지점을 지나 B 지점까지 최단거리로 가는 경우의 수는? [3점]

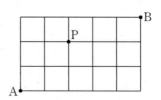

① 16　　　　　② 18　　　　　③ 20

④ 22　　　　　⑤ 24

005

2020학년도 6월 평가원 나형 16번

한 개의 주사위를 네 번 던질 때 나오는 눈의 수를 차례로 a, b, c, d라 하자. 네 수 a, b, c, d의 곱 $a \times b \times c \times d$가 12일 확률은? [4점]

① $\dfrac{1}{36}$ ② $\dfrac{5}{72}$ ③ $\dfrac{1}{9}$

④ $\dfrac{11}{72}$ ⑤ $\dfrac{7}{36}$

006

2010학년도 6월 평가원 가형 (이산수학) 30번

빨간색, 파란색, 노란색 색연필이 있다. 각 색의 색연필을 적어도 하나씩 포함하여 15개 이하의 색연필을 선택하는 방법의 수를 구하시오. (단, 각 색의 색연필은 15개 이상씩 있고, 같은 색의 색연필은 서로 구별이 되지 않는다.) [4점]

007

2015학년도 수능 B형 26번

다음 조건을 만족시키는 자연수 a, b, c의 모든 순서쌍 (a, b, c)의 개수를 구하시오. [4점]

(가) $a \times b \times c$는 홀수이다.
(나) $a \le b \le c \le 20$

008

2023학년도 6월 평가원 (확률과 통계) 27번

네 문자 a, b, X, Y 중에서 중복을 허락하여 6개를 택해 일렬로 나열하려고 한다. 다음 조건이 성립하도록 나열하는 경우의 수는? [3점]

(가) 양 끝 모두에 대문자가 나온다.
(나) a는 한 번만 나온다.

① 384 ② 408 ③ 432

④ 456 ⑤ 480

짝기출

SET 01
SET 02
SET 03
SET 04
SET 05
SET 06
SET 07
SET 08

009

2019학년도 9월 평가원 나형 9번

다항식 $(x+a)^5$의 전개식에서 x^3의 계수가 40일 때, x의 계수는? (단, a는 상수이다.) [3점]

① 60　　　　② 65　　　　③ 70

④ 75　　　　⑤ 80

010

2005학년도 수능 가형 (이산수학) 28번

집합 $\{1, 2, 3, 4, 5, 6\}$의 서로소인 두 부분집합 A, B의 순서쌍 (A, B)의 개수는? [3점]

① 729　　　　② 720　　　　③ 243

④ 64　　　　⑤ 36

011

2010학년도 수능 6번

어느 회사원이 처리해야 할 업무는 A, B를 포함하여 모두 6가지이다. 이 중에서 A, B를 포함한 4가지 업무를 오늘 처리하려고 하는데, A를 B보다 먼저 처리해야 한다. 오늘 처리할 업무를 택하고, 택한 업무의 처리 순서를 정하는 경우의 수는? [3점]

① 60　　　　② 66　　　　③ 72

④ 78　　　　⑤ 84

012

2019학년도 9월 평가원 나형 16번

서로 다른 종류의 사탕 3개와 같은 종류의 구슬 7개를 같은 종류의 주머니 3개에 남김없이 나누어 넣으려고 한다. 각 주머니에 사탕과 구슬이 각각 1개 이상씩 들어가도록 나누어 넣는 경우의 수는? [4점]

① 11   ② 12   ③ 13
④ 14   ⑤ 15

013

2012학년도 6월 평가원 가형 15번

그림과 같이 정삼각형과 정삼각형의 각 꼭짓점을 중심으로 하고 정삼각형의 각 변의 중점에서만 서로 만나는 크기가 같은 원 3개가 있다. 정삼각형의 내부 또는 원의 내부에 만들어지는 7개의 영역에 서로 다른 7가지 색을 모두 사용하여 칠하려고 한다. 한 영역에 한 가지 색만을 칠할 때, 색칠한 결과로 나올 수 있는 경우의 수는?

(단, 회전하여 일치하는 것은 같은 것으로 본다.) [4점]

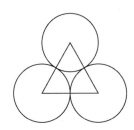

① 1260   ② 1680   ③ 2520
④ 3760   ⑤ 5040

014

2022학년도 수능 (확률과 통계) 25번

다음 조건을 만족시키는 자연수 a, b, c, d, e의 모든 순서쌍 (a, b, c, d, e)의 개수는? [3점]

(가) $a + b + c + d + e = 12$
(나) $|a^2 - b^2| = 5$

① 30   ② 32   ③ 34
④ 36   ⑤ 38

짝기출
SET 01
SET 02
SET 03
SET 04
SET 05
SET 06
SET 07
SET 08

015

2024학년도 6월 평가원 (확률과 통계) 26번

다항식 $(x-1)^6(2x+1)^7$의 전개식에서 x^2의 계수는? [3점]

① 15   ② 20   ③ 25

④ 30   ⑤ 35

016

2017학년도 9월 평가원 가형 19번

서로 다른 과일 5개를 3개의 그릇 A, B, C 에 남김없이 담으려고 할 때, 그릇 A 에는 과일 2개만 담는 경우의 수는? (단, 과일을 하나도 담지 않은 그릇이 있을 수 있다.) [4점]

① 60   ② 65   ③ 70

④ 75   ⑤ 80

017

2018학년도 9월 평가원 나형 16번

다음 조건을 만족시키는 음이 아닌 정수 x, y, z의 모든 순서쌍 (x, y, z)의 개수는? [4점]

(가) $x + y + z = 10$
(나) $0 < y + z < 10$

① 39   ② 44   ③ 49

④ 54   ⑤ 59

018

2014학년도 9월 평가원 B형 8번

방정식 $x + y + z = 4$를 만족시키는 -1 이상의 정수 x, y, z의 모든 순서쌍 (x, y, z)의 개수는? [3점]

① 21   ② 28   ③ 36

④ 45   ⑤ 56

019

2017학년도 6월 평가원 나형 14번

방정식 $x + y + z + 5w = 14$를 만족시키는 양의 정수 x, y, z, w의 모든 순서쌍 (x, y, z, w)의 개수는? [4점]

① 27   ② 29   ③ 31

④ 33   ⑤ 35

020

2024학년도 6월 평가원 (확률과 통계) 28번

집합 $X = \{1, 2, 3, 4, 5\}$에 대하여 다음 조건을 만족시키는 함수 $f : X \to X$의 개수는? [4점]

(가) $f(1) \times f(3) \times f(5)$는 홀수이다.
(나) $f(2) < f(4)$
(다) 함수 f의 치역의 원소의 개수는 3이다.

① 128   ② 132   ③ 136

④ 140   ⑤ 144

021

2011학년도 6월 평가원 가형 (이산수학) 30번

어느 상담 교사는 월요일, 화요일, 수요일 3일 동안 학생 9명과 상담하기 위하여 상담 계획표를 작성하려고 한다.

[상담 계획표]

요일	월요일	화요일	수요일
학생 수(명)	a	b	c

상담 교사는 각 학생과 한 번만 상담하고, 요일별로 적어도 한 명의 학생과 상담한다. 상담 계획표에 학생 수만을 기록할 때, 작성할 수 있는 상담 계획표의 가짓수를 구하시오.

(단, a, b, c는 자연수이다.) [4점]

짝기출
SET 01
SET 02
SET 03
SET 04
SET 05
SET 06
SET 07
SET 08

022

2012학년도 수능 가형 5번

흰색 깃발 5개, 파란색 깃발 5개를 일렬로 모두 나열할 때, 양 끝에 흰색 깃발이 놓이는 경우의 수는?

(단, 같은 색 깃발끼리는 서로 구별하지 않는다.) [3점]

① 56   ② 63   ③ 70

④ 77   ⑤ 84

023

2019학년도 6월 평가원 가형 27번

세 문자 a, b, c 중에서 중복을 허락하여 4개를 택해 일렬로 나열할 때, 문자 a가 두 번 이상 나오는 경우의 수를 구하시오.

[4점]

024

2019학년도 9월 평가원 가형 8번

다항식 $(x+2)^{19}$의 전개식에서 x^k의 계수가 x^{k+1}의 계수보다 크게 되는 자연수 k의 최솟값은? [3점]

① 4   ② 5   ③ 6

④ 7   ⑤ 8

025

2015학년도 9월 평가원 B형 26번

자연수 n에 대하여 $abc = 2^n$을 만족시키는 1보다 큰 자연수 a, b, c의 순서쌍 (a, b, c)의 개수가 28일 때, n의 값을 구하시오. [4점]

026

2021학년도 9월 평가원 나형 14번 / 가형 9번

다섯 명이 둘러앉을 수 있는 원 모양의 탁자와 두 학생 A, B를 포함한 8명의 학생이 있다. 이 8명의 학생 중에서 A, B를 포함하여 5명을 선택하고 이 5명의 학생 모두를 일정한 간격으로 탁자에 둘러앉게 할 때, A와 B가 이웃하게 되는 경우의 수는? (단, 회전하여 일치하는 것은 같은 것으로 본다.)

[4점]

① 180   ② 200   ③ 220
④ 240   ⑤ 260

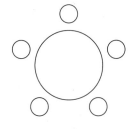

027

2021학년도 6월 평가원 가형 29번

검은색 볼펜 1자루, 파란색 볼펜 4자루, 빨간색 볼펜 4자루가 있다. 이 9자루의 볼펜 중에서 5자루를 선택하여 2명의 학생에게 남김없이 나누어 주는 경우의 수를 구하시오. (단, 같은 색 볼펜끼리는 서로 구별하지 않고, 볼펜을 1자루도 받지 못하는 학생이 있을 수 있다.) [4점]

028

2016학년도 수능 B형 14번

세 정수 a, b, c에 대하여

$$1 \leq |a| \leq |b| \leq |c| \leq 5$$

를 만족시키는 모든 순서쌍 (a, b, c)의 개수는? [4점]

① 360   ② 320   ③ 280
④ 240   ⑤ 200

029

2023학년도 6월 평가원 (확률과 통계) 29번

집합 $X = \{1, 2, 3, 4, 5\}$에 대하여 다음 조건을 만족시키는 함수 $f : X \rightarrow X$의 개수를 구하시오. [4점]

(가) $f(f(1)) = 4$
(나) $f(1) \leq f(3) \leq f(5)$

I 경우의 수

짝기출
SET 01
SET 02
SET 03
SET 04
SET 05
SET 06
SET 07
SET 08

030

2020학년도 6월 평가원 나형 14번

$\left(x^2 - \dfrac{1}{x}\right)\left(x + \dfrac{a}{x^2}\right)^4$ 의 전개식에서 x^3의 계수가 7일 때, 상수 a의 값은? [4점]

① 1   ② 2   ③ 3

④ 4   ⑤ 5

031

2013학년도 수능 가형 5번

그림과 같이 마름모 모양으로 연결된 도로망이 있다. 이 도로망을 따라 A 지점에서 출발하여 C 지점을 지나지 않고, D 지점도 지나지 않으면서 B 지점까지 최단거리로 가는 경우의 수는? [3점]

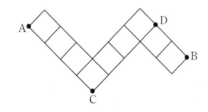

① 26   ② 24   ③ 22

④ 20   ⑤ 18

032

2018학년도 수능 가형 18번

서로 다른 공 4개를 남김없이 서로 다른 상자 4개에 나누어 넣으려고 할 때, 넣은 공의 개수가 1인 상자가 있도록 넣는 경우의 수는?

(단, 공을 하나도 넣지 않은 상자가 있을 수 있다.) [4점]

① 220   ② 216   ③ 212

④ 208   ⑤ 204

033

2014학년도 6월 평가원 B형 5번

1부터 6까지의 자연수가 하나씩 적혀 있는 6장의 카드가 있다. 이 카드를 모두 한 번씩 사용하여 일렬로 나열할 때, 2가 적혀 있는 카드는 4가 적혀 있는 카드보다 왼쪽에 나열하고 홀수가 적혀 있는 카드는 작은 수부터 크기 순서로 왼쪽부터 나열하는 경우의 수는? [3점]

① 56   ② 60   ③ 64

④ 68   ⑤ 72

034

2022학년도 4월 시행 교육청 고3 25번

집합 $X = \{1,\ 2,\ 3,\ 4,\ 5\}$, $Y = \{1,\ 2,\ 3\}$에 대하여 다음 조건을 만족시키는 함수 $f : X \to Y$의 개수는? [3점]

집합 X의 모든 원소 x에 대하여 $x \times f(x) \leq 10$이다.

① 102   ② 105   ③ 108

④ 111   ⑤ 114

035

2022학년도 수능 예시문항 (확률과 통계) 27번

집합 $X = \{1,\ 2,\ 3,\ 4\}$에 대하여 다음 조건을 만족시키는 모든 함수 $f : X \to X$의 개수는? [3점]

(가) $f(1) + f(2) + f(3) \geq 3f(4)$
(나) $k = 1,\ 2,\ 3$일 때 $f(k) \neq f(4)$이다.

① 41   ② 45   ③ 49

④ 53   ⑤ 57

036

2020학년도 수능 가형 16번

다음 조건을 만족시키는 음이 아닌 정수 a, b, c, d의 모든 순서쌍 (a, b, c, d)의 개수는? [4점]

(가) $a + b + c - d = 9$
(나) $d \leq 4$이고 $c \geq d$이다.

① 265   ② 270   ③ 275

④ 280   ⑤ 285

037

2017학년도 6월 평가원 가형 27번

사과, 감, 배, 귤 네 종류의 과일 중에서 8개를 선택하려고 한다. 사과는 1개 이하를 선택하고 감, 배, 귤은 각각 1개 이상을 선택하는 경우의 수를 구하시오.

(단, 각 종류의 과일은 8개 이상씩 있다.) [4점]

짝기출

SET 01
SET 02
SET 03
SET 04
SET 05
SET 06
SET 07
SET 08

038

2014학년도 5월 예비 시행 평가원 A형 27번

$(a+b+c)^4(x+y)^3$의 전개식에서 서로 다른 항의 개수를 구하시오. [4점]

040

2022학년도 6월 평가원 (확률과 통계) 26번

빨간색 카드 4장, 파란색 카드 2장, 노란색 카드 1장이 있다. 이 7장의 카드를 세 명의 학생에게 남김없이 나누어 줄 때, 3가지 색의 카드를 각각 한 장 이상 받는 학생이 있도록 나누어 주는 경우의 수는? (단, 같은 색 카드끼리는 서로 구별하지 않고, 카드를 받지 못하는 학생이 있을 수 있다.) [3점]

① 78   ② 84   ③ 90

④ 96   ⑤ 102

039

2007학년도 수능 14번

1, 2, 3, 4, 5의 숫자가 하나씩 적힌 5개의 공을 3개의 상자 A, B, C에 넣으려고 한다. 어느 상자에도 넣어진 공에 적힌 수의 합이 13 이상이 되는 경우가 없도록 공을 상자에 넣는 방법의 수는? (단, 빈 상자의 경우에는 넣어진 공에 적힌 수의 합을 0으로 한다.) [4점]

① 233   ② 228   ③ 222

④ 215   ⑤ 211

041

그림과 같이 2장의 검은색 카드와 1부터 8까지의 자연수가 하나씩 적혀 있는 8장의 흰색 카드가 있다.

이 카드를 모두 한 번씩 사용하여 왼쪽에서 오른쪽으로 일렬로 배열할 때, 다음 조건을 만족시키는 경우의 수를 구하시오. (단, 검은색 카드는 서로 구별하지 않는다.) [4점]

> (가) 흰색 카드에 적힌 수가 작은 수부터 크기순으로 왼쪽에서 오른쪽으로 배열되도록 카드가 놓여 있다.
>
> (나) 검은색 카드 사이에는 흰색 카드가 2장 이상 놓여 있다.
>
> (다) 검은색 카드 사이에는 3의 배수가 적힌 흰색 카드가 1장 이상 놓여 있다.

042

두 집합 $X = \{1, 2, 3, 4, 5\}$, $Y = \{1, 2, 3, 4\}$에 대하여 다음 조건을 만족시키는 X에서 Y로의 함수 f의 개수는? [4점]

> (가) 집합 X의 모든 원소 x에 대하여
> $f(x) \geq \sqrt{x}$ 이다.
>
> (나) 함수 f의 치역의 원소의 개수는 3이다.

① 128   ② 138   ③ 148

④ 158   ⑤ 168

043

주머니에 1부터 12까지의 자연수가 각각 하나씩 적혀 있는 12개의 공이 들어 있다. 이 주머니에서 임의로 3개의 공을 동시에 꺼내어 공에 적혀 있는 수를 작은 수부터 크기 순서대로 a, b, c라 하자. $b - a \geq 5$일 때, $c - a \geq 10$일 확률은 $\dfrac{q}{p}$이다. $p + q$의 값을 구하시오.

(단, p와 q는 서로소인 자연수이다.) [4점]

짝기출
SET 01
SET 02
SET 03
SET 04
SET 05
SET 06
SET 07
SET 08

044

2019학년도 수능 가형 12번

네 명의 학생 A, B, C, D에게 같은 종류의 초콜릿 8개를 다음 규칙에 따라 남김없이 나누어 주는 경우의 수는? [3점]

> (가) 각 학생은 적어도 1개의 초콜릿을 받는다.
> (나) 학생 A는 학생 B보다 더 많은 초콜릿을 받는다.

① 11   ② 13   ③ 15
④ 17   ⑤ 19

045

2021학년도 수능 나형 15번

세 학생 A, B, C를 포함한 6명의 학생이 있다. 이 6명의 학생이 일정한 간격을 두고 원 모양의 탁자에 다음 조건을 만족시키도록 모두 둘러앉는 경우의 수는?
(단, 회전하여 일치하는 것은 같은 것으로 본다.) [4점]

> (가) A와 B는 이웃한다.
> (나) B와 C는 이웃하지 않는다.

① 32   ② 34   ③ 36
④ 38   ⑤ 40

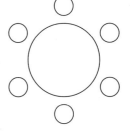

046

다음 조건을 만족시키는 2 이상의 자연수 a, b, c, d의 모든 순서쌍 (a, b, c, d)의 개수를 구하시오. [4점]

(가) $a+b+c+d = 20$
(나) a, b, c는 모두 d의 배수이다.

047

집합 $X = \{1, 2, 3, 4, 5\}$와 함수 $f : X \rightarrow X$에 대하여 함수 f의 치역을 A, 합성함수 $f \circ f$의 치역을 B라 할 때, 다음 조건을 만족시키는 함수 f의 개수를 구하시오. [4점]

(가) $n(A) \leq 3$
(나) $n(A) = n(B)$
(다) 집합 X의 모든 원소 x에 대하여 $f(x) \neq x$이다.

짝기출
SET 01
SET 02
SET 03
SET 04
SET 05
SET 06
SET 07
SET 08

048

2006학년도 수능 나형 30번

다항식 $2(x+a)^n$의 전개식에서 x^{n-1}의 계수와 다항식 $(x-1)(x+a)^n$의 전개식에서 x^{n-1}의 계수가 같게 되는 모든 순서쌍 (a, n)에 대하여 an의 최댓값을 구하시오.

(단, a는 자연수이고, n은 $n \geq 2$인 자연수이다.) [4점]

049

2008학년도 9월 평가원 12번

그림과 같은 모양의 도로망이 있다. 지점 A에서 지점 B까지 도로를 따라 최단거리로 가는 경우의 수는? (단, 가로 방향 도로와 세로 방향 도로는 각각 서로 평행하다.) [4점]

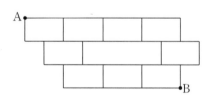

① 14 　　② 16 　　③ 18
④ 20 　　⑤ 22

050

2021학년도 6월 평가원 가형 17번

숫자 1, 2, 3, 4, 5, 6, 7이 하나씩 적혀 있는 7장의 카드가 있다. 이 7장의 카드를 모두 한 번씩 사용하여 일렬로 임의로 나열할 때, 다음 조건을 만족시킬 확률은? [4점]

> (가) 4가 적혀 있는 카드의 바로 양옆에는 각각 4보다 큰 수가 적혀 있는 카드가 있다.
> (나) 5가 적혀 있는 카드의 바로 양옆에는 각각 5보다 작은 수가 적혀 있는 카드가 있다.

① $\dfrac{1}{28}$ 　　② $\dfrac{1}{14}$ 　　③ $\dfrac{3}{28}$

④ $\dfrac{1}{7}$ 　　⑤ $\dfrac{5}{28}$

051

2022학년도 수능 예시문항 (확률과 통계) 29번

다음 조건을 만족시키는 음이 아닌 정수 a, b, c, d의 모든 순서쌍 (a, b, c, d)의 개수를 구하시오. [4점]

(가) $a + b + c + d = 12$
(나) $a \neq 2$이고 $a + b + c \neq 10$이다.

052

2015학년도 6월 평가원 B형 20번

다음 조건을 만족시키는 음이 아닌 정수 a, b, c의 모든 순서쌍 (a, b, c)의 개수는? [4점]

(가) $a + b + c = 6$
(나) 좌표평면에서 세 점 $(1, a)$, $(2, b)$, $(3, c)$가 한 직선 위에 있지 않다.

① 19   ② 20   ③ 21
④ 22   ⑤ 23

053

2020학년도 9월 평가원 나형 29번 / 가형 28번

연필 7자루와 볼펜 4자루를 다음 조건을 만족시키도록 여학생 3명과 남학생 2명에게 남김없이 나누어 주는 경우의 수를 구하시오. (단, 연필끼리는 서로 구별하지 않고, 볼펜끼리도 서로 구별하지 않는다.) [4점]

(가) 여학생이 각각 받는 연필의 개수는 서로 같고, 남학생이 각각 받는 볼펜의 개수도 서로 같다.
(나) 여학생은 연필을 1자루 이상 받고, 볼펜을 받지 못하는 여학생이 있을 수 있다.
(다) 남학생은 볼펜을 1자루 이상 받고, 연필을 받지 못하는 남학생이 있을 수 있다.

짝기출
SET 01
SET 02
SET 03
SET 04
SET 05
SET 06
SET 07
SET 08

054

2020학년도 6월 평가원 나형 6번 / 가형 4번

두 사건 A, B에 대하여

$$\mathrm{P}(A \cup B) = \frac{3}{4}, \ \mathrm{P}(A^C \cap B) = \frac{2}{3}$$

일 때, $\mathrm{P}(A)$의 값은? (단, A^C은 A의 여사건이다.) [3점]

① $\dfrac{1}{12}$　　② $\dfrac{1}{8}$　　③ $\dfrac{1}{6}$

④ $\dfrac{5}{24}$　　⑤ $\dfrac{1}{4}$

055

2020학년도 6월 평가원 나형 10번

검은 공 3개, 흰 공 4개가 들어 있는 주머니가 있다. 이 주머니에서 임의로 3개의 공을 동시에 꺼낼 때, 꺼낸 3개의 공 중에서 적어도 한 개가 검은 공일 확률은? [3점]

① $\dfrac{19}{35}$　　② $\dfrac{22}{35}$　　③ $\dfrac{5}{7}$

④ $\dfrac{4}{5}$　　⑤ $\dfrac{31}{35}$

056

2019학년도 6월 평가원 나형 14번

어느 인공지능 시스템에 고양이 사진 40장과 강아지 사진 40장을 입력한 후, 이 인공지능 시스템이 각각의 사진을 인식하는 실험을 실시하여 다음 결과를 얻었다.

(단위 : 장)

입력＼인식	고양이 사진	강아지 사진	합계
고양이 사진	32	8	40
강아지 사진	4	36	40
합계	36	44	80

이 실험에서 입력된 80장의 사진 중에서 임의로 선택한 1장이 인공지능 시스템에 의해 고양이 사진으로 인식된 사진일 때, 이 사진이 고양이 사진일 확률은? [4점]

① $\dfrac{4}{9}$　　② $\dfrac{5}{9}$　　③ $\dfrac{2}{3}$

④ $\dfrac{7}{9}$　　⑤ $\dfrac{8}{9}$

057

2021학년도 6월 평가원 나형 16번 / 가형 13번

한 개의 주사위를 두 번 던져서 나오는 눈의 수를 차례로 a, b라 할 때, $|a-3| + |b-3| = 2$이거나 $a = b$일 확률은?

[4점]

① $\dfrac{1}{4}$　　② $\dfrac{1}{3}$　　③ $\dfrac{5}{12}$

④ $\dfrac{1}{2}$　　⑤ $\dfrac{7}{12}$

058

2007학년도 6월 평가원 가형 (확률과 통계) 28번

어느 반에서 후보로 추천된 A, B, C, D 네 학생 중에서 반장과 부반장을 각각 한 명씩 임의로 뽑으려고 한다. A 또는 B가 반장으로 뽑혔을 때, C가 부반장이 될 확률은? [3점]

① $\dfrac{1}{2}$　　② $\dfrac{1}{3}$　　③ $\dfrac{1}{4}$

④ $\dfrac{1}{5}$　　⑤ $\dfrac{1}{6}$

059

2019학년도 9월 평가원 나형 12번

여학생이 40명이고 남학생이 60명인 어느 학교 전체 학생을 대상으로 축구와 야구에 대한 선호도를 조사하였다. 이 학교 학생의 70%가 축구를 선택하였으며, 나머지 30%는 야구를 선택하였다. 이 학교의 학생 중 임의로 뽑은 1명이 축구를 선택한 남학생일 확률은 $\dfrac{2}{5}$이다. 이 학교의 학생 중 임의로 뽑은 1명이 야구를 선택한 학생일 때, 이 학생이 여학생일 확률은? (단, 조사에서 모든 학생들은 축구와 야구 중 한 가지만 선택하였다.) [3점]

① $\dfrac{1}{4}$　　② $\dfrac{1}{3}$　　③ $\dfrac{5}{12}$

④ $\dfrac{1}{2}$　　⑤ $\dfrac{7}{12}$

060

2015학년도 수능 B형 15번

어느 학교의 전체 학생 320명을 대상으로 수학동아리 가입 여부를 조사한 결과 남학생의 60%와 여학생의 50%가 수학동아리에 가입하였다고 한다. 이 학교의 수학동아리에 가입한 학생 중 임의로 1명을 선택할 때 이 학생이 남학생일 확률을 p_1, 이 학교의 수학동아리에 가입한 학생 중 임의로 1명을 선택할 때 이 학생이 여학생일 확률을 p_2라 하자. $p_1 = 2p_2$일 때, 이 학교의 남학생의 수는? [4점]

① 170　　② 180　　③ 190

④ 200　　⑤ 210

II 확률

짝기출

SET 09
SET 10
SET 11
SET 12
SET 13
SET 14
SET 15
SET 16

061

2013학년도 수능 가형 11번

흰 공 4개, 검은 공 3개가 들어 있는 주머니가 있다. 이 주머니에서 임의로 2개의 공을 동시에 꺼내어, 꺼낸 2개의 공의 색이 서로 다르면 1개의 동전을 3번 던지고, 꺼낸 2개의 공의 색이 서로 같으면 1개의 동전을 2번 던진다. 이 시행에서 동전의 앞면이 2번 나올 확률은? [3점]

① $\dfrac{9}{28}$　　② $\dfrac{19}{56}$　　③ $\dfrac{5}{14}$

④ $\dfrac{3}{8}$　　⑤ $\dfrac{11}{28}$

062

2016학년도 수능 B형 5번

두 사건 A, B가 서로 독립이고

$$P(A^C) = \frac{1}{4}, \, P(A \cap B) = \frac{1}{2}$$

일 때, $P(B \,|\, A^C)$의 값은? (단, A^C은 A의 여사건이다.)

[3점]

① $\frac{5}{12}$ ② $\frac{1}{2}$ ③ $\frac{7}{12}$

④ $\frac{2}{3}$ ⑤ $\frac{3}{4}$

063

2018학년도 수능 나형 28번

한 개의 동전을 6번 던질 때, 앞면이 나오는 횟수가 뒷면이

나오는 횟수보다 클 확률은 $\frac{q}{p}$이다. $p+q$의 값을 구하시오.

(단, p와 q는 서로소인 자연수이다.) [4점]

064

2020학년도 수능 가형 25번

한 개의 주사위를 5번 던질 때 홀수의 눈이 나오는 횟수를

a라 하고, 한 개의 동전을 4번 던질 때 앞면이 나오는 횟수를

b라 하자. $a-b$의 값이 3일 확률을 $\frac{q}{p}$라 할 때, $p+q$의

값을 구하시오. (단, p와 q는 서로소인 자연수이다.) [3점]

065

2018학년도 9월 평가원 나형 15번 / 가형 10번

A, A, A, B, B, C의 문자가 하나씩 적혀 있는 6장의
카드가 있다. 이 카드를 모두 한 번씩 사용하여 일렬로 임의로
나열할 때, 양 끝 모두에 A가 적힌 카드가 나오게 나열될
확률은? [4점]

① $\frac{3}{20}$ ② $\frac{1}{5}$ ③ $\frac{1}{4}$

④ $\frac{3}{10}$ ⑤ $\frac{7}{20}$

066

숫자 1, 2, 3, 4, 5 중에서 서로 다른 4개를 택해 일렬로
나열하여 만들 수 있는 모든 네 자리의 자연수 중에서 임의로
하나의 수를 택할 때, 택한 수가 5의 배수 또는 3500 이상일
확률은? [4점]

① $\dfrac{9}{20}$ ② $\dfrac{1}{2}$ ③ $\dfrac{11}{20}$

④ $\dfrac{3}{5}$ ⑤ $\dfrac{13}{20}$

067

각 면에 1, 1, 1, 2, 2, 3의 숫자가 하나씩 적혀 있는 정육면체
모양의 상자를 던져 윗면에 적힌 수를 읽기로 한다. 이 상자를
3번 던질 때, 첫 번째와 두 번째 나온 수의 합이 4이고 세 번째
나온 수가 홀수일 확률은? [4점]

① $\dfrac{5}{27}$ ② $\dfrac{11}{54}$ ③ $\dfrac{2}{9}$

④ $\dfrac{13}{54}$ ⑤ $\dfrac{7}{27}$

068

주머니 A 에는 흰 공 2개, 검은 공 4개가 들어 있고, 주머니
B 에는 흰 공 3개, 검은 공 3개가 들어 있다. 두 주머니 A,
B 와 한 개의 주사위를 사용하여 다음 시행을 한다.

> 주사위를 한 번 던져
> 나온 눈의 수가 5 이상이면
> 주머니 A 에서 임의로 2개의 공을 동시에 꺼내고,
> 나온 눈의 수가 4 이하이면
> 주머니 B 에서 임의로 2개의 공을 동시에 꺼낸다.

이 시행을 한 번 하여 주머니에서 꺼낸 2개의 공이 모두 흰
색일 때, 나온 눈의 수가 5 이상일 확률은? [3점]

① $\dfrac{1}{7}$ ② $\dfrac{3}{14}$ ③ $\dfrac{2}{7}$

④ $\dfrac{5}{14}$ ⑤ $\dfrac{3}{7}$

A   B

069

2014학년도 9월 평가원 B형 6번

한 개의 주사위를 A는 4번 던지고 B는 3번 던질 때, 3의 배수의 눈이 나오는 횟수를 각각 a, b라 하자. $a+b$의 값이 6일 확률은? [3점]

① $\dfrac{10}{3^7}$ ② $\dfrac{11}{3^7}$ ③ $\dfrac{4}{3^6}$

④ $\dfrac{13}{3^7}$ ⑤ $\dfrac{14}{3^7}$

070

2022학년도 수능 (확률과 통계) 26번

1부터 10까지 자연수가 하나씩 적혀 있는 10장의 카드가 들어 있는 주머니가 있다. 이 주머니에서 임의로 카드 3장을 동시에 꺼낼 때, 꺼낸 카드에 적혀 있는 세 자연수 중에서 가장 작은 수가 4 이하이거나 7 이상일 확률은? [3점]

① $\dfrac{4}{5}$ ② $\dfrac{5}{6}$ ③ $\dfrac{13}{15}$

④ $\dfrac{9}{10}$ ⑤ $\dfrac{14}{15}$

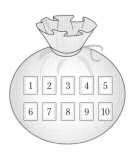

071

2019학년도 6월 평가원 가형 18번

좌표평면 위에 두 점 A$(0, 4)$, B$(0, -4)$가 있다. 한 개의 주사위를 두 번 던질 때 나오는 눈의 수를 차례로 m, n이라 하자. 점 C$\left(m\cos\dfrac{n\pi}{3},\ m\sin\dfrac{n\pi}{3}\right)$에 대하여 삼각형 ABC의 넓이가 12보다 작을 확률은? [4점]

① $\dfrac{1}{2}$ ② $\dfrac{5}{9}$ ③ $\dfrac{11}{18}$

④ $\dfrac{2}{3}$ ⑤ $\dfrac{13}{18}$

072

2019학년도 수능 가형 27번

한 개의 주사위를 한 번 던진다. 홀수의 눈이 나오는 사건을 A, 6 이하의 자연수 m에 대하여 m의 약수의 눈이 나오는 사건을 B라 하자. 두 사건 A와 B가 서로 독립이 되도록 하는 모든 m의 값의 합을 구하시오. [4점]

073

2017학년도 수능 나형 13번

어느 학교의 전체 학생은 360명이고, 각 학생은 체험 학습 A,
체험 학습 B 중 하나를 선택하였다. 이 학교의 학생 중 체험
학습 A를 선택한 학생은 남학생 90명과 여학생 70명이다.
이 학교의 학생 중 임의로 뽑은 1명의 학생이 체험 학습 B를
선택한 학생일 때, 이 학생이 남학생일 확률은 $\frac{2}{5}$이다.

이 학교의 여학생의 수는? [3점]

① 180   ② 185   ③ 190

④ 195   ⑤ 200

074

2015학년도 9월 평가원 B형 17번

다음 조건을 만족시키는 좌표평면 위의 점 (a, b) 중에서
임의로 서로 다른 두 점을 선택한다. 선택된 두 점의 y좌표가
같을 때, 이 두 점의 y좌표가 2일 확률은? [4점]

> (가) a, b는 정수이다.
>
> (나) $0 < b < 4 - \dfrac{a^2}{4}$

① $\dfrac{4}{17}$ ② $\dfrac{5}{17}$ ③ $\dfrac{6}{17}$

④ $\dfrac{7}{17}$ ⑤ $\dfrac{8}{17}$

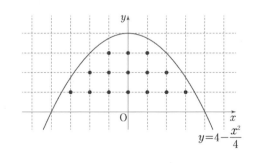

075

2020학년도 9월 평가원 나형 14번

다음 조건을 만족시키는 좌표평면 위의 점 (a, b) 중에서
임의로 서로 다른 두 점을 선택할 때, 선택된 두 점 사이의
거리가 1보다 클 확률은? [4점]

> (가) a, b는 자연수이다.
>
> (나) $1 \leq a \leq 4$, $1 \leq b \leq 3$

① $\dfrac{41}{66}$ ② $\dfrac{43}{66}$ ③ $\dfrac{15}{22}$

④ $\dfrac{47}{66}$ ⑤ $\dfrac{49}{66}$

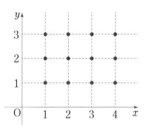

II
확

률

짝기출

SET 09

SET 10

SET 11

SET 12

SET 13

SET 14

SET 15

SET 16

076

2009학년도 수능 16번

주머니 A와 B에는 1, 2, 3, 4, 5의 숫자가 하나씩 적혀
있는 다섯 개의 구슬이 각각 들어 있다. 철수는 주머니 A에서,
영희는 주머니 B에서 각자 구슬을 임의로 한 개씩 꺼내어
두 구슬에 적혀 있는 숫자를 확인한 후 다시 넣지 않는다.
이와 같은 시행을 반복할 때, 첫 번째 꺼낸 두 구슬에 적혀
있는 숫자가 서로 다르고, 두 번째 꺼낸 두 구슬에 적혀 있는
숫자가 같을 확률은? [4점]

A   B

① $\dfrac{3}{20}$ ② $\dfrac{1}{5}$ ③ $\dfrac{1}{4}$

④ $\dfrac{3}{10}$ ⑤ $\dfrac{7}{20}$

077

2024학년도 9월 평가원 (확률과 통계) 25번

두 사건 A, B에 대하여 A와 B^C은 서로 배반사건이고

$$P(A \cap B) = \frac{1}{5}, \ P(A) + P(B) = \frac{7}{10}$$

일 때, $P(A^C \cap B)$의 값은? (단, A^C은 A의 여사건이다.)

[3점]

① $\dfrac{1}{10}$　　② $\dfrac{1}{5}$　　③ $\dfrac{3}{10}$

④ $\dfrac{2}{5}$　　⑤ $\dfrac{1}{2}$

078

2005학년도 수능 나형 24번

다음은 어느 회사에서 전체 직원 360명을 대상으로 재직 연수와 새로운 조직 개편안에 대한 찬반 여부를 조사한 표이다.

(단위 : 명)

찬반 여부 / 재직 연수	찬성	반대	계
10년 미만	a	b	120
10년 이상	c	d	240
계	150	210	360

재직 연수가 10년 미만일 사건과 조직 개편안에 찬성할 사건이 서로 독립일 때, a의 값을 구하시오. [4점]

079

2008학년도 9월 평가원 나형 29번

여학생 100명과 남학생 200명을 대상으로 영화 A와 영화 B의 관람 여부를 조사하였다. 그 결과 모든 학생은 적어도 한 편의 영화를 관람하였고, 영화 A를 관람한 학생 150명 중 여학생이 45명이었으며, 영화 B를 관람한 학생 180명 중 여학생이 72명이었다. 두 영화 A, B를 모두 관람한 학생들 중에서 한 명을 임의로 뽑을 때, 이 학생이 여학생일 확률은?

[4점]

① $\dfrac{31}{60}$　　② $\dfrac{8}{15}$　　③ $\dfrac{11}{20}$

④ $\dfrac{17}{30}$　　⑤ $\dfrac{7}{12}$

080

2016학년도 수능 A형 26번

어느 회사의 직원은 모두 60명이고, 각 직원은 두 개의 부서 A, B 중 한 부서에 속해 있다. 이 회사의 A 부서는 20명, B 부서는 40명의 직원으로 구성되어 있다. 이 회사의 A 부서에 속해 있는 직원의 50%가 여성이다. 이 회사 여성 직원의 60%가 B 부서에 속해 있다. 이 회사의 직원 60명 중에서 임의로 선택한 한 명이 B 부서에 속해 있을 때, 이 직원이 여성일 확률은 p이다. $80p$의 값을 구하시오. [4점]

081

2023학년도 9월 평가원 (확률과 통계) 26번

세 학생 A, B, C를 포함한 7명의 학생이 원 모양의 탁자에 일정한 간격을 두고 임의로 모두 둘러앉을 때, A가 B 또는 C와 이웃하게 될 확률은? [3점]

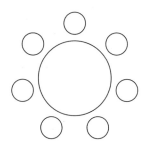

① $\dfrac{1}{2}$ ② $\dfrac{3}{5}$ ③ $\dfrac{7}{10}$

④ $\dfrac{4}{5}$ ⑤ $\dfrac{9}{10}$

082

2019학년도 9월 평가원 가형 28번

방정식 $a+b+c=9$를 만족시키는 음이 아닌 정수 a, b, c의 모든 순서쌍 (a, b, c) 중에서 임의로 한 개를 선택할 때, 선택한 순서쌍 (a, b, c)가

$$a < 2 \text{ 또는 } b < 2$$

를 만족시킬 확률은 $\dfrac{q}{p}$이다. $p+q$의 값을 구하시오.

(단, p와 q는 서로소인 자연수이다.) [4점]

083

2022학년도 9월 평가원 (확률과 통계) 28번

집합 $X = \{1, 2, 3, 4, 5, 6\}$에 대하여 다음 조건을 만족시키는 함수 $f : X \to X$의 개수는? [4점]

> (가) $f(3)+f(4)$는 5의 배수이다.
> (나) $f(1) < f(3)$이고 $f(2) < f(3)$이다.
> (다) $f(4) < f(5)$이고 $f(4) < f(6)$이다.

① 384   ② 394   ③ 404

④ 414   ⑤ 424

SET 09
SET 10
SET 11
SET 12
SET 13
SET 14
SET 15
SET 16

짝기출

084

2012학년도 9월 평가원 가형 10번

남학생 수와 여학생 수의 비가 $2 : 3$인 어느 고등학교에서 전체 학생의 70%가 K 자격증을 가지고 있고, 나머지 30%는 가지고 있지 않다. 이 학교의 학생 중에서 임의로 한 명을 선택할 때, 이 학생이 K 자격증을 가지고 있는 남학생일 확률이 $\dfrac{1}{5}$이다. 이 학교의 학생 중에서 임의로 선택한 학생이 K 자격증을 가지고 있지 않을 때, 이 학생이 여학생일 확률은?

[3점]

① $\dfrac{1}{4}$　　　② $\dfrac{1}{3}$　　　③ $\dfrac{5}{12}$

④ $\dfrac{1}{2}$　　　⑤ $\dfrac{7}{12}$

085

2018학년도 6월 평가원 가형 15번

그림과 같이 1, 2, 3, 4의 숫자가 하나씩 적혀 있는 카드가 각각 3장씩 12장이 있다. 이 12장의 카드 중에서 임의로 3장의 카드를 선택할 때, 선택한 카드 중에 같은 숫자가 적혀 있는 카드가 2장 이상일 확률은? [4점]

| 1 | 1 | 1 | 2 | 2 | 2 |
| 3 | 3 | 3 | 4 | 4 | 4 |

① $\dfrac{12}{55}$　　　② $\dfrac{16}{55}$　　　③ $\dfrac{4}{11}$

④ $\dfrac{24}{55}$　　　⑤ $\dfrac{28}{55}$

086

2016학년도 9월 평가원 B형 15번

주머니에 1, 1, 2, 3, 4의 숫자가 하나씩 적혀 있는 5개의 공이 들어 있다. 이 주머니에서 임의로 4개의 공을 동시에 꺼내어 임의로 일렬로 나열하고, 나열된 순서대로 공에 적혀 있는 수를 a, b, c, d라 할 때, $a \le b \le c \le d$일 확률은?

[4점]

① $\dfrac{1}{15}$　　　② $\dfrac{1}{12}$　　　③ $\dfrac{1}{9}$

④ $\dfrac{1}{6}$　　　⑤ $\dfrac{1}{3}$

087

2019학년도 9월 평가원 나형 20번

상자 A와 상자 B에 각각 6개의 공이 들어 있다. 동전 1개를 사용하여 다음 시행을 한다.

> 동전을 한 번 던져
> 앞면이 나오면 상자 A에서 공 1개를 꺼내어 상자 B에 넣고,
> 뒷면이 나오면 상자 B에서 공 1개를 꺼내어 상자 A에 넣는다.

위의 시행을 6번 반복할 때, 상자 B에 들어 있는 공의 개수가 6번째 시행 후 처음으로 8이 될 확률은? [4점]

① $\dfrac{1}{64}$ ② $\dfrac{3}{64}$ ③ $\dfrac{5}{64}$

④ $\dfrac{7}{64}$ ⑤ $\dfrac{9}{64}$

088

2023학년도 9월 평가원 (확률과 통계) 28번

1부터 10까지의 자연수 중에서 임의로 서로 다른 3개의 수를 선택한다. 선택된 세 개의 수의 곱이 5의 배수이고 합은 3의 배수일 확률은? [4점]

① $\dfrac{3}{20}$ ② $\dfrac{1}{6}$ ③ $\dfrac{11}{60}$

④ $\dfrac{1}{5}$ ⑤ $\dfrac{13}{60}$

짝기출
SET 09
SET 10
SET 11
SET 12
SET 13
SET 14
SET 15
SET 16

089

2017학년도 9월 평가원 나형 26번 / 가형 24번

흰 공 2개, 빨간 공 4개가 들어 있는 주머니가 있다. 이 주머니에서 임의로 2개의 공을 동시에 꺼낼 때, 꺼낸 2개의 공이 모두 흰 공일 확률이 $\dfrac{q}{p}$ 이다. $p+q$의 값을 구하시오.

(단, p와 q는 서로소인 자연수이다.) [4점]

090

2019학년도 6월 평가원 나형 19번

한 개의 주사위를 세 번 던질 때 나오는 눈의 수를 차례로 a, b, c라 하자. 세 수 a, b, c가 $a < b - 2 \leq c$를 만족시킬 확률은? [4점]

① $\dfrac{2}{27}$ ② $\dfrac{1}{12}$ ③ $\dfrac{5}{54}$

④ $\dfrac{11}{108}$ ⑤ $\dfrac{1}{9}$

091

2012학년도 9월 평가원 나형 12번

주사위를 1개 던져서 나오는 눈의 수가 6의 약수이면 동전을 3개 동시에 던지고, 6의 약수가 아니면 동전을 2개 동시에 던진다. 1개의 주사위를 1번 던진 후 그 결과에 따라 동전을 던질 때, 앞면이 나오는 동전의 개수가 1일 확률은? [3점]

① $\dfrac{1}{3}$ ② $\dfrac{3}{8}$ ③ $\dfrac{5}{12}$

④ $\dfrac{11}{24}$ ⑤ $\dfrac{1}{2}$

092

2018학년도 6월 평가원 가형 17번

서로 다른 2개의 주사위를 동시에 던져 나온 눈의 수가 같으면 한 개의 동전을 4번 던지고, 나온 눈의 수가 다르면 한 개의 동전을 2번 던진다. 이 시행에서 동전의 앞면이 나온 횟수와 뒷면이 나온 횟수가 같을 때, 동전을 4번 던졌을 확률은?

[4점]

① $\dfrac{3}{23}$ ② $\dfrac{5}{23}$ ③ $\dfrac{7}{23}$

④ $\dfrac{9}{23}$ ⑤ $\dfrac{11}{23}$

093

2023학년도 수능 (확률과 통계) 25번

흰색 마스크 5개, 검은색 마스크 9개가 들어 있는 상자가 있다. 이 상자에서 임의로 3개의 마스크를 동시에 꺼낼 때, 꺼낸 3개의 마스크 중에서 적어도 한 개가 흰색 마스크일 확률은? [3점]

① $\dfrac{8}{13}$ ② $\dfrac{17}{26}$ ③ $\dfrac{9}{13}$

④ $\dfrac{19}{26}$ ⑤ $\dfrac{10}{13}$

094

어느 도서관 이용자 300명을 대상으로 각 연령대별, 성별 이용 현황을 조사한 결과는 다음과 같다.

(단위 : 명)

구분	19세 이하	20대	30대	40세 이상	계
남성	40	a	$60-a$	100	200
여성	35	$45-b$	b	20	100

이 도서관 이용자 300명 중에서 30대가 차지하는 비율은 12%이다. 이 도서관 이용자 300명 중에서 임의로 선택한 1명이 남성일 때 이 이용자가 20대일 확률과, 이 도서관 이용자 300명 중에서 임의로 선택한 1명이 여성일 때 이 이용자가 30대일 확률이 서로 같다. $a+b$의 값을 구하시오. [4점]

095

한 개의 주사위를 두 번 던질 때 나오는 눈의 수를 차례로 a, b라 하자. $a \times b$가 4의 배수일 때, $a+b \leq 7$일 확률은? [3점]

① $\dfrac{2}{5}$ ② $\dfrac{7}{15}$ ③ $\dfrac{8}{15}$

④ $\dfrac{3}{5}$ ⑤ $\dfrac{2}{3}$

096

주머니에 숫자 1, 2, 3, 4가 하나씩 적혀 있는 흰 공 4개와 숫자 4, 5, 6, 7이 하나씩 적혀 있는 검은 공 4개가 들어 있다. 이 주머니를 사용하여 다음 규칙에 따라 점수를 얻는 시행을 한다.

> 주머니에서 임의로 2개의 공을 동시에 꺼내어 꺼낸 공이 서로 다른 색이면 12를 점수로 얻고, 꺼낸 공이 서로 같은 색이면 꺼낸 두 공에 적힌 수의 곱을 점수로 얻는다.

이 시행을 한 번 하여 얻은 점수가 24 이하의 짝수일 확률이 $\dfrac{q}{p}$일 때, $p+q$의 값을 구하시오.

(단, p와 q는 서로소인 자연수이다.) [4점]

II
확률

짝기출

SET 09
SET 10
SET 11
SET 12
SET 13
SET 14
SET 15
SET 16

097

2021학년도 수능 나형 5번

두 사건 A와 B는 서로 독립이고

$$P(A|B) = P(B), \ P(A \cap B) = \frac{1}{9}$$

일 때, $P(A)$의 값은? [3점]

① $\dfrac{7}{18}$　　　② $\dfrac{1}{3}$　　　③ $\dfrac{5}{18}$

④ $\dfrac{2}{9}$　　　⑤ $\dfrac{1}{6}$

098

2014학년도 9월 평가원 B형 25번

휴대 전화의 메인 보드 또는 액정 화면 고장으로 서비스센터에 접수된 200건에 대하여 접수 시기를 품질보증 기간 이내, 이후로 구분한 결과는 다음과 같다.

(단위 : 건)

구분	메인 보드 고장	액정 화면 고장	합계
품질보증 기간 이내	90	50	140
품질보증 기간 이후	a	b	60

접수된 200건 중에서 임의로 선택한 1건이 액정 화면 고장 건일 때, 이 건의 접수 시기가 품질보증 기간 이내일 확률이 $\dfrac{2}{3}$이다. $a-b$의 값을 구하시오. (단, 메인 보드와 액정 화면 둘 다 고장인 경우는 고려하지 않는다.) [3점]

099

2021학년도 6월 평가원 나형 29번

집합 $A = \{1, 2, 3, 4\}$에 대하여 A에서 A로의 모든 함수 f 중에서 임의로 하나를 선택할 때, 이 함수가 다음 조건을 만족시킬 확률은 p이다. $120p$의 값을 구하시오. [4점]

(가) $f(1) \times f(2) \geq 9$

(나) 함수 f의 치역의 원소의 개수는 3이다.

100

2018학년도 수능 가형 28번

방정식 $x + y + z = 10$을 만족시키는 음이 아닌 정수 x, y, z의 모든 순서쌍 (x, y, z) 중에서 임의로 한 개를 선택한다. 선택한 순서쌍 (x, y, z)가 $(x - y)(y - z)(z - x) \neq 0$을 만족시킬 확률은 $\dfrac{q}{p}$이다. $p + q$의 값을 구하시오.

(단, p와 q는 서로소인 자연수이다.) [4점]

101

2022학년도 수능 예시 문항 (확률과 통계) 28번

1부터 10까지의 자연수 중에서 임의로 서로 다른 3개의 수를 선택한다. 선택한 세 개의 수의 곱이 짝수일 때, 그 세 개의 수의 합이 3의 배수일 확률은? [4점]

① $\dfrac{14}{55}$ ② $\dfrac{3}{10}$ ③ $\dfrac{19}{55}$

④ $\dfrac{43}{110}$ ⑤ $\dfrac{24}{55}$

102

2005학년도 6월 평가원 가형 (확률과 통계) 30번

표본공간 S는 $S = \{1, 2, 3, \cdots, 12\}$이고 모든 근원사건의 확률은 같다. 사건 A가 $A = \{4, 8, 12\}$일 때, 사건 A와 독립이고 $n(A \cap X) = 2$인 사건 X의 개수를 구하시오.

(단, $n(B)$는 집합 B의 원소의 개수를 나타낸다.) [4점]

103

2010년 3월 시행 교육청 고3 가형 22번

집합 $X = \{1, 2, 3, 4, 5, 6\}$에 대하여 함수 $f : X \to X$는 다음 조건을 만족시킨다.

> (가) $f(3)$은 짝수이다.
> (나) $x < 3$이면 $f(x) < f(3)$이다.
> (다) $x > 3$이면 $f(x) > f(3)$이다.

함수 f의 개수를 구하시오. [3점]

104

2019학년도 수능 나형 18번

좌표평면의 원점에 점 A가 있다. 한 개의 동전을 사용하여 다음 시행을 한다.

> 동전을 한 번 던져
> 앞면이 나오면 점 A를 x축의 양의 방향으로 1만큼,
> 뒷면이 나오면 점 A를 y축의 양의 방향으로 1만큼 이동시킨다.

위의 시행을 반복하여 점 A의 x좌표 또는 y좌표가 처음으로 3이 되면 이 시행을 멈춘다. 점 A의 y좌표가 처음으로 3이 되었을 때, 점 A의 x좌표가 1일 확률은? [4점]

① $\dfrac{1}{4}$ ② $\dfrac{5}{16}$ ③ $\dfrac{3}{8}$

④ $\dfrac{7}{16}$ ⑤ $\dfrac{1}{2}$

짝기출

SET 09
SET 10
SET 11
SET 12
SET 13
SET 14
SET 15
SET 16

105

2021학년도 수능 가형 4번

두 사건 A, B에 대하여

$$P(B|A) = \frac{1}{4}, \ P(A|B) = \frac{1}{3},$$

$$P(A) + P(B) = \frac{7}{10}$$

일 때, $P(A \cap B)$의 값은? [3점]

① $\dfrac{1}{7}$ ② $\dfrac{1}{8}$ ③ $\dfrac{1}{9}$

④ $\dfrac{1}{10}$ ⑤ $\dfrac{1}{11}$

106

2017학년도 9월 평가원 가형 12번

한 개의 주사위를 두 번 던질 때 나오는 눈의 수를 차례로 a, b라 하자. 두 수의 곱 ab가 6의 배수일 때, 이 두 수의 합 $a+b$가 7일 확률은? [3점]

① $\dfrac{1}{5}$ ② $\dfrac{7}{30}$ ③ $\dfrac{4}{15}$

④ $\dfrac{3}{10}$ ⑤ $\dfrac{1}{3}$

107

2021학년도 수능 나형 29번 / 가형 19번

숫자 3, 3, 4, 4, 4가 하나씩 적힌 5개의 공이 들어 있는 주머니가 있다. 이 주머니와 한 개의 주사위를 사용하여 다음 규칙에 따라 점수를 얻는 시행을 한다.

주머니에서 임의로 한 개의 공을 꺼내어
꺼낸 공에 적힌 수가 3이면 주사위를 3번 던져서
나오는 세 눈의 수의 합을 점수로 하고,
꺼낸 공에 적힌 수가 4이면 주사위를 4번 던져서
나오는 네 눈의 수의 합을 점수로 한다.

이 시행을 한 번 하여 얻은 점수가 10점일 확률은 $\dfrac{q}{p}$이다.

$p+q$의 값을 구하시오. (단, p와 q는 서로소인 자연수이다.)

[4점]

108

2023학년도 수능 (확률과 통계) 26번

주머니에 1이 적힌 흰 공 1개, 2가 적힌 흰 공 1개, 1이 적힌 검은 공 1개, 2가 적힌 검은 공 3개가 들어 있다. 이 주머니에서 임의로 3개의 공을 동시에 꺼내는 시행을 한다. 이 시행에서 꺼낸 3개의 공 중에서 흰 공이 1개이고 검은 공이 2개인 사건을 A, 꺼낸 3개의 공에 적혀 있는 수를 모두 곱한 값이 8인 사건을 B라 할 때, $P(A \cup B)$의 값은? [3점]

① $\dfrac{11}{20}$ ② $\dfrac{3}{5}$ ③ $\dfrac{13}{20}$

④ $\dfrac{7}{10}$ ⑤ $\dfrac{3}{4}$

109

2021학년도 6월 평가원 나형 20번 / 가형 27번

주머니에 숫자 1, 2, 3, 4가 하나씩 적혀 있는 흰 공 4개와 숫자 3, 4, 5, 6이 하나씩 적혀 있는 검은 공 4개가 들어 있다. 이 주머니에서 임의로 4개의 공을 동시에 꺼내는 시행을 한다. 이 시행에서 꺼낸 공에 적혀 있는 수가 같은 것이 있을 때, 꺼낸 공 중 검은 공이 2개일 확률은? [4점]

① $\dfrac{13}{29}$ ② $\dfrac{15}{29}$ ③ $\dfrac{17}{29}$

④ $\dfrac{19}{29}$ ⑤ $\dfrac{21}{29}$

110

2024학년도 9월 평가원 (확률과 통계) 29번

앞면에는 문자 A, 뒷면에는 문자 B가 적힌 한 장의 카드가 있다. 이 카드와 한 개의 동전을 사용하여 다음 시행을 한다.

> 동전을 두 번 던져
> 앞면이 나온 횟수가 2이면 카드를 한 번 뒤집고,
> 앞면이 나온 횟수가 0 또는 1이면 카드를 그대로 둔다.

처음에 문자 A가 보이도록 카드가 놓여 있을 때, 이 시행을 5번 반복한 후 문자 B가 보이도록 카드가 놓일 확률은 p이다. $128 \times p$의 값을 구하시오. [4점]

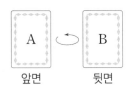

앞면   뒷면

Ⅱ 확률

짝기출

SET 09
SET 10
SET 11
SET 12
SET 13
SET 14
SET 15
SET 16

111

2012학년도 수능 나형 6번

확률변수 X의 확률분포를 표로 나타내면 다음과 같다.

X	0	1	2	계
$P(X=x)$	$\dfrac{1}{4}$	a	$2a$	1

$E(4X+10)$의 값은? [3점]

① 11   ② 12   ③ 13

④ 14   ⑤ 15

112

2019학년도 9월 평가원 나형 27번 / 가형 24번

이항분포 $B\left(n, \dfrac{1}{2}\right)$을 따르는 확률변수 X에 대하여

$V\left(\dfrac{1}{2}X+1\right)=5$일 때, n의 값을 구하시오. [3점]

113

2008학년도 9월 평가원 가형 (확률과 통계) 27번

연속확률변수 X가 갖는 값의 범위가 $0 \leq X \leq 4$일 때, 다음은 함수 $g(x) = P(0 \leq X \leq x)$의 그래프이다.

확률 $P\left(\dfrac{5}{4} \leq X \leq 4\right)$의 값은? [3점]

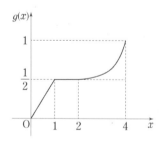

① $\dfrac{1}{4}$ ② $\dfrac{3}{8}$ ③ $\dfrac{1}{2}$

④ $\dfrac{3}{4}$ ⑤ $\dfrac{7}{8}$

114

2011학년도 수능 나형 21번

동전 2개를 동시에 던지는 시행을 10회 반복할 때, 동전 2개 모두 앞면이 나오는 횟수를 확률변수 X라 하자. 확률변수 $4X+1$의 분산 $V(4X+1)$의 값을 구하시오.

[3점]

115

2024학년도 9월 평가원 (확률과 통계) 26번

어느 고등학교의 수학 시험에 응시한 수험생의 시험 점수는 평균이 68점, 표준편차가 10점인 정규분포를 따른다고 한다. 이 수학 시험에 응시한 수험생 중 임의로 선택한 수험생 한 명의 시험 점수가 55점 이상이고 78점 이하일 확률을 오른쪽 표준정규분포표를 이용하여 구한 것은? [3점]

z	$P(0 \leq Z \leq z)$
1.0	0.3413
1.1	0.3643
1.2	0.3849
1.3	0.4032

① 0.7262   ② 0.7445   ③ 0.7492

④ 0.7675   ⑤ 0.7881

116

어느 지역의 1인 가구의 월 식료품 구입비는 평균이 45만 원, 표준편차가 8만 원인 정규분포를 따른다고 한다. 이 지역의 1인 가구 중에서 임의로 추출한 16가구의 월 식료품 구입비의 표본평균이 44만 원 이상이고 47만 원 이하일 확률을 오른쪽 표준정규분포표를 이용하여 구한 것은? [3점]

z	$P(0 \le Z \le z)$
0.5	0.1915
1.0	0.3413
1.5	0.4332
2.0	0.4772

① 0.3830　　② 0.5328　　③ 0.6915

④ 0.8185　　⑤ 0.8413

117

어느 회사 직원들의 하루 여가 활동 시간은 모평균이 m, 모표준편차가 10인 정규분포를 따른다고 한다. 이 회사 직원 중 n명을 임의추출하여 신뢰도 95%로 추정한 모평균 m에 대한 신뢰구간이 $[38.08,\ 45.92]$일 때, n의 값은? (단, 시간의 단위는 분이고, Z가 표준정규분포를 따르는 확률변수일 때 $P(0 \le Z \le 1.96) = 0.475$로 계산한다.) [3점]

① 25　　② 36　　③ 49

④ 64　　⑤ 81

118

정규분포 $N(0,\ 4^2)$을 따르는 모집단에서 크기가 9인 표본을 임의추출하여 구한 표본평균을 $\overline{X}$, 정규분포 $N(3,\ 2^2)$을 따르는 모집단에서 크기가 16인 표본을 임의추출하여 구한 표본평균을 $\overline{Y}$라 하자. $P(\overline{X} \ge 1) = P(\overline{Y} \le a)$를 만족시키는 상수 a의 값은? [3점]

① $\dfrac{19}{8}$　　② $\dfrac{5}{2}$　　③ $\dfrac{21}{8}$

④ $\dfrac{11}{4}$　　⑤ $\dfrac{23}{8}$

119

수직선의 원점에 점 P가 있다. 한 개의 주사위를 사용하여 다음 시행을 한다.

> 주사위를 한 번 던져 나온 눈의 수가
> 6의 약수이면 점 P를 양의 방향으로 1만큼 이동시키고,
> 6의 약수가 아니면 점 P를 이동시키지 않는다.

이 시행을 4번 반복할 때, 4번째 시행 후 점 P의 좌표가 2 이상일 확률은? [3점]

① $\dfrac{13}{18}$　　② $\dfrac{7}{9}$　　③ $\dfrac{5}{6}$

④ $\dfrac{8}{9}$　　⑤ $\dfrac{17}{18}$

짝기출
SET 17
SET 18
SET 19
SET 20
SET 21
SET 22
SET 23
SET 24

120

2015학년도 9월 평가원 A형 29번

연속확률변수 X가 갖는 값의 범위는 $0 \le X \le 3$이고

$$P(x \le X \le 3) = a(3-x) \ (0 \le x \le 3)$$

이 성립할 때, $P(0 \le X < a) = \dfrac{q}{p}$이다. $p+q$의 값을 구하시오. (단, a는 상수이고, p와 q는 서로소인 자연수이다.)

[4점]

121

2019학년도 수능 나형 12번

어느 마을에서 수확하는 수박의 무게는 평균이 $m\,\mathrm{kg}$, 표준편차가 $1.4\,\mathrm{kg}$인 정규분포를 따른다고 한다. 이 마을에서 수확한 수박 중에서 49개를 임의추출하여 얻은 표본평균을 이용하여, 이 마을에서 수확하는 수박의 무게의 평균 m에 대한 신뢰도 95%의 신뢰구간을 구하면 $a \le m \le 7.992$이다. a의 값은? (단, Z가 표준정규분포를 따르는 확률변수일 때, $P(|Z| \le 1.96 = 0.95$로 계산한다.)

[3점]

① 7.198 ② 7.208 ③ 7.218

④ 7.228 ⑤ 7.238

122

2021학년도 수능 나형 19번 / 가형 12번

확률변수 X는 평균이 8, 표준편차가 3인 정규분포를 따르고, 확률변수 Y는 평균이 m, 표준편차가 σ인 정규분포를 따른다. 두 확률변수 X, Y가

$$P(4 \le X \le 8) + P(Y \ge 8) = \frac{1}{2}$$

을 만족시킬 때, $P\left(Y \le 8 + \dfrac{2\sigma}{3}\right)$의 값을 오른쪽 표준정규분포표를 이용하여 구한 것은? [4점]

z	$P(0 \le Z \le z)$
1.0	0.3413
1.5	0.4332
2.0	0.4772
2.5	0.4938

① 0.8351 ② 0.8413 ③ 0.9332

④ 0.9772 ⑤ 0.9938

123

2023학년도 수능 (확률과 통계) 28번

연속확률변수 X가 갖는 값의 범위는 $0 \le X \le a$이고, X의 확률밀도함수의 그래프가 그림과 같다.

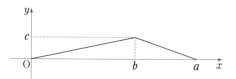

$P(X \le b) - P(X \ge b) = \dfrac{1}{4}$, $P(X \le \sqrt{5}) = \dfrac{1}{2}$일 때, $a+b+c$의 값은? (단, a, b, c는 상수이다.) [4점]

① $\dfrac{11}{2}$ ② 6 ③ $\dfrac{13}{2}$

④ 7 ⑤ $\dfrac{15}{2}$

124

2018학년도 9월 평가원 나형 27번

대중교통을 이용하여 출근하는 어느 지역 직장인의 월 교통비는 평균이 8이고 표준편차가 1.2인 정규분포를 따른다고 한다. 대중교통을 이용하여 출근하는 이 지역 직장인 중 임의추출한 n명의 월 교통비의 표본평균을 $\overline{X}$ 라 할 때,

$$P(7.76 \leq \overline{X} \leq 8.24) \geq 0.6826$$

이 되기 위한 n의 최솟값을 오른쪽 표준정규분포표를 이용하여 구하시오. (단, 교통비의 단위는 만 원이다.) [4점]

z	$P(0 \leq Z \leq z)$
0.5	0.1915
1.0	0.3413
1.5	0.4332
2.0	0.4772

125

2023학년도 9월 평가원 (확률과 통계) 27번

이산확률변수 X의 확률분포를 표로 나타내면 다음과 같다.

X	0	1	a	합계
$P(X=x)$	$\dfrac{1}{10}$	$\dfrac{1}{2}$	$\dfrac{2}{5}$	1

$\sigma(X) = E(X)$일 때, $E(X^2) + E(X)$의 값은? (단, $a > 1$) [3점]

① 29   ② 33   ③ 37

④ 41   ⑤ 45

126

2018학년도 수능 가형 26번

확률변수 X가 평균이 m, 표준편차가 σ인 정규분포를 따르고

$$P(X \leq 3) = P(3 \leq X \leq 80) = 0.3$$

일 때, $m + \sigma$의 값을 구하시오. (단, Z가 표준정규분포를 따르는 확률변수일 때, $P(0 \leq Z \leq 0.25) = 0.1$, $P(0 \leq Z \leq 0.52) = 0.2$로 계산한다.) [4점]

127

2010학년도 수능 가형 (확률과 통계) 29번

어느 뼈 화석이 두 동물 A와 B 중에서 어느 동물의 것인지 판단하는 방법 가운데 한 가지는 특정 부위의 길이를 이용하는 것이다. 동물 A의 이 부위의 길이는 정규분포 $N(10, 0.4^2)$을 따르고, 동물 B의 이 부위의 길이는 정규분포 $N(12, 0.6^2)$을 따른다. 이 부위의 길이가 d 미만이면 동물 A의 화석으로 판단하고 d 이상이면 동물 B의 화석으로 판단한다. 동물 A의 화석을 동물 A의 화석으로 판단할 확률과 동물 B의 화석을 동물 B의 화석으로 판단할 확률이 같아지는 d의 값은? (단, 길이의 단위는 cm이다.) [4점]

① 10.4   ② 10.5   ③ 10.6

④ 10.7   ⑤ 10.8

짝기출
SET 17
SET 18
SET 19
SET 20
SET 21
SET 22
SET 23
SET 24

128

2021학년도 수능 나형 11번 / 가형 6번

정규분포 $N(20, 5^2)$을 따르는 모집단에서 크기가 16인 표본을 임의추출하여 구한 표본평균을 $\overline{X}$ 라 할 때, $E(\overline{X}) + \sigma(\overline{X})$의 값은? [3점]

① $\dfrac{91}{4}$ ② $\dfrac{89}{4}$ ③ $\dfrac{87}{4}$

④ $\dfrac{85}{4}$ ⑤ $\dfrac{83}{4}$

129

2014학년도 5월 예비 시행 평가원 A형 14번

어느 고등학교 학생들의 일주일 독서 시간은 평균 7시간, 표준편차 2시간인 정규분포를 따른다고 한다. 이 고등학교 학생 중 임의추출한 36명의 일주일 독서 시간의 평균이 6시간 40분 이상 7시간 30분 이하일 확률을 오른쪽 표준정규분포표를 이용하여 구한 것은? [4점]

z	$P(0 \le Z \le z)$
0.5	0.1915
1.0	0.3413
1.5	0.4332
2.0	0.4772

① 0.8185 ② 0.7745 ③ 0.6687

④ 0.6247 ⑤ 0.5328

130

2021학년도 9월 평가원 나형 27번 / 가형 26번

두 이산확률변수 X, Y의 확률분포를 표로 나타내면 각각 다음과 같다.

X	1	2	3	4	합계
$P(X=x)$	a	b	c	d	1

Y	11	21	31	41	합계
$P(Y=y)$	a	b	c	d	1

$E(X) = 2$, $E(X^2) = 5$일 때, $E(Y) + V(Y)$의 값을 구하시오. [4점]

131

2010학년도 수능 가형 (확률과 통계) 27번

어느 수학반에 남학생 3명, 여학생 2명으로 구성된 모둠이 10개 있다. 각 모둠에서 임의로 2명씩 선택할 때, 남학생들만 선택된 모둠의 수를 확률변수 X라 하자. X의 평균 $E(X)$의 값은? (단, 두 모둠 이상에 속한 학생은 없다.) [3점]

① 6 ② 5 ③ 4

④ 3 ⑤ 2

어느 동물의 특정 자극에 대한 반응 시간은 평균이 m, 표준편차가 1인 정규분포를 따른다고 한다. 반응 시간이 2.93 미만일 확률이 0.1003일 때, m의 값을 오른쪽 표준정규분포표를 이용하여 구한 것은? [3점]

z	$\mathrm{P}(0 \leq Z \leq z)$
0.91	0.3186
1.28	0.3997
1.65	0.4505
2.02	0.4783

① 3.47   ② 3.84   ③ 4.21

④ 4.58   ⑤ 4.95

한 개의 주사위를 던져 나온 눈의 수 a에 대하여 직선 $y = ax$와 곡선 $y = x^2 - 2x + 4$가 서로 다른 두 점에서 만나는 사건을 A라 하자. 한 개의 주사위를 300회 던지는 독립시행에서 사건 A가 일어나는 횟수를 확률변수 X라 할 때, X의 평균 $\mathrm{E}(X)$는? [4점]

① 100   ② 150   ③ 180

④ 200   ⑤ 240

어느 지역 신생아의 출생 시 몸무게 X가 정규분포를 따르고

$$\mathrm{P}(X \geq 3.4) = \frac{1}{2},$$

$$\mathrm{P}(X \leq 3.9) + \mathrm{P}(Z \leq -1) = 1$$

이다. 이 지역 신생아 중에서 임의추출한 25명의 출생 시 몸무게의 표본평균을 $\overline{X}$라 할 때, $\mathrm{P}(\overline{X} \geq 3.55)$의 값을 오른쪽 표준정규분포표를 이용하여 구한 것은? (단, 몸무게의 단위는 kg이고, Z는 표준정규분포를 따르는 확률변수이다.) [4점]

z	$\mathrm{P}(0 \leq Z \leq z)$
1.0	0.3413
1.5	0.4332
2.0	0.4772
2.5	0.4938

① 0.0062   ② 0.0228   ③ 0.0668

④ 0.1587   ⑤ 0.3413

III 통계

짝기출

SET 17
SET 18
SET 19
SET 20
SET 21
SET 22
SET 23
SET 24

135

2010학년도 9월 평가원 나형 23번

확률변수 X가 이항분포 $\mathrm{B}(10,\,p)$를 따르고,

$$\mathrm{P}(X=4)=\frac{1}{3}\mathrm{P}(X=5)$$

일 때, $\mathrm{E}(7X)$의 값을 구하시오. (단, $0<p<1$) [3점]

136

2017년 10월 시행 교육청 고3 가형 22번

정규분포 $\mathrm{N}(m,\,4)$를 따르는 확률변수 X에 대하여 함수

$$g(k)=\mathrm{P}(k-8\le X\le k)$$

는 $k=12$일 때 최댓값을 갖는다. 상수 m의 값을 구하시오.

[3점]

137

2011학년도 수능 나형 27번

어느 도시에서 공용 자전거의 1회 이용 시간은 평균이 60분, 표준편차가 10분인 정규분포를 따른다고 한다. 공용 자전거를 이용한 25회를 임의추출하여 조사할 때, 25회 이용시간의 총합이 1450분 이상일 확률을 오른쪽 표준정규분포표를 이용하여 구한 것은? [3점]

z	$\mathrm{P}(0\le Z\le z)$
1.0	0.3413
1.5	0.4332
2.0	0.4772
2.5	0.4938

① 0.8351 ② 0.8413 ③ 0.9332

④ 0.9772 ⑤ 0.9938

138

2011학년도 9월 평가원 나형 14번

연속확률변수 X가 갖는 값의 범위는 $0\le X\le 2$이고, X의 확률밀도함수의 그래프는 그림과 같다.

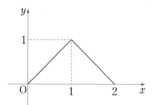

확률 $\mathrm{P}\left(a\le X\le a+\dfrac{1}{2}\right)$의 값이 최대가 되도록 하는 상수 a의 값은? [3점]

① $\dfrac{3}{8}$ ② $\dfrac{1}{2}$ ③ $\dfrac{5}{8}$

④ $\dfrac{3}{4}$ ⑤ $\dfrac{7}{8}$

139

2017학년도 수능 나형 16번

어느 농가에서 생산하는 석류의 무게는 평균이 m, 표준편차가 40인 정규분포를 따른다고 한다. 이 농가에서 생산하는 석류 중에서 임의추출한, 크기가 64인 표본을 조사하였더니 석류 무게의 표본평균의 값이 $\overline{x}$이었다. 이 결과를 이용하여, 이 농가에서 생산하는 석류 무게의 평균 m에 대한 신뢰도 99%의 신뢰구간을 구하면 $\overline{x} - c \le m \le \overline{x} + c$이다. c의 값은? (단, 무게의 단위는 g이고, Z가 표준정규분포를 따르는 확률변수일 때 $P(0 \le Z \le 2.58) = 0.495$로 계산한다.) [4점]

① 25.8　　　② 21.5　　　③ 17.2

④ 12.9　　　⑤ 8.6

140

2015학년도 9월 평가원 A형 13번

이차함수 $y = f(x)$의 그래프는 그림과 같고, $f(0) = f(3) = 0$이다.

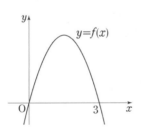

한 개의 주사위를 던져 나온 눈의 수 m에 대하여 $f(m)$이 0보다 큰 사건을 A라 하자. 한 개의 주사위를 15회 던지는 독립시행에서 사건 A가 일어나는 횟수를 확률변수 X라 할 때, $E(X)$의 값은? [3점]

① 3　　　② $\dfrac{7}{2}$　　　③ 4

④ $\dfrac{9}{2}$　　　⑤ 5

141

2022학년도 9월 평가원 (확률과 통계) 29번

두 이산확률변수 X, Y의 확률분포를 표로 나타내면 각각 다음과 같다.

X	1	3	5	7	9	합계
$P(X=x)$	a	b	c	b	a	1

Y	1	3	5	7	9	합계
$P(Y=y)$	$a+\dfrac{1}{20}$	b	$c-\dfrac{1}{10}$	b	$a+\dfrac{1}{20}$	1

$V(X) = \dfrac{31}{5}$일 때, $10 \times V(Y)$의 값을 구하시오. [4점]

142

2022학년도 수능 (확률과 통계) 27번

어느 자동차 회사에서 생산하는 전기 자동차의 1회 충전 주행 거리는 평균이 m이고 표준편차가 σ인 정규분포를 따른다고 한다.

이 자동차 회사에서 생산한 전기 자동차 100대를 임의추출하여 얻은 1회 충전 주행 거리의 표본평균이 $\overline{x_1}$일 때, 모평균 m에 대한 신뢰도 95%의 신뢰구간이 $a \le m \le b$이다.

이 자동차 회사에서 생산한 전기 자동차 400대를 임의추출하여 얻은 1회 충전 주행 거리의 표본평균이 $\overline{x_2}$일 때, 모평균 m에 대한 신뢰도 99%의 신뢰구간이 $c \le m \le d$이다.

$\overline{x_1} - \overline{x_2} = 1.34$이고 $a = c$일 때, $b - a$의 값은? (단, 주행 거리의 단위는 km이고, Z가 표준정규분포를 따르는 확률변수일 때 $P(|Z| \le 1.96) = 0.95$, $P(|Z| \le 2.58) = 0.99$로 계산한다.) [3점]

① 5.88　　　② 7.84　　　③ 9.80

④ 11.76　　　⑤ 13.72

III 통계

짝기출
SET 17
SET 18
SET 19
SET 20
SET 21
SET 22
SET 23
SET 24

143

2007학년도 9월 평가원 나형 29번

이산확률변수 X가 값 x를 가질 확률이

$$\mathrm{P}(X=x) = {}_n\mathrm{C}_x p^x (1-p)^{n-x}$$

(단, $x = 0, 1, 2, \cdots, n$이고 $0 < p < 1$)

이다. $\mathrm{E}(X) = 1$, $\mathrm{V}(X) = \dfrac{9}{10}$일 때, $\mathrm{P}(X<2)$의 값은?

[4점]

① $\dfrac{19}{10}\left(\dfrac{9}{10}\right)^9$ ② $\dfrac{17}{9}\left(\dfrac{8}{9}\right)^8$ ③ $\dfrac{15}{8}\left(\dfrac{7}{8}\right)^7$

④ $\dfrac{13}{7}\left(\dfrac{6}{7}\right)^6$ ⑤ $\dfrac{11}{6}\left(\dfrac{5}{6}\right)^5$

144

2021학년도 9월 평가원 가형 5번

연속확률변수 X가 갖는 값의 범위는 $0 \leq X \leq 8$이고, X의 확률밀도함수 $f(x)$의 그래프는 직선 $x=4$에 대하여 대칭이다.

$$3\mathrm{P}(2 \leq X \leq 4) = 4\mathrm{P}(6 \leq X \leq 8)$$

일 때, $\mathrm{P}(2 \leq X \leq 6)$의 값은? [3점]

① $\dfrac{3}{7}$ ② $\dfrac{1}{2}$ ③ $\dfrac{4}{7}$

④ $\dfrac{9}{14}$ ⑤ $\dfrac{5}{7}$

145

2010학년도 수능 9번

어느 공장에서 생산되는 병의 내압강도는 정규분포 $\mathrm{N}(m, \sigma^2)$을 따르고, 내압강도가 40보다 작은 병은 불량품으로 분류한다. 이 공장의 공정능력을 평가하는 공정능력지수 G는

$$G = \frac{m-40}{3\sigma}$$

으로 계산한다. $G = 0.8$일 때, 임의로 추출한 한 개의 병이 불량품일 확률을 오른쪽 표준정규분포표를 이용하여 구한 것은? [4점]

z	$\mathrm{P}(0 \leq Z \leq z)$
2.2	0.4861
2.3	0.4893
2.4	0.4918
2.5	0.4938

① 0.0139 ② 0.0107 ③ 0.0082

④ 0.0062 ⑤ 0.0038

146

2020학년도 9월 평가원 나형 25번

어느 음식점을 방문한 고객의 주문 대기 시간은 평균이 m분, 표준편차가 σ분인 정규분포를 따른다고 한다. 이 음식점을 방문한 고객 중 64명을 임의추출하여 얻은 표본평균을 이용하여, 이 음식점을 방문한 고객의 주문 대기 시간의 평균 m에 대한 신뢰도 95 %의 신뢰구간을 구하면 $a \leq m \leq b$이다. $b - a = 4.9$일 때, σ의 값을 구하시오. (단, Z가 표준정규분포를 따르는 확률변수일 때, $\mathrm{P}(|Z| \leq 1.96) = 0.95$로 계산한다.) [3점]

147

두 이산확률변수 X와 Y가 가지는 값이 각각 1부터 5까지의 자연수이고

$$P(Y=k) = \frac{1}{2}P(X=k) + \frac{1}{10}$$

$$(k = 1, 2, 3, 4, 5)$$

이다. $E(X) = 4$일 때, $E(Y) = a$이다. $8a$의 값을 구하시오. [4점]

148

두 연속확률변수 X와 Y가 갖는 값의 범위는 $0 \le X \le 6$, $0 \le Y \le 6$이고, X와 Y의 확률밀도함수는 각각 $f(x)$, $g(x)$이다. 확률변수 X의 확률밀도함수 $f(x)$의 그래프는 그림과 같다.

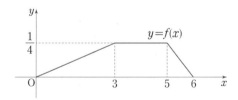

$0 \le x \le 6$인 모든 x에 대하여

$$f(x) + g(x) = k \ (k는 \ 상수)$$

를 만족시킬 때, $P\left(6k \le Y \le 15k\right) = \dfrac{q}{p}$이다. $p+q$의 값을 구하시오. (단, p와 q는 서로소인 자연수이다.) [4점]

149

다음은 어떤 모집단의 확률분포표이다.

X	10	20	30	계
$P(X=x)$	$\dfrac{1}{2}$	a	$\dfrac{1}{2} - a$	1

이 모집단에서 크기가 2인 표본을 복원추출하여 구한 표본평균을 $\overline{X}$라 하자. $\overline{X}$의 평균이 18일 때, $P\left(\overline{X} = 20\right)$의 값은? [4점]

① $\dfrac{2}{5}$ ② $\dfrac{19}{50}$ ③ $\dfrac{9}{25}$

④ $\dfrac{17}{50}$ ⑤ $\dfrac{8}{25}$

Ⅲ 통계

짝기출
SET 17
SET 18
SET 19
SET 20
SET 21
SET 22
SET 23
SET 24

150

2014학년도 5월 예비 시행 평가원 A형 8번

연속확률변수 X 가 갖는 값의 범위는 $0 \leq X \leq 10$ 이고, X 의 확률밀도함수의 그래프는 그림과 같다.

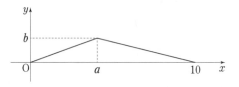

$P(0 \leq X \leq a) = \dfrac{2}{5}$ 일 때, 두 상수 a, b 의 합 $a+b$ 의 값은? [3점]

① $\dfrac{21}{5}$ ② $\dfrac{22}{5}$ ③ $\dfrac{23}{5}$

④ $\dfrac{24}{5}$ ⑤ 5

151

2018학년도 9월 평가원 가형 26번

어느 회사에서 생산하는 초콜릿 한 개의 무게는 평균이 m, 표준편차가 σ 인 정규분포를 따른다고 한다.
이 회사에서 생산하는 초콜릿 중에서 임의추출한, 크기가 49인 표본을 조사하였더니 초콜릿 무게의 표본평균의 값이 $\overline{x}$ 이었다. 이 결과를 이용하여, 이 회사에서 생산하는 초콜릿 한 개의 무게의 평균 m 에 대한 신뢰도 95%의 신뢰구간을 구하면 $1.73 \leq m \leq 1.87$ 이다. $\dfrac{\sigma}{\overline{x}} = k$ 일 때, $180k$ 의 값을 구하시오. (단, 무게의 단위는 g이고, Z 가 표준정규분포를 따르는 확률변수일 때 $P(0 \leq Z \leq 1.96) = 0.475$ 로 계산한다.) [4점]

152

2021학년도 수능 가형 17번

좌표평면의 원점에 점 P가 있다. 한 개의 주사위를 사용하여 다음 시행을 한다.

> 주사위를 한 번 던져 나온 눈의 수가
> 2 이하이면 점 P를 x 축의 양의 방향으로 3만큼,
> 3 이상이면 점 P를 y 축의 양의 방향으로 1만큼
> 이동시킨다.

이 시행을 15번 반복하여 이동된 점 P와 직선 $3x + 4y = 0$ 사이의 거리를 확률변수 X 라 하자. $E(X)$ 의 값은? [4점]

① 13   ② 15   ③ 17

④ 19   ⑤ 21

153

2016학년도 수능 B형 18번

정규분포 $N(50, 8^2)$ 을 따르는 모집단에서 크기가 16인 표본을 임의추출하여 구한 표본평균을 $\overline{X}$, 정규분포 $N(75, \sigma^2)$ 을 따르는 모집단에서 크기가 25인 표본을 임의추출하여 구한 표본평균을 $\overline{Y}$ 라 하자.

$$P(\overline{X} \leq 53) + P(\overline{Y} \leq 69) = 1$$

일 때, $P(\overline{Y} \geq 71)$ 의 값을 오른쪽 표준정규분포표를 이용하여 구한 것은? [4점]

z	$P(0 \leq Z \leq z)$
1.0	0.3413
1.2	0.3849
1.4	0.4192
1.6	0.4452

① 0.8413   ② 0.8644   ③ 0.8849

④ 0.9192   ⑤ 0.9452

154

2023학년도 수능 (확률과 통계) 27번

어느 회사에서 생산하는 샴푸 1개의 용량은 정규분포 $N(m, \sigma^2)$을 따른다고 한다. 이 회사에서 생산하는 샴푸 중에서 16개를 임의추출하여 얻은 표본평균을 이용하여 구한 m에 대한 신뢰도 95%의 신뢰구간이 $746.1 \leq m \leq 755.9$이다. 이 회사에서 생산하는 샴푸 중에서 n개를 임의추출하여 얻은 표본평균을 이용하여 구하는 m에 대한 신뢰도 99%의 신뢰구간이 $a \leq m \leq b$일 때, $b-a$의 값이 6 이하가 되기 위한 자연수 n의 최솟값은? (단, 용량의 단위는 mL이고, Z가 표준정규분포를 따르는 확률변수일 때, $P(|Z| \leq 1.96) = 0.95$, $P(|Z| \leq 2.58) = 0.99$로 계산한다.) [3점]

① 70   ② 74   ③ 78
④ 82   ⑤ 86

155

2022학년도 9월 평가원 (확률과 통계) 27번

지역 A에 살고 있는 성인들의 1인 하루 물 사용량을 확률변수 X, 지역 B에 살고 있는 성인들의 1인 하루 물 사용량을 확률변수 Y라 하자. 두 확률변수 X, Y는 정규분포를 따르고 다음 조건을 만족시킨다.

(가) 두 확률변수 X, Y의 평균은 각각 220과 240이다.

(나) 확률변수 Y의 표준편차는 확률변수 X의 표준편차의 1.5배이다.

지역 A에 살고 있는 성인 중 임의추출한 n명의 1인 하루 물 사용량의 표본평균을 $\overline{X}$, 지역 B에 살고 있는 성인 중 임의추출한 $9n$명의 1인 하루 물 사용량의 표본평균을 $\overline{Y}$라 하자. $P(\overline{X} \leq 215) = 0.1587$일 때, $P(\overline{Y} \geq 235)$의 값을 오른쪽 표준정규분포표를 이용하여 구한 것은? (단, 물 사용량의 단위는 L이다.) [3점]

z	$P(0 \leq Z \leq z)$
0.5	0.1915
1.0	0.3413
1.5	0.4332
2.0	0.4772

① 0.6915   ② 0.7745   ③ 0.8185
④ 0.8413   ⑤ 0.9772

156

2019학년도 수능 가형 15번

어느 회사 직원들의 어느 날의 출근 시간은 평균이 66.4분, 표준편차가 15분인 정규분포를 따른다고 한다. 이 날 출근 시간이 73분 이상인 직원들 중에서 40%, 73분 미만인 직원들 중에서 20%가 지하철을 이용하였고, 나머지 직원들은 다른 교통수단을 이용하였다. 이 날 출근한 이 회사 직원들 중 임의로 선택한 1명이 지하철을 이용하였을 확률은? (단, Z가 표준정규분포를 따르는 확률변수일 때, $P(0 \leq Z \leq 0.44) = 0.17$로 계산한다.) [4점]

① 0.306   ② 0.296   ③ 0.286
④ 0.276   ⑤ 0.266

157

2020학년도 수능 가형 18번

확률변수 X는 정규분포 $N(10, 2^2)$, 확률변수 Y는 정규분포 $N(m, 2^2)$을 따르고, 확률변수 X와 Y의 확률밀도함수는 각각 $f(x)$와 $g(x)$이다.

$$f(12) \leq g(20)$$

을 만족시키는 m에 대하여 $P(21 \leq Y \leq 24)$의 최댓값을 오른쪽 표준정규분포표를 이용하여 구한 것은? [4점]

z	$P(0 \leq Z \leq z)$
0.5	0.1915
1.0	0.3413
1.5	0.4332
2.0	0.4772

① 0.5328   ② 0.6247   ③ 0.7745
④ 0.8185   ⑤ 0.9104

짝기출
SET 17
SET 18
SET 19
SET 20
SET 21
SET 22
SET 23
SET 24

158

2008학년도 수능 가형 (확률과 통계) 27번

이산확률변수 X에 대하여

$$P(X=2) = 1 - P(X=0), 0 < P(X=0) < 1$$
$$\{E(X)\}^2 = 2V(X)$$

일 때, 확률 $P(X=2)$의 값은? [3점]

① $\dfrac{1}{6}$ ② $\dfrac{1}{3}$ ③ $\dfrac{1}{2}$

④ $\dfrac{2}{3}$ ⑤ $\dfrac{5}{6}$

159

2014학년도 수능 A형 12번

어느 약품 회사가 생산하는 약품 1병의 용량은 평균이 m, 표준편차가 10인 정규분포를 따른다고 한다. 이 회사가 생산한 약품 중에서 임의로 추출한 25병의 용량의 표본평균이 2000 이상일 확률이 0.9772일 때, m의 값을 오른쪽 표준정규분포표를 이용하여 구한 것은? (단, 용량의 단위는 mL 이다.) [3점]

z	$P(0 \leq Z \leq z)$
1.5	0.4332
2.0	0.4772
2.5	0.4938
3.0	0.4987

① 2003   ② 2004   ③ 2005

④ 2006   ⑤ 2007

160

2009학년도 수능 나형 30번

두 주사위 A, B를 동시에 던질 때, 나오는 각각의 눈의 수 m, n에 대하여 $m^2 + n^2 \leq 25$가 되는 사건을 E라 하자. 두 주사위 A, B를 동시에 던지는 12회의 독립시행에서 사건 E가 일어나는 횟수를 확률변수 X라 할 때, X의 분산 $V(X)$는 $\dfrac{q}{p}$이다. $p+q$의 값을 구하시오.

(단, p, q는 서로소인 자연수이다.) [4점]

161

2015학년도 9월 평가원 B형 19번

어느 학교 3학년 학생의 A 과목 시험 점수는 평균이 m, 표준편차가 σ인 정규분포를 따르고, B 과목 시험 점수는 평균이 $m+3$, 표준편차가 σ인 정규분포를 따른다고 한다. 이 학교 3학년 학생 중에서 A 과목 시험 점수가 80점 이상인 학생의 비율이 9% 이고, B 과목 시험 점수가 80점 이상인 학생의 비율이 15% 일 때, $m+\sigma$의 값은? (단, Z가 표준정규분포를 따르는 확률변수일 때, $P(0 \leq Z \leq 1.04) = 0.35$, $P(0 \leq Z \leq 1.34) = 0.41$로 계산한다.) [4점]

① 68.6   ② 70.6   ③ 72.6
④ 74.6   ⑤ 76.6

162

어느 고등학교 학생들의 1개월 자율학습실 이용 시간은 평균이 m, 표준편차가 5인 정규분포를 따른다고 한다. 이 고등학교 학생 25명을 임의추출하여 1개월 자율학습실 이용 시간을 조사한 표본평균이 $\overline{x_1}$일 때, 모평균 m에 대한 신뢰도 95%의 신뢰구간이 $80 - a \le m \le 80 + a$이었다. 또 이 고등학교 학생 n명을 임의추출하여 1개월 자율학습실 이용 시간을 조사한 표본평균이 $\overline{x_2}$일 때, 모평균 m에 대한 신뢰도 95%의 신뢰구간이 다음과 같다.

$$\frac{15}{16}\overline{x_1} - \frac{5}{7}a \le m \le \frac{15}{16}\overline{x_1} + \frac{5}{7}a$$

$n + \overline{x_2}$의 값은? (단, 이용 시간의 단위는 시간이고, Z가 표준정규분포를 따르는 확률변수일 때, $P(0 \le Z \le 1.96) = 0.475$로 계산한다.) [4점]

① 121   ② 124   ③ 127

④ 130   ⑤ 133

163

어느 모집단의 확률변수 X의 확률분포가 다음 표와 같다.

X	0	2	4	합계
$P(X=x)$	$\frac{1}{6}$	a	b	1

$E(X^2) = \frac{16}{3}$일 때, 이 모집단에서 임의추출한 크기가 20인 표본의 표본평균 $\overline{X}$에 대하여 $V(\overline{X})$의 값은? [3점]

① $\frac{1}{60}$ ② $\frac{1}{30}$ ③ $\frac{1}{20}$

④ $\frac{1}{15}$ ⑤ $\frac{1}{12}$

164

주머니 속에 1의 숫자가 적혀 있는 공 1개, 2의 숫자가 적혀 있는 공 2개, 3의 숫자가 적혀 있는 공 5개가 들어 있다. 이 주머니에서 임의로 1개의 공을 꺼내어 공에 적혀 있는 수를 확인한 후 다시 넣는다. 이와 같은 시행을 2번 반복할 때, 꺼낸 공에 적혀 있는 수의 평균을 $\overline{X}$라 하자. $P(\overline{X} = 2)$의 값은? [4점]

① $\frac{5}{32}$ ② $\frac{11}{64}$ ③ $\frac{3}{16}$

④ $\frac{13}{64}$ ⑤ $\frac{7}{32}$

짝기출

SET 17
SET 18
SET 19
SET 20
SET 21
SET 22
SET 23
SET 24

165

2012학년도 9월 평가원 나형 6번

확률변수 X의 확률분포표가 다음과 같다.

X	1	3	7	계
$P(X=x)$	a	$\dfrac{1}{4}$	b	1

$E(X) = 5$일 때, b의 값은? (단, a와 b는 상수이다.) [3점]

① $\dfrac{19}{36}$ ② $\dfrac{5}{9}$ ③ $\dfrac{7}{12}$

④ $\dfrac{11}{18}$ ⑤ $\dfrac{23}{36}$

166

2011학년도 6월 평가원 가형 22번

실수 $a\,(1 < a < 2)$에 대하여 $0 \le X \le 2$에서 정의된
연속확률변수 X의 확률밀도함수 $f(x)$가

$$f(x) = \begin{cases} \dfrac{x}{a} & (0 \le x \le a) \\ \dfrac{x-2}{a-2} & (a < x \le 2) \end{cases}$$

이다. $P(1 \le X \le 2) = \dfrac{3}{5}$일 때, $100a$의 값을 구하시오.

[3점]

167

2023학년도 9월 평가원 (확률과 통계) 25번

어느 인스턴트 커피 제조 회사에서 생산하는 A 제품
1개의 중량은 평균이 9, 표준편차가 0.4인 정규분포를
따르고, B 제품 1개의 중량은 평균이 20, 표준편차가 1인
정규분포를 따른다고 한다. 이 회사에서 생산한 A 제품
중에서 임의로 선택한 1개의 중량이 8.9 이상 9.4 이하일
확률과 B 제품 중에서 임의로 선택한 1개의 중량이 19 이상
k 이하일 확률이 서로 같다. 상수 k의 값은?

(단, 중량의 단위는 g이다.) [3점]

① 19.5 ② 19.75 ③ 20
④ 20.25 ⑤ 20.5

168

2006학년도 수능 14번

어느 공장에서 생산되는 제품의 무게가 정규분포
$N(11, 2^2)$을 따른다고 하자. A와 B 두 사람이 크기가 4인
표본을 각각 독립적으로 임의추출하였다. A와 B가 추출한
표본의 평균이 모두 10 이상 14
이하가 될 확률을 오른쪽
표준정규분포표를 이용하여
구한 것은? [3점]

z	$P(0 \le Z \le z)$
1	0.3413
2	0.4772
3	0.4987

① 0.8123 ② 0.7056 ③ 0.6587
④ 0.5228 ⑤ 0.2944

169

2013학년도 수능 가형 13번

확률변수 X가 정규분포 $N(m, \sigma^2)$을 따르고 다음 조건을 만족시킨다.

(가) $P(X \geq 64) = P(X \leq 56)$
(나) $E(X^2) = 3616$

$P(X \leq 68)$의 값을 오른쪽 표를 이용하여 구한 것은?

[3점]

x	$P(m \leq X \leq x)$
$m + 1.5\sigma$	0.4332
$m + 2\sigma$	0.4772
$m + 2.5\sigma$	0.4938

① 0.9104
② 0.9332
③ 0.9544
④ 0.9772
⑤ 0.9938

170

2019학년도 수능 가형 26번

어느 지역 주민들의 하루 여가 활동 시간은 평균이 m분, 표준편차가 σ분인 정규분포를 따른다고 한다. 이 지역 주민 중 16명을 임의추출하여 구한 하루 여가 활동 시간의 표본평균이 75분일 때, 모평균 m에 대한 신뢰도 95%의 신뢰구간이 $a \leq m \leq b$이다. 이 지역 주민 중 16명을 다시 임의추출하여 구한 하루 여가 활동 시간의 표본평균이 77분일 때, 모평균 m에 대한 신뢰도 99%의 신뢰구간이 $c \leq m \leq d$이다. $d - b = 3.86$을 만족시키는 σ의 값을 구하시오. (단, Z가 표준정규분포를 따르는 확률변수일 때, $P(|Z| \leq 1.96) = 0.95$, $P(|Z| \leq 2.58) = 0.99$로 계산한다.) [4점]

171

2023학년도 9월 평가원 (확률과 통계) 29번

1부터 6까지의 자연수가 하나씩 적힌 6장의 카드가 들어 있는 주머니가 있다. 이 주머니에서 임의로 한 장의 카드를 꺼내어 카드에 적힌 수를 확인한 후 다시 넣는 시행을 한다. 이 시행을 4번 반복하여 확인한 네 개의 수의 평균을 $\overline{X}$라 할 때, $P\left(\overline{X} = \dfrac{11}{4}\right) = \dfrac{q}{p}$이다. $p + q$의 값을 구하시오.

(단, p와 q는 서로소인 자연수이다.) [4점]

Ⅲ 통계

짝기출

SET 17
SET 18
SET 19
SET 20
SET 21
SET 22
SET 23
SET 24

I. 경우의 수

SET 01
001 ② 002 ④ 003 ② 004 ② 005 ② 006 559 007 ⑤
008 ① 009 ③ 010 ③

SET 02
011 ③ 012 ② 013 81 014 ③ 015 ③ 016 80 017 111
018 ② 019 ① 020 ④

SET 03
021 ② 022 ③ 023 126 024 540 025 ② 026 ① 027 ④
028 ⑤ 029 ④ 030 90

SET 04
031 45 032 ⑤ 033 54 034 ③ 035 ② 036 441 037 120
038 ③ 039 162 040 ①

SET 05
041 ③ 042 80 043 126 044 ① 045 ④ 046 ② 047 ④
048 ④ 049 396 050 41

SET 06
051 5 052 ③ 053 ⑤ 054 ⑤ 055 128 056 ① 057 525
058 169 059 ③ 060 64

SET 07
061 ② 062 ② 063 ④ 064 ② 065 180 066 ③ 067 ⑤
068 ⑤ 069 420 070 ④

SET 08
071 ⑤ 072 ① 073 ③ 074 ④ 075 14 076 ③ 077 ①
078 242 079 ④ 080 600

II. 확률

SET 09
081 ② 082 ⑤ 083 ④ 084 ① 085 ⑤ 086 223 087 ③
088 ③ 089 ② 090 6

SET 10
091 ④ 092 21 093 ④ 094 ④ 095 ④ 096 ③ 097 89
098 ④ 099 11 100 17

SET 11
101 ③ 102 ⑤ 103 ① 104 ⑤ 105 ① 106 20 107 ③
108 14 109 ② 110 59

SET 12
111 ⑤ 112 ③ 113 ① 114 ② 115 64 116 ⑤ 117 60
118 ② 119 ④ 120 340

SET 13
121 ② 122 ② 123 ② 124 60 125 ④ 126 ② 127 ①
128 ③ 129 ③ 130 ③

SET 14
131 ⑤ 132 ⑤ 133 33 134 ① 135 ③ 136 ④ 137 300
138 ④ 139 ④ 140 ③

SET 15
141 ⑤ 142 36 143 151 144 ⑤ 145 ④ 146 ③ 147 43
148 ② 149 31 150 ④

SET 16
151 ⑤ 152 ③ 153 ⑤ 154 ⑤ 155 841 156 ⑤ 157 67
158 ⑤ 159 50 160 365

III. 통계

SET 17
161 11 162 ④ 163 ③ 164 40 165 ⑤ 166 ② 167 ④
168 36 169 64 170 ①

SET 18
171 ② 172 ④ 173 ④ 174 ① 175 ③ 176 ② 177 100
178 ② 179 ② 180 432

SET 19
181 ③ 182 ④ 183 55 184 294 185 ④ 186 ③ 187 5
188 28 189 ⑤ 190 12

SET 20
191 ③ 192 ③ 193 ⑤ 194 ③ 195 980 196 300 197 22
198 ③ 199 ④ 200 17

SET 21
201 108 202 ⑤ 203 ③ 204 ⑤ 205 ③ 206 600 207 ⑤
208 ③ 209 11 210 ③

SET 22
211 ⑤ 212 ④ 213 200 214 4 215 ① 216 ② 217 ④
218 64 219 89 220 ①

SET 23
221 ② 222 ③ 223 11 224 15 225 15 226 557 227 145
228 4 229 ③ 230 71

SET 24
231 ③ 232 ③ 233 ④ 234 25 235 ⑤ 236 36 237 ④
238 ④ 239 256 240 439

빠른 정답

Ⅰ. 경우의 수

SET 01 001 24 002 ① 003 ④ 004 ⑤ 005 ① 006 455 007 220 008 ③

SET 02 009 ⑤ 010 ① 011 ③ 012 ⑤ 013 ② 014 ①

SET 03 015 ① 016 ⑤ 017 ④ 018 ③ 019 ③ 020 ⑤ 021 28

SET 04 022 ① 023 33 024 ③ 025 9 026 ④ 027 114 028 ③ 029 115

SET 05 030 ② 031 ② 032 ② 033 ② 034 ③ 035 ⑤ 036 ③ 037 36

SET 06 038 60 039 ② 040 ③ 041 25 042 ① 043 9

SET 07 044 ② 045 ③ 046 32 047 260

SET 08 048 12 049 ① 050 ② 051 332 052 ⑤ 053 49

Ⅱ. 확률

SET 09 054 ① 055 ⑤ 056 ⑤ 057 ② 058 ② 059 ② 060 ④ 061 ①

SET 10 062 ④ 063 43 064 137 065 ② 066 ④ 067 ① 068 ①

SET 11 069 ⑤ 070 ③ 071 ④ 072 8 073 ③ 074 ② 075 ⑤ 076 ①

SET 12 077 ③ 078 50 079 ④ 080 30 081 ② 082 89 083 ④

SET 13 084 ② 085 ⑤ 086 ① 087 ③ 088 ③

SET 14 089 16 090 ④ 091 ③ 092 ① 093 ⑤ 094 72 095 ② 096 51

SET 15 097 ② 098 10 099 15 100 19 101 ③ 102 252 103 136 104 ③

SET 16 105 ④ 106 ③ 107 587 108 ③ 109 ③ 110 62

Ⅲ. 통계

SET 17 111 ⑤ 112 80 113 ③ 114 30 115 ② 116 ② 117 ① 118 ③ 119 ④

SET 18 120 10 121 ② 122 ④ 123 ④ 124 25 125 ⑤ 126 155 127 ⑤

SET 19 128 ④ 129 ② 130 121 131 ④ 132 ③ 133 ④ 134 ③

SET 20 135 50 136 8 137 ② 138 ④ 139 ④ 140 ⑤ 141 78 142 ②

SET 21 143 ① 144 ③ 145 ③ 146 10 147 28 148 31 149 ④

SET 22 150 ① 151 25 152 ③ 153 ① 154 ② 155 ⑤ 156 ⑤ 157 ①

SET 23 158 ④ 159 ② 160 47 161 ⑤ 162 ② 163 ④ 164 ⑤

SET 24 165 ③ 166 125 167 ④ 168 ② 169 ④ 170 12 171 175

Memo

Memo

어삼쉬사 Plus+

너기출
평가원 기출
완전 분석

수능 수학을 책임지는
이투스북

어삼쉬사 Plus+
수능의 허리
완벽 대비

실전●수능
고쟁이
실전 대비
고난도 집중 훈련

어삼쉬사
Plus+

| 정답과 풀이 |

확률과
통계

240제

어삼쉬사를 넘어 1등급 도전이 시작된다.

이투스북

어삼쉬사 Plus+

빠른 정답

어려운 3점 쉬운 4점 **핵** / **심** / **문** / **제**

I. 경우의 수

SET 01
001 ② 002 ④ 003 ② 004 ② 005 ② 006 559 007 ⑤
008 ① 009 ③ 010 ③

SET 02
011 ③ 012 ② 013 81 014 ③ 015 ③ 016 80 017 111
018 ② 019 ① 020 ④

SET 03
021 ② 022 ③ 023 126 024 540 025 ② 026 ① 027 ④
028 ⑤ 029 ④ 030 90

SET 04
031 45 032 ⑤ 033 54 034 ③ 035 ② 036 441 037 120
038 ③ 039 162 040 ①

SET 05
041 ③ 042 80 043 126 044 ① 045 ④ 046 ② 047 ④
048 ④ 049 396 050 41

SET 06
051 5 052 ③ 053 ⑤ 054 ⑤ 055 128 056 ① 057 525
058 169 059 ③ 060 64

SET 07
061 ② 062 ② 063 ④ 064 ② 065 180 066 ③ 067 ⑤
068 ⑤ 069 420 070 ④

SET 08
071 ⑤ 072 ① 073 ③ 074 ④ 075 14 076 ③ 077 ①
078 242 079 ④ 080 600

II. 확률

SET 09
081 ② 082 ⑤ 083 ④ 084 ① 085 ⑤ 086 223 087 ③
088 ③ 089 ② 090 6

SET 10
091 ④ 092 21 093 ④ 094 ④ 095 ④ 096 ③ 097 89
098 ④ 099 11 100 17

SET 11
101 ③ 102 ⑤ 103 ① 104 ⑤ 105 ① 106 20 107 ③
108 14 109 ② 110 59

SET 12
111 ⑤ 112 ③ 113 ① 114 ② 115 64 116 ⑤ 117 60
118 ② 119 ④ 120 340

SET 13
121 ② 122 ② 123 ② 124 60 125 ④ 126 ② 127 ①
128 ③ 129 ③ 130 ③

SET 14
131 ③ 132 ⑤ 133 33 134 ① 135 ③ 136 ④ 137 300
138 ④ 139 ④ 140 ③

SET 15
141 ⑤ 142 36 143 151 144 ⑤ 145 ④ 146 ③ 147 43
148 ② 149 31 150 ④

SET 16
151 ⑤ 152 ③ 153 ⑤ 154 ⑤ 155 841 156 ⑤ 157 67
158 ⑤ 159 50 160 365

III. 통계

SET 17
161 11 162 ④ 163 ③ 164 40 165 ⑤ 166 ② 167 ④
168 36 169 64 170 ①

SET 18
171 ② 172 ④ 173 ④ 174 ① 175 ③ 176 ② 177 100
178 ② 179 ② 180 432

SET 19
181 ③ 182 ④ 183 55 184 294 185 ④ 186 ③ 187 5
188 28 189 ⑤ 190 12

SET 20
191 ③ 192 ③ 193 ⑤ 194 ③ 195 980 196 300 197 22
198 ③ 199 ④ 200 17

SET 21
201 108 202 ⑤ 203 ③ 204 ⑤ 205 ③ 206 600 207 ⑤
208 ③ 209 11 210 ③

SET 22
211 ⑤ 212 ③ 213 200 214 4 215 ① 216 ② 217 ④
218 64 219 89 220 ①

SET 23
221 ② 222 ③ 223 11 224 15 225 15 226 557 227 145
228 4 229 ③ 230 71

SET 24
231 ③ 232 ③ 233 ④ 234 25 235 ⑤ 236 36 237 ④
238 ④ 239 256 240 439

빠른 정답

Ⅰ. 경우의 수

SET 01
001 24 002 ① 003 ④ 004 ⑤ 005 ① 006 455 007 220
008 ③

SET 02
009 ⑤ 010 ① 011 ③ 012 ⑤ 013 ② 014 ①

SET 03
015 ① 016 ⑤ 017 ④ 018 ③ 019 ③ 020 ⑤ 021 28

SET 04
022 ① 023 33 024 ③ 025 9 026 ④ 027 114 028 ③
029 115

SET 05
030 ② 031 ② 032 ② 033 ② 034 ④ 035 ⑤ 036 ③
037 36

SET 06
038 60 039 ② 040 ③ 041 25 042 ① 043 9

SET 07
044 ② 045 ③ 046 32 047 260

SET 08
048 12 049 ① 050 ② 051 332 052 ⑤ 053 49

Ⅱ. 확률

SET 09
054 ① 055 ⑤ 056 ⑤ 057 ② 058 ② 059 ② 060 ④
061 ①

SET 10
062 ④ 063 43 064 137 065 ② 066 ④ 067 ① 068 ①

SET 11
069 ⑤ 070 ③ 071 ④ 072 8 073 ③ 074 ② 075 ⑤
076 ①

SET 12
077 ③ 078 50 079 ④ 080 30 081 ② 082 89 083 ④

SET 13
084 ② 085 ⑤ 086 ① 087 ③ 088 ③

SET 14
089 16 090 ④ 091 ③ 092 ① 093 ⑤ 094 72 095 ②
096 51

SET 15
097 ② 098 10 099 15 100 19 101 ③ 102 252 103 136
104 ③

SET 16
105 ④ 106 ③ 107 587 108 ③ 109 ③ 110 62

Ⅲ. 통계

SET 17
111 ⑤ 112 80 113 ③ 114 30 115 ② 116 ② 117 ①
118 ③ 119 ④

SET 18
120 10 121 ② 122 ④ 123 ④ 124 25 125 ⑤ 126 155
127 ⑤

SET 19
128 ④ 129 ② 130 121 131 ④ 132 ③ 133 ④ 134 ③

SET 20
135 50 136 8 137 ② 138 ④ 139 ④ 140 ⑤ 141 78
142 ②

SET 21
143 ① 144 ③ 145 ③ 146 10 147 28 148 31 149 ④

SET 22
150 ① 151 25 152 ③ 153 ① 154 ② 155 ⑤ 156 ⑤
157 ①

SET 23
158 ④ 159 ② 160 47 161 ⑤ 162 ② 163 ④ 164 ⑤

SET 24
165 ③ 166 125 167 ④ 168 ② 169 ④ 170 12 171 175

어 삼 쉬 사

Plus+

| 정답과 풀이 |

34

확률과
통계

240제

어삼쉬사를 넘어 1등급 도전이 시작된다.

학습진단표

약점 유형 확인

Ⅰ. 경우의 수

중단원명	유형명	문항번호	틀린갯수
① 순열과 조합	유형 01 원순열	003, 018, 026, 037, 048, 055, 066, 067, 071	/ 9개
	유형 02 중복순열(1) – 숫자 또는 문자 나열하기	009, 022, 045, 061	/ 4개
	유형 03 중복순열(2) – 집합, 함수의 개수	013, 029, 033, 047, 059, 070, 077	/ 7개
	유형 04 중복순열(3) – 나누어 배정하기	002, 024, 044, 054, 074	/ 5개
	유형 05 같은 것이 있는 순열(1) – 서로 같은 대상을 포함할 때	005, 007, 020, 025, 032, 034, 046, 057	/ 8개
	유형 06 같은 것이 있는 순열(2) – 일부 대상의 순서가 정해져 있을 때	014, 023, 053, 063, 076	/ 5개
	유형 07 최단경로의 수	004, 042, 075	/ 3개
	유형 08 중복조합(1) – 내적 문제 해결	008, 010, 016, 017, 019, 027, 028, 036, 039, 040, 049, 052, 058, 060, 064, 068, 069, 078, 079	/ 19개
	유형 09 중복조합(2) – 외적 문제 해결	015, 030, 038, 050, 056, 065, 080	/ 7개
② 이항정리	유형 10 이항정리(1) – 전개식에서 특정 항의 계수 구하기	001, 021, 031, 062	/ 4개
	유형 11 이항정리(2) – 전개식에서 미지수 구하기	012, 035, 041, 072	/ 4개
	유형 12 이항정리의 응용	006, 011, 043, 051, 073	/ 5개

Ⅱ. 확률

중단원명	유형명	문항번호	틀린갯수
① 확률의 뜻과 활용	유형 01 수학적 확률의 뜻(1) – 일일이 세기	085, 094, 105, 112, 133, 145, 156	/ 7개
	유형 02 수학적 확률의 뜻(2) – 순열·조합을 이용하여 세기	084, 086, 097, 100, 110, 113, 114, 120, 122, 127, 132, 135, 140, 143, 155	/ 15개
	유형 03 확률의 덧셈정리(1) – 확률로 확률 계산	081, 111	/ 2개
	유형 04 확률의 덧셈정리(2) – 활용	082, 093, 098, 102, 104, 118, 119, 125, 130, 144, 149, 154, 158	/ 13개
② 조건부확률	유형 05 조건부확률의 뜻과 계산	101, 131, 151	/ 3개
	유형 06 조건부확률의 활용(1) – 확률 주어질 때	087, 099, 108, 129, 136, 139, 147, 153, 159	/ 9개
	유형 07 조건부확률의 활용(2) – 원소 개수 주어질 때	083, 107, 116, 126, 137, 142	/ 6개
	유형 08 조건부확률의 활용(3) – 비율 주어질 때	088, 117, 124	/ 3개
	유형 09 확률의 곱셈정리	096, 109, 123, 138, 146, 157	/ 6개
	유형 10 사건의 독립과 종속(1) – 확률로 확률 계산	091, 121, 141	/ 3개
	유형 11 사건의 독립과 종속(2) – 뜻과 활용	090, 106, 115, 148	/ 4개
	유형 12 독립시행의 확률	089, 092, 095, 103, 128, 134, 150, 152, 160	/ 9개

Ⅲ. 통계

중단원명		유형명	문항번호	틀린갯수
① 확률분포	유형 01	확률질량함수	186, 211	/ 2개
	유형 02	이산확률변수의 평균	161, 171, 187, 200, 205, 231	/ 6개
	유형 03	이산확률변수의 분산	166, 178, 183, 197, 221, 237	/ 6개
	유형 04	이항분포의 뜻	162, 191, 201	/ 3개
	유형 05	이항분포의 활용	164, 170, 184, 196, 206, 214, 223, 225, 239	/ 9개
	유형 06	확률밀도함수(1) – 확률 계산	176, 194, 202, 209, 212, 232	/ 6개
	유형 07	확률밀도함수(2) – 확률을 이용하여 정의한 새로운 함수	163, 172, 189	/ 3개
	유형 08	정규분포와 표준정규분포	174, 179, 190, 192, 208, 220, 224, 236	/ 8개
	유형 09	정규분포의 활용(1) – 확률변수 1개	165, 185, 203, 219	/ 4개
	유형 10	정규분포의 활용(2) – 확률변수 2개	180, 199, 226, 229, 233	/ 5개
② 통계적 추정	유형 11	표본평균의 정의	181, 210, 228, 230	/ 4개
	유형 12	표본평균의 분포(1) – 확률 구하기	167, 182, 193, 217, 235, 240	/ 6개
	유형 13	표본평균의 분포(2) – 확률이 주어질 때	169, 177, 207, 215, 218, 222	/ 6개
	유형 14	모평균의 추정	168, 173, 175, 188, 195, 198, 204, 213, 216, 227, 234, 238	/ 12개

풀이 시간 확인

Ⅰ. 경우의 수

SET	SET 01	SET 02	SET 03	SET 04	SET 05	SET 06	SET 07	SET 08
Time								

Ⅱ. 확률

SET	SET 09	SET 10	SET 11	SET 12	SET 13	SET 14	SET 15	SET 16
Time								

Ⅲ. 통계

SET	SET 17	SET 18	SET 19	SET 20	SET 21	SET 22	SET 23	SET 24
Time								

I 경우의 수

001

$\left(3x + \dfrac{1}{x^2}\right)^5$ 의 전개식에서 일반항은

$_5\mathrm{C}_r (3x)^{5-r} \left(\dfrac{1}{x^2}\right)^r = {}_5\mathrm{C}_r\, 3^{5-r} x^{5-3r}$

$\qquad\qquad\qquad$ (단, $r = 0, 1, 2, 3, 4, 5$)

$\dfrac{1}{x^4}$ 의 계수는 $5 - 3r = -4$, 즉 $r = 3$일 때이므로

$_5\mathrm{C}_3 \times 3^2 = 10 \times 9 = 90$

답 ②

002

서로 다른 종류의 사탕 4개를

3개의 그릇 A, B, C에 남김없이 담는 경우의 수는

A, B, C 중에서 중복을 허락하여 4개를 택하는 중복순열의

수와 같으므로

$_3\Pi_4 = 3^4 = 81$

답 ④

003

4명의 학생 A, B, C, D가 앉고 남게 되는 의자 1개를

◎라 하면 구하는 경우의 수는 A, B, C, D, ◎를

원형으로 배열하는 경우의 수와 같으므로

$\dfrac{5!}{5} = 24$

답 ②

004

(i) P 지점을 지나는 경우

A 지점에서 P 지점까지 최단거리로 가는 경우의 수는

$2! = 2$

P 지점에서 B 지점까지 최단거리로 가는 경우의 수는

$\dfrac{6!}{3!\,3!} = 20$

따라서 이때의 경우의 수는 $2 \times 20 = 40$

(ii) Q 지점을 지나는 경우

A 지점에서 Q 지점까지 최단거리로 가는 경우의 수는

$\dfrac{5!}{2!\,3!} = 10$

Q 지점에서 B 지점까지 최단거리로 가는 경우의 수는

$\dfrac{3!}{2!} = 3$

따라서 이때의 경우의 수는 $10 \times 3 = 30$

(iii) P와 Q 지점 모두 지나는 경우

A 지점에서 P 지점까지 최단거리로 가는 경우의 수는

$2! = 2$

P 지점에서 Q 지점까지 최단거리로 가는 경우의 수는

$\dfrac{3!}{2!} = 3$

Q 지점에서 B 지점까지 최단거리로 가는 경우의 수는

$\dfrac{3!}{2!} = 3$

따라서 이때의 경우의 수는 $2 \times 3 \times 3 = 18$

(i)~(iii)에서 구하는 경우의 수는

$40 + 30 - 18 = 52$

답 ②

005

1 이상 9 이하의 자연수 5개의 곱이 16인 경우는 다음과 같다.

$16 = 8 \times 2 \times 1 \times 1 \times 1$

$ = 4 \times 4 \times 1 \times 1 \times 1$

$ = 4 \times 2 \times 2 \times 1 \times 1$

$ = 2 \times 2 \times 2 \times 2 \times 1$

(i) 각 자리의 수가 1, 1, 1, 2, 8인 경우

이를 이용하여 만든 다섯 자리 자연수의 개수는

$\dfrac{5!}{3!} = 20$

(ii) 각 자리의 수가 1, 1, 1, 4, 4인 경우

이를 이용하여 만든 다섯 자리 자연수의 개수는

$\dfrac{5!}{3!\,2!} = 10$

(iii) 각 자리의 수가 1, 1, 2, 2, 4인 경우

이를 이용하여 만든 다섯 자리 자연수의 개수는

$\dfrac{5!}{2!\,2!} = 30$

(iv) 각 자리의 수가 1, 2, 2, 2, 2인 경우

이를 이용하여 만든 다섯 자리 자연수의 개수는

$\dfrac{5!}{4!} = 5$

(i)~(iv)에서 구하는 자연수의 개수는

$20 + 10 + 30 + 5 = 65$

답 ②

006

$1 \leq x + y + z \leq 13$에서

방정식 $x + y + z = 1$을 만족시키는 음이 아닌 정수 x, y, z의 순서쌍 (x, y, z)의 개수는 $_3H_1$

방정식 $x + y + z = 2$를 만족시키는 음이 아닌 정수 x, y, z의 순서쌍 (x, y, z)의 개수는 $_3H_2$

방정식 $x + y + z = 3$을 만족시키는 음이 아닌 정수 x, y, z의 순서쌍 (x, y, z)의 개수는 $_3H_3$

$\qquad \vdots$

방정식 $x + y + z = 13$을 만족시키는 음이 아닌 정수 x, y, z의 순서쌍 (x, y, z)의 개수는 $_3H_{13}$

따라서 구하는 순서쌍 (x, y, z)의 개수는

$_3H_1 + _3H_2 + _3H_3 + \cdots + _3H_{13}$

$= _3C_1 + _4C_2 + _5C_3 + \cdots + _{15}C_{13}$

$= (_2C_0 + _3C_1 + _4C_2 + _5C_3 + \cdots + _{15}C_{13}) - 1$

$= _{16}C_{13} - 1 = _{16}C_3 - 1$

$= 560 - 1 = 559$

다른풀이

부등식 $x + y + z \leq 13$을 만족시키는 음이 아닌 정수 x, y, z의 순서쌍 (x, y, z)의 개수는 방정식 $x + y + z + w = 13$을 만족시키는 음이 아닌 정수 x, y, z, w의 순서쌍 (x, y, z, w)의 개수와 같으므로

$_4H_{13} = _{16}C_{13} = _{16}C_3 = 560$

그런데 부등식 $1 \leq x + y + z \leq 13$을 만족시켜야 하므로 $(0, 0, 0)$을 제외해야 한다.

따라서 구하는 순서쌍 (x, y, z)의 개수는

$560 - 1 = 559$

답 559

007

2, 4, 4, 8, 8, 8을 일렬로 나열하여 만들 수 있는 여섯 자리의 자연수의 개수는

$\dfrac{6!}{2!3!} = 60$

이때 여섯 자리의 자연수가 4의 배수이려면 끝의 두 자리의 수가 4의 배수이어야 하는데 **참고**

'42', '82'는 4의 배수가 아니고

'24', '44', '84', '28', '48', '88'은 4의 배수이다.

즉, 만들 수 있는 여섯 자리의 자연수 중 4의 배수가 아닌 것은 일의 자리의 숫자가 2인 수이다.

만들 수 있는 여섯 자리의 자연수 중 일의 자리의 숫자가 2인 자연수의 개수는

$\dfrac{5!}{2!3!} = 10$

따라서 4의 배수의 개수는

$60 - 10 = 50$

답 ⑤

> **참고**
>
> 일반적으로 자연수 n을 100으로 나눈 몫과 나머지를 각각 p, q라 할 때, 100은 4의 배수이므로 $n = 100p + q$가 4의 배수이기 위한 필요충분조건은 q가 4의 배수인 것이다.

008

조건 (가)를 만족시키는 세 자연수 a, b, c는

2부터 10까지의 9개의 자연수 중에서 중복을 허락하여 3개를 선택한 후 크기순으로 결정하면 되므로 순서쌍 (a, b, c)의 개수는

$_9H_3 = _{11}C_3 = 165$

이 중 조건 (나)를 만족시키지 않는 경우, 즉 $a \times b \times c$가 홀수가 되는 경우는

3, 5, 7, 9의 4개 중에서 중복을 허락하여 3개를 선택하면 되므로 이때의 순서쌍 (a, b, c)의 개수는

$_4H_3 = _6C_3 = 20$

따라서 구하는 순서쌍의 개수는

$165 - 20 = 145$

답 ①

009

조건 (가)를 만족시키도록 양 끝의 두 칸을 채우는 경우의 수는 $_4P_2 = 12$이다.

일반성을 잃지 않고 이 중 한 경우를 $a \square \square \square b$라 하면 조건 (나)를 만족시키도록 남은 세 칸을 채우는 경우의 수는 다음과 같다.

(ⅰ) c, d를 모두 한 번도 사용하지 않을 때

$_2\Pi_3 = 8$

(ⅱ) c를 한 번도 사용하지 않고 d는 한 번 이상 사용할 때

$_3\Pi_3 - _2\Pi_3 = 27 - 8 = 19$

(ⅲ) d를 한 번도 사용하지 않고 c는 한 번 이상 사용할 때

$_3\Pi_3 - _2\Pi_3 = 27 - 8 = 19$

(ⅰ)~(ⅲ)에서 $a\square\square\square b$의 남은 세 칸을 채우는 경우의 수는 $8 + 19 + 19 = 46$이다.

따라서 구하는 경우의 수는

$12 \times 46 = 552$

답 ③

010

집합 $X = \{1,\ 2,\ 3,\ 4\}$에 대하여 함수 $f : X \to X$ 중에서 주어진 조건을 만족시키는 함수 f는 다음과 같이 나누어 생각할 수 있다.

(ⅰ) $f(1) \le f(2) = f(3) \le f(4)$일 때

이때의 함수 f의 개수는 $_4\mathrm{H}_3 = _6\mathrm{C}_3 = 20$

(ⅱ) $f(1) \le f(2) < f(3) \le f(4)$일 때

$f(1) \le f(2) \le f(3) \le f(4)$인 함수 f의 개수는

$_4\mathrm{H}_4 = _7\mathrm{C}_4 = 35$이므로 (ⅰ)에 의하여

이때의 함수 f의 개수는 $35 - 20 = 15$

(ⅲ) $f(1) \le f(3) < f(2) \le f(4)$일 때

(ⅱ)와 마찬가지로 이때의 함수 f의 개수는 15이다.

(ⅰ)~(ⅲ)에서 구하는 함수 f의 개수는

$20 + 15 + 15 = 50$

다른풀이

주어진 조건을 만족시키는 함수 f는

$f(1) \le f(2) \le f(4)$이고 $f(1) \le f(3) \le f(4)$이어야 한다.

(ⅰ) $f(4) - f(1) = 0$일 때

$f(1)$, $f(4)$의 값을 정하는 방법의 수는 $_4\mathrm{C}_1 = 4$,

$f(2)$, $f(3)$의 값을 정하는 방법의 수는 $_1\Pi_2 = 1$

이므로 이때의 함수 f의 개수는 $4 \times 1 = 4$이다.

(ⅱ) $f(4) - f(1) = 1$일 때

$f(1)$, $f(4)$의 값을 정하는 방법의 수는 $_3\mathrm{C}_1 = 3$,

$f(2)$, $f(3)$의 값을 정하는 방법의 수는 $_2\Pi_2 = 4$

이므로 이때의 함수 f의 개수는 $3 \times 4 = 12$이다.

(ⅲ) $f(4) - f(1) = 2$일 때

$f(1)$, $f(4)$의 값을 정하는 방법의 수는 $_2\mathrm{C}_1 = 2$,

$f(2)$, $f(3)$의 값을 정하는 방법의 수는 $_3\Pi_2 = 9$

이므로 이때의 함수 f의 개수는 $2 \times 9 = 18$이다.

(ⅳ) $f(4) - f(1) = 3$일 때

$f(1)$, $f(4)$의 값을 정하는 방법의 수는 $_1\mathrm{C}_1 = 1$,

$f(2)$, $f(3)$의 값을 정하는 방법의 수는 $_4\Pi_2 = 16$

이므로 이때의 함수 f의 개수는 $1 \times 16 = 16$이다.

따라서 구하는 함수 f의 개수는

$4 + 12 + 18 + 16 = 50$

답 ③

011

이항정리에 의하여

$_{10}\mathrm{C}_1 + _{10}\mathrm{C}_3 + _{10}\mathrm{C}_5 + _{10}\mathrm{C}_7 + _{10}\mathrm{C}_9 = 2^{10-1} = 2^9$이고,

$(_2\mathrm{H}_n)^3 = (_{2+n-1}\mathrm{C}_n)^3 = (_{n+1}\mathrm{C}_1)^3 = (n+1)^3$이므로

$2^9 = (n+1)^3$, $n+1 = 2^3 = 8$

$\therefore\ n = 7$

답 ③

012

$\left(\dfrac{x}{2} - a\right)^6$의 전개식에서 일반항은

$_6\mathrm{C}_r \left(\dfrac{x}{2}\right)^r (-a)^{6-r} = _6\mathrm{C}_r \left(\dfrac{1}{2}\right)^r (-a)^{6-r} x^r$

(단, $r = 0,\ 1,\ 2,\ \cdots,\ 6$)

x^3의 계수는 $r = 3$일 때이므로

$_6\mathrm{C}_3 \times \left(\dfrac{1}{2}\right)^3 \times (-a)^3 = -20$

$20 \times \dfrac{1}{8} \times (-a^3) = -20$, $a^3 = 8$

$\therefore\ a = 2$

답 ②

013

$U = \{1,\ 2,\ 3,\ 4,\ 5\}$라 할 때,

전체집합 U의 두 부분집합 A, B에 대하여

$A \cap B = \{1\}$이므로

세 집합 U, A, B를 벤 다이어그램으로 나타내면 다음과 같다.

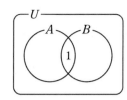

1이 아닌 집합 U의 나머지 원소 2, 3, 4, 5는 서로소인
세 집합 $A-B$, $B-A$, $(A\cup B)^C$ 중 반드시 하나의
집합에만 속해야 한다.
즉, 구하는 순서쌍 (A, B)의 개수는
$A-B$, $B-A$, $(A\cup B)^C$의 3개 중에서
중복을 허락하여 4개를 택하는 경우의 수와 같으므로
$_3\Pi_4 = 3^4 = 81$

답 81

014

A, B, C를 제외한 5곳의 관광지 중
오늘 방문할 2곳의 관광지를 선택하는 경우의 수는
$_5C_2 = 10$
선택된 2곳의 관광지를 △, □라 하면
A, B, C, △, □에서
A, B, C를 같은 것으로 생각하여 배열하는 방법의 수는
$\dfrac{5!}{3!} = 20$
이때 A와 C는 B보다 먼저 방문해야 하므로
A → C → B 또는 C → A → B로 2가지
따라서 구하는 경우의 수는
$10 \times 20 \times 2 = 400$

답 ③

015

서로 다른 종류의 음료수 3개를 3명의 학생에게 1개씩
나누어 주는 경우의 수는 $3! = 6$
이때 3명의 학생에게 빵을 나누어 주는 방법의 수는
3명의 학생에게 빵을 한 개씩 먼저 나누어 주고 남은 빵
5개를 3명의 학생 중에서 중복을 허락하여 5번 선택해서
나누어 주는 방법의 수와 같으므로
$_3H_5 = _7C_5 = 21$
따라서 구하는 경우의 수는
$6 \times 21 = 126$

답 ③

016

a, b, c, d는 자연수이므로
$a' = a-1$, $b' = b-1$, $c' = c-1$, $d' = d-1$이라 하면
a', b', c', d'은 음이 아닌 정수이고
$a+b+c+d = 10$에서
$(a'+1) + (b'+1) + (c'+1) + (d'+1) = 10$
$\therefore\ a'+b'+c'+d' = 6$
이를 만족시키는 음이 아닌 정수 a', b', c', d'의 순서쌍
(a', b', c', d')의 개수는
$_4H_6 = _9C_6 = _9C_3 = 84$ $\qquad\qquad$ ……㉠
한편, $a \le 6$, $b \le 6$, $c \le 6$, $d \le 6$이므로
a', b', c', d'의 값은 6 이상의 자연수는 될 수 없다.
따라서 ㉠에서 순서쌍 (a', b', c', d')이
$(6, 0, 0, 0)$, $(0, 6, 0, 0)$, $(0, 0, 6, 0)$, $(0, 0, 0, 6)$인
경우는 조건을 만족시키지 않으므로
구하는 순서쌍 (a, b, c, d)의 개수는
$84 - 4 = 80$

답 80

017

조건 (가)를 만족시키는 함수 $f : X \to Y$의 개수는
Y의 원소 6개 중에서 중복을 허락하여 4개를 뽑는 경우의
수와 같으므로
$_6H_4 = _9C_4 = 126$
이 중 조건 (나)를 만족시키지 않는,
즉 $f(1) > f(2) > f(3) > f(4)$인
함수 $f : X \to Y$의 개수는
Y의 원소 6개 중에서 서로 다른 4개를 뽑는 경우의 수와
같으므로
$_6C_4 = 15$
따라서 모든 조건을 만족시키는 함수의 개수는
$126 - 15 = 111$

답 111

018

빨간색과 파란색을 칠할 2개의 영역을 선택하는 방법의
수는 8
선택된 2개의 영역에 빨간색과 파란색을 각각 칠하는 방법의
수는 $2! = 2$

남은 6개의 영역에 남은 6개의 색을 칠하는 방법의 수는

$6! = 720$

이때 회전하여 같은 것이 4가지씩 있으므로

구하는 경우의 수는

$$\frac{8 \times 2 \times 720}{4} = 2880$$

다른풀이

회전 가능한 상태에서 빨간색을 칠하는 경우를 나누어
살펴보면

(i) 도형의 안쪽 4개의 영역 중 하나에 빨간색을 칠할 때
먼저 빨간색을 칠하는 방법의 수는 1,
다음 이웃한 영역에 파란색을 칠하는 방법의 수는 3,
이후 남은 6가지의 색을 칠하는 방법의 수는
$6! = 720$이므로
$1 \times 3 \times 720 = 2160$

(ii) 도형의 바깥쪽 4개의 영역 중 하나에 빨간색을 칠할 때
먼저 빨간색을 칠하는 방법의 수는 1,
다음 이웃한 영역에 파란색을 칠하는 방법의 수는 1,
이후 남은 6가지의 색을 칠하는 방법의 수는
$6! = 720$이므로
$1 \times 1 \times 720 = 720$

(i), (ii)에서 구하는 경우의 수는

$2160 + 720 = 2880$

답 ②

019

조건 (가)에서 자연수 a, b, c, d, e는 21 이하이다.

조건 (나)를 만족시키는 자연수 a, b의 순서쌍 (a, b)는

$(9, 1), (16, 4)$이므로

(i) $a = 9, b = 1$일 때
$c + d + e = 15$이고, 이를 만족시키는 자연수 $c, d,$
e의 순서쌍 (c, d, e)의 개수는
$c = c' + 1, d = d' + 1, e = e' + 1$이라 하면
$c' + d' + e' = 12$를 만족시키는 음이 아닌 정수 $c', d',$
e'의 순서쌍 (c', d', e')의 개수와 같다.
$$\therefore {}_3H_{12} = {}_{14}C_{12} = {}_{14}C_2 = 91$$

(ii) $a = 16, b = 4$일 때
$c + d + e = 5$이고, 이를 만족시키는 자연수 c, d, e의
순서쌍 (c, d, e)의 개수는

$c = c' + 1, d = d' + 1, e = e' + 1$이라 하면

$c' + d' + e' = 2$를 만족시키는 음이 아닌 정수 $c', d',$

e'의 순서쌍 (c', d', e')의 개수와 같다.

$$\therefore {}_3H_2 = {}_4C_2 = 6$$

따라서 구하는 순서쌍 (a, b, c, d, e)의 개수는

$91 + 6 = 97$

답 ①

020

조건 (가)에 의해 $a_1 = 1$ 또는 $a_1 = 2$이다.

조건 (나)에 의해 홀수 1과 3은 짝수 번 선택해야 한다.

(i) $a_1 = 1, a_2 = 2$일 때

a_3, a_4, a_5 중 한 개가 홀수이면 $2 \times \dfrac{3!}{2!} = 6$

a_3, a_4, a_5 중 세 개가 홀수이면 $2^3 = 8$

따라서 이때의 순서쌍의 개수는 $6 + 8 = 14$

(ii) $a_1 = 1, a_2 = 3$일 때

a_3, a_4, a_5가 모두 2이면 1

a_3, a_4, a_5 중 두 개가 홀수이면 $2^2 \times {}_3C_2 = 12$

따라서 이때의 순서쌍의 개수는 $1 + 12 = 13$

(iii) $a_1 = 2, a_2 = 3$일 때

a_3, a_4, a_5 중 한 개가 홀수이면 $2 \times \dfrac{3!}{2!} = 6$

a_3, a_4, a_5 중 세 개가 홀수이면 $2^3 = 8$

따라서 이때의 순서쌍의 개수는 $6 + 8 = 14$

(i)~(iii)에서 구하는 모든 순서쌍의 개수는

$14 + 13 + 14 = 41$

답 ④

021

다항식 $(x+1)^6(x^2-2)^5$의 전개식에서 x^3의 계수는

'다항식 $(x+1)^6$의 전개식에서 x의 계수와

다항식 $(x^2-2)^5$의 전개식에서 x^2의 계수의 곱'과

'다항식 $(x+1)^6$의 전개식에서 x^3의 계수와

다항식 $(x^2-2)^5$의 전개식에서 상수항의 곱'을

더한 것이다.

다항식 $(x+1)^6$의 전개식의 일반항은

$${}_6C_r x^r 1^{6-r} = {}_6C_r x^r \ (r = 0, 1, 2, \cdots, 6)$$

이므로 x의 계수, x^3의 계수는 각각
$$_6C_1 = 6, \ _6C_3 = 20$$
다항식 $(x^2 - 2)^5$의 전개식의 일반항은
$$_5C_s (x^2)^s (-2)^{5-s} = {}_5C_s (-2)^{5-s} x^{2s}$$
$$(s = 0, 1, 2, \cdots, 5)$$
이므로 x^2의 계수, 상수항은 각각
$$_5C_1 \times (-2)^4 = 80, \ _5C_0 \times (-2)^5 = -32$$
따라서 전개식에서 x^3의 계수는
$$6 \times 80 + 20 \times (-32) = -160$$

답 ②

022

a, b, c, d 중에서 중복을 허락하여 4개를 택하여 일렬로
나열하는 경우의 수는
$$_4\Pi_4 = 4^4 = 256$$
이 중 a가 포함되지 않는 경우의 수는
$$_3\Pi_4 = 3^4 = 81$$
따라서 a가 포함되어 있는 경우의 수는
$$256 - 81 = 175$$

답 ③

023

크기가 서로 다른 흰 구슬 5개를 같은 종류의 흰 구슬 5개로
생각하여 같은 종류의 검은 구슬 4개와 함께 일렬로 나열한
후 흰 구슬을 크기가 작은 것부터 큰 것 순으로 바꾸면 된다.
따라서 구하는 경우의 수는
$$\frac{9!}{5!4!} = 126$$

답 126

024

서로 다른 6개의 구슬 중에서 주머니 D에 들어갈 3개의
구슬을 선택하는 경우의 수는
$$_6C_3 = 20$$
남은 3개의 구슬을 주머니 A, B, C에 넣는 경우의 수는
A, B, C 중에서 중복을 허락하여 3개를 택해 일렬로
나열하는 중복순열의 수와 같으므로
$$_3\Pi_3 = 3^3 = 27$$

따라서 구하는 경우의 수는
$$20 \times 27 = 540$$

답 540

025

(i) 세로의 길이가 2인 직사각형을 1개 사용하는 경우
정사각형은 5개 사용해야 하므로 그 경우의 수는
$$\frac{6!}{5!} = 6$$

(ii) 세로의 길이가 2인 직사각형을 2개 사용하는 경우
정사각형은 3개 사용해야 하므로 그 경우의 수는
$$\frac{5!}{2!3!} = 10$$

(iii) 세로의 길이가 2인 직사각형을 3개 사용하는 경우
정사각형은 1개 사용해야 하므로 그 경우의 수는
$$\frac{4!}{3!} = 4$$

(i)~(iii)에서 구하는 경우의 수는 $6 + 10 + 4 = 20$

답 ②

026

6명이 원 모양의 탁자에 앉는 전체 경우의 수는
$$\frac{6!}{6} = 5! = 120$$
구하는 경우의 수는 전체 경우의 수에서
같은 팀의 직원끼리 서로 맞은편에 앉지 않는 경우의 수를
빼면 된다.
인사팀 직원을 A, A′, 홍보팀 직원을 B, B′, 마케팅팀
직원을 C, C′이라 하자.
A가 앉았을 때 그 맞은편에 앉을 수 있는 사람은
B, B′, C, C′으로 4가지

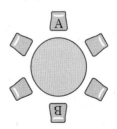

만약 A의 맞은편에 B가 앉았다면
그 후 A′이 앉을 수 있는 자리는 4가지이고
A′의 맞은편에 앉을 수 있는 사람은 C, C′으로 2가지
남은 2개의 자리에 남은 2명이 앉는 방법은 2가지이므로

같은 팀의 직원끼리 서로 맞은편에 앉지 않는 경우의 수는
$4 \times 4 \times 2 \times 2 = 64$
따라서 구하는 경우의 수는 $120 - 64 = 56$

다른풀이

인사팀 직원을 A, A′, 홍보팀 직원을 B, B′, 마케팅팀
직원을 C, C′이라 하자.
(i) 한 팀만 서로 맞은편에 앉는 경우
　　서로 맞은편에 앉을 팀을 선택하는 경우의 수는 3

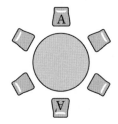

　　인사팀 직원 A, A′이 서로 맞은편에 앉을 때
　　B가 앉을 수 있는 자리의 수는 4
　　B의 맞은편에 앉을 수 있는 사람의 수는 C, C′으로 2
　　남은 2개의 자리에 남은 2명이 앉는 방법의 수는 2
　　따라서 이 경우의 수는 $3 \times 4 \times 2 \times 2 = 48$
(ii) 세 팀이 각각 서로 맞은편에 앉는 경우
　　인사팀 직원 A, A′이 서로 맞은편에 앉을 때
　　B가 앉을 수 있는 자리의 수는 4
　　B의 맞은편에는 B′이 앉고
　　남은 2개의 자리에 C, C′이 앉는 방법의 수는 2
　　따라서 이 경우의 수는 $4 \times 2 = 8$
(i), (ii)에서 구하는 경우의 수는 $48 + 8 = 56$

답 ①

027

조건 (나)에서 ab의 값은 1 또는 2이므로
$a = 1$, $b = 1$ 또는 $a = 1$, $b = 2$ 또는 $a = 2$, $b = 1$인
경우가 있다.
(i) $a = 1$, $b = 1$인 경우
　　조건 (가)에 대입하면
　　$1 + 1 + 2(c + d + e) = 15$
　　$\therefore c + d + e = \dfrac{13}{2}$
　　이는 c, d, e가 정수라는 조건에 모순이다.

(ii) $a = 1$, $b = 2$인 경우
　　조건 (가)에 대입하면
　　$1 + 2 + 2(c + d + e) = 15$
　　$\therefore c + d + e = 6$
　　이를 만족시키는 음이 아닌 정수 c, d, e의 순서쌍
　　(c, d, e)의 개수는
　　${}_3\mathrm{H}_6 = {}_8\mathrm{C}_6 = 28$
(iii) $a = 2$, $b = 1$인 경우
　　(ii)와 마찬가지로 이때의 경우의 수는 28
(i)~(iii)에서 구하는 순서쌍의 개수는
$28 + 28 = 56$

답 ④

028

방정식 $x + y + z + 2w = 0$에서 계수가 다른 w의 값에 따라
경우를 나누어서 생각한다.
이때 -1 이상의 정수 x, y, z, w에 대하여
$x + y + z = -2w \geq -3$이므로
가능한 정수 w의 값은 -1, 0, 1이다.
(i) $w = -1$일 때
　　$x + y + z = 2$에서
　　$x = x' - 1$, $y = y' - 1$, $z = z' - 1$이라 하면
　　$x' + y' + z' = 5$이므로
　　이를 만족시키는 음이 아닌 정수 x', y', z'의 순서쌍
　　(x', y', z')의 개수는
　　${}_3\mathrm{H}_5 = {}_7\mathrm{C}_5 = 21$
(ii) $w = 0$일 때
　　$x + y + z = 0$에서
　　$x = x' - 1$, $y = y' - 1$, $z = z' - 1$이라 하면
　　$x' + y' + z' = 3$이므로
　　이를 만족시키는 음이 아닌 정수 x', y', z'의 순서쌍
　　(x', y', z')의 개수는
　　${}_3\mathrm{H}_3 = {}_5\mathrm{C}_3 = 10$
(iii) $w = 1$일 때
　　$x + y + z = -2$에서
　　$x = x' - 1$, $y = y' - 1$, $z = z' - 1$이라 하면
　　$x' + y' + z' = 1$이므로
　　이를 만족시키는 음이 아닌 정수 x', y', z'의 순서쌍
　　(x', y', z')의 개수는
　　${}_3\mathrm{H}_1 = {}_3\mathrm{C}_1 = 3$

(i)~(iii)에서 구하는 순서쌍의 개수는

$21 + 10 + 3 = 34$

답 ⑤

029

$X = \{1, 2, 3, 4, 5\}$이므로 조건 (가)에 의하여 함수
$f : X \to X$의 치역의 원소의 개수는 2 또는 4이다.

(i) 함수 f의 치역의 원소의 개수가 2인 경우

조건 (나)에 의해 2, 4 중 적어도 하나를 원소로 갖는
함수 f의 치역을 정하는 방법의 수는

$_5\mathrm{C}_2 - {}_3\mathrm{C}_2 = 10 - 3 = 7$

이고, 정해진 치역에 $f(1)$부터 $f(5)$까지의 값을 각각
대응시키는 방법의 수는

$_2\Pi_5 - 1 - 1 = 32 - 2 = 30$

이므로 이 경우의 함수 f의 개수는

$7 \times 30 = 210$

(ii) 함수 f의 치역의 원소의 개수가 4인 경우

치역을 정하는 방법의 수는 $_5\mathrm{C}_4 = 5$이고, 이때 조건
(나)를 만족시킨다.

정해진 치역의 네 원소 중 하나의 원소에만 정의역의
원소 2개가 대응되어야 하므로 정해진 치역에
$f(1)$부터 $f(5)$까지의 값을 각각 대응시키는 방법의
수는

$_4\mathrm{C}_1 \times {}_5\mathrm{C}_2 \times 3! = 4 \times 10 \times 6 = 240$

즉, 이 경우의 함수 f의 개수는

$5 \times 240 = 1200$

(i), (ii)에서 구하는 함수 f의 개수는

$210 + 1200 = 1410$

답 ④

030

수업 계획표의 3개의 수업시간에
담당 선생님 3명의 이름을 적는 경우의 수는 $3! = 6$
이때 아침반, 점심반, 저녁반 각각의 수업을 듣는 회원 수를
x, y, z라 하면
$x + y + z = 14$ (단, x, y, z는 2 이상의 짝수)
$x = 2x' + 2, y = 2y' + 2, z = 2z' + 2$라 하면
$x' + y' + z' = 4$ (단, x', y', z'은 음이 아닌 정수)
이를 만족시키는 음이 아닌 정수 x', y', z'의 순서쌍
(x', y', z')의 개수는

$_3\mathrm{H}_4 = {}_6\mathrm{C}_4 = 15$

따라서 구하는 수업 계획표의 개수는

$6 \times 15 = 90$

답 90

031

$(3x - 1)^5$의 전개식에서 일반항은

$_5\mathrm{C}_r (-1)^{5-r}(3x)^r = {}_5\mathrm{C}_r (-1)^{5-r}3^r x^r$ ......㉠

(단, $r = 0, 1, 2, 3, 4, 5$)

$(3x - 1)^5 (x + 1)^2$의 전개식에서 x^4항이 나오는 경우는
다음과 같다.

(i) $(3x - 1)^5$의 전개식에서 x^4항과 $(x + 1)^2$의 전개식에서
상수항을 곱하는 경우

㉠에서 x^4항은 $r = 4$일 때이고 $(x + 1)^2$의 전개식에서
상수항은 1이므로 x^4의 계수는

$\{_5\mathrm{C}_4 \times (-1) \times 3^4\} \times 1 = -405$

(ii) $(3x - 1)^5$의 전개식에서 x^3항과 $(x + 1)^2$의 전개식에서
x항을 곱하는 경우

㉠에서 x^3항은 $r = 3$일 때이고 $(x + 1)^2$의 전개식에서
x의 계수는 2이므로 x^4의 계수는

$(_5\mathrm{C}_3 \times 3^3) \times 2 = 540$

(iii) $(3x - 1)^5$의 전개식에서 x^2항과 $(x + 1)^2$의 전개식에서
x^2항을 곱하는 경우

㉠에서 x^2항은 $r = 2$일 때이고 $(x + 1)^2$의 전개식에서
x^2의 계수는 1이므로 x^4의 계수는

$\{_5\mathrm{C}_2 \times (-1) \times 3^2\} \times 1 = -90$

(i)~(iii)에서 구하는 x^4의 계수는

$(-405) + 540 + (-90) = 45$

답 45

032

(i) 양 끝에 빨간색 공이 놓이는 경우

$\dfrac{7!}{4!\,2!} = 105$

(ii) 양 끝에 파란색 공이 놓이는 경우

$\dfrac{7!}{3!\,2!\,2!} = 210$

(iii) 양 끝에 노란색 공이 놓이는 경우

$$\frac{7!}{3!\,4!} = 35$$

(i)~(iii)에서 구하는 경우의 수는

$$105 + 210 + 35 = 350$$

답 ⑤

033

조건 (가), (나)에 의하여

$$\{1,\,2,\,3,\,4,\,5\} = A \cup (B - A) \cup B^C$$

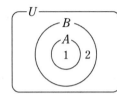 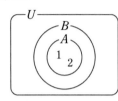

원소 1은 반드시 집합 A에 속해야 하므로 1가지,

원소 2는 두 집합 A, $B - A$ 중 하나에 속해야 하므로 2가지,

원소 3, 4, 5는 각각 세 집합 A, $B - A$, B^C 중 하나에 속해야 하므로

$${}_3\Pi_3 = 3^3 = 27(가지)$$

따라서 구하는 순서쌍 $(A,\,B)$의 개수는

$$1 \times 2 \times 27 = 54$$

답 54

034

(i) 1이 두 번만 포함되어 있는 자연수

1, 1, □, □, □

5개의 자리 중 1을 나열하는 경우의 수는

$${}_5C_2 = 10$$

남은 3개의 자리에 2, 3을 중복 사용하여 나열하는 경우의 수는

$${}_2\Pi_3 = 2^3 = 8$$

따라서 1이 두 번만 포함되어 있는 자연수의 개수는

$$10 \times 8 = 80$$

(ii) 2가 두 번만 포함되어 있는 자연수

2, 2, □, □, □

(i)과 마찬가지 방법으로 80

(iii) 1과 2가 모두 두 번만 포함되어 있는 자연수의 개수는

1, 1, 2, 2, 3을 일렬로 나열하는 경우의 수와 같으므로

$$\frac{5!}{2!\,2!} = 30$$

(i), (ii)에서 중복되는 (iii)의 경우는 빼주어야 하므로 구하는 자연수의 개수는

$$80 + 80 - 30 = 130$$

답 ③

035

$(x + a)^{10}$의 전개식에서 일반항은

$${}_{10}C_r\, a^{10 - r}\, x^r \quad (단,\ r = 0,\,1,\,2,\,\cdots,\,10)$$

x^k의 계수가 x^{k+1}의 계수보다 커야 하므로

$${}_{10}C_k \times a^{10 - k} > {}_{10}C_{k+1} \times a^{9 - k}$$

$$\frac{10!}{k!\,(10 - k)!} \times a > \frac{10!}{(k+1)!\,(9 - k)!}$$

$$a(k + 1) > 10 - k$$

$$k > \frac{10 - a}{a + 1}$$

이때 자연수 k의 최솟값이 2이므로

$$1 \le \frac{10 - a}{a + 1} < 2이어야 한다.$$

$1 \le \dfrac{10 - a}{a + 1}$에서 $a \le \dfrac{9}{2}$

$\dfrac{10 - a}{a + 1} < 2$에서 $a > \dfrac{8}{3}$

따라서 $\dfrac{8}{3} < a \le \dfrac{9}{2}$에서 가능한 자연수 a의 값은

3, 4이므로 구하는 합은

$$3 + 4 = 7$$

답 ②

036

$$xyz = 10^5 = 2^5 \times 5^5$$

이때 음이 아닌 정수 a, b, c, p, q, r에 대하여

$x = 2^a \times 5^p$, $y = 2^b \times 5^q$, $z = 2^c \times 5^r$라 하면

$xyz = 2^{a+b+c} \times 5^{p+q+r} = 2^5 \times 5^5$이므로

순서쌍 $(x,\,y,\,z)$의 개수는

$a + b + c = 5$, $p + q + r = 5$를 만족시키는 순서쌍 $(a,\,b,\,c,\,p,\,q,\,r)$의 개수와 같다.

따라서 구하는 값은

$${}_3H_5 \times {}_3H_5 = ({}_7C_5)^2 = 21^2 = 441$$

답 441

037

A, B, C를 포함한 8명의 학생 중에서 A, B, C를 포함하여
6명을 선택하는 경우의 수는 A, B, C를 제외한 5명의
학생 중에서 3명을 선택하는 경우의 수와 같으므로
$$_5C_3 = 10$$
A, B, C 중 어느 두 학생도 서로 이웃하지 않아야 하므로
A, B, C는 A, B, C를 제외한 3명의 학생 사이에 앉아야
한다.
A, B, C를 제외한 3명의 학생을 원형으로 배열하는
경우의 수는 $\dfrac{3!}{3} = 2! = 2$

A, B, C를 3개의 자리에 배열하는 경우의 수는 $3! = 6$
따라서 구하는 경우의 수는
$$10 \times 2 \times 6 = 120$$

답 120

038

세 상자에 넣을 6개의 구슬 중 유리구슬, 쇠구슬의 개수를
각각 a, b라 할 때, 순서쌍 (a, b)에 따라 나누어 담는 경우의
수는 다음과 같다.

(i) $(3, 3)$인 경우

구슬을 나누어 담는 경우의 수는
$$_3H_3 \times _3H_3 = _5C_3 \times _5C_3 = 10 \times 10 = 100$$

(ii) $(2, 4)$인 경우

구슬을 나누어 담는 경우의 수는
$$_3H_2 \times _3H_4 = _4C_2 \times _6C_4 = 6 \times 15 = 90$$

(iii) $(1, 5)$인 경우

구슬을 나누어 담는 경우의 수는
$$_3H_1 \times _3H_5 = _3C_1 \times _7C_5 = 3 \times 21 = 63$$

(i)~(iii)에서 구하는 경우의 수는
$$100 + 90 + 63 = 253$$

답 ③

039

(i) $z = 0$일 때

조건 (가)에서 $|x| + |y| = 10$이고

조건 (나)에서 $x \neq 0$, $y \neq 0$이므로
$$|x| = x' + 1, \quad |y| = y' + 1$$
(x', y'은 음이 아닌 정수)라 하면

$(x' + 1) + (y' + 1) = 10$에서 $x' + y' = 8$

이를 만족시키는 음이 아닌 정수 x', y'의 순서쌍
(x', y')의 개수는
$$_2H_8 = _9C_8 = 9$$이고

이 각각의 경우에 가능한 x, y의 부호는
$(+, -)$, $(-, +)$로 2가지이므로

이때 순서쌍 $(x, y, 0)$의 개수는 $9 \times 2 = 18$

(ii) $z \neq 0$일 때

조건 (가)에서 $|x| + |y| + |z| = 10$이고

조건 (나)에서 $x \neq 0$, $y \neq 0$이므로
$$|x| = x' + 1, \quad |y| = y' + 1, \quad |z| = z' + 1$$
(x', y', z'은 음이 아닌 정수)라 하면

$(x' + 1) + (y' + 1) + (z' + 1) = 10$에서
$$x' + y' + z' = 7$$

이를 만족시키는 음이 아닌 정수 x', y', z'의 순서쌍
(x', y', z')의 개수는
$$_3H_7 = _9C_7 = 36$$이고

이 각각의 경우에 가능한 x, y의 부호는 (i)과
마찬가지로 2가지,

z의 부호는 $+$, $-$로 2가지이므로

이때 순서쌍 (x, y, z)의 개수는 $36 \times 2 \times 2 = 144$

(i), (ii)에서 구하는 순서쌍 (x, y, z)의 개수는
$$18 + 144 = 162$$

답 162

040

조건 (가)에 의하여 $f(1)$의 값은 1 또는 3 또는 5가 될 수
있다.

(i) $f(1) = 1$인 경우

조건 (나)에서 $1 \leq f(2) \leq f(4) \leq 5$이므로
$f(2)$, $f(4)$의 값을 정하는 방법의 수는
$$_5H_2 = _6C_2 = 15$$

이때 $f(3)$, $f(5)$의 값을 정하는 방법의 수는
$$_5\Pi_2 = 25$$

즉, 이 경우의 함수 f의 개수는 $15 \times 25 = 375$이다.

(ii) $f(1) = 3$인 경우

조건 (나)에서 $3 \leq f(3) \leq f(2) \leq f(4) \leq 5$이므로
$f(3)$, $f(2)$, $f(4)$의 값을 정하는 방법의 수는
$$_3H_3 = _5C_3 = 10$$

이때 $f(5)$의 값을 정하는 방법의 수는

$_5C_1 = 5$

즉, 이 경우의 함수 f의 개수는 $10 \times 5 = 50$이다.

(iii) $f(1) = 5$인 경우

조건 (나)에서 $5 \leq f(5) \leq f(2) \leq f(4) \leq 5$이므로 $f(5)$, $f(2)$, $f(4)$의 값을 정하는 방법은 1가지이다.

이때 $f(3)$의 값을 정하는 방법의 수는

$_5C_1 = 5$

즉, 이 경우의 함수 f의 개수는 $1 \times 5 = 5$이다.

(i)~(iii)에서 구하는 함수 f의 개수는

$375 + 50 + 5 = 430$

답 ①

041

$\left(x^3 - \dfrac{a}{x}\right)^3$의 전개식에서 일반항은

$_3C_r \, (x^3)^{3-r} \left(-\dfrac{a}{x}\right)^r = {_3C_r}(-a)^r x^{9-4r}$ ······㉠

(단, $r = 0, 1, 2, 3$)

(i) $\left(x + \dfrac{1}{x^3}\right)$에서 x항과 $\left(x^3 - \dfrac{a}{x}\right)^3$에서 x항을 곱하는 경우

㉠에서 $9 - 4r = 1$, 즉 $r = 2$일 때이므로

$1 \times ({_3C_2} \times a^2) = 3a^2$

(ii) $\left(x + \dfrac{1}{x^3}\right)$에서 $\dfrac{1}{x^3}$항과 $\left(x^3 - \dfrac{a}{x}\right)^3$에서 x^5항을 곱하는 경우

㉠에서 $9 - 4r = 5$, 즉 $r = 1$일 때이므로

$1 \times \{{_3C_1} \times (-a)\} = -3a$

(i), (ii)에서 x^2의 계수는 $3a^2 - 3a$이고, x^2의 계수가 6이라 주어졌으므로

$3a^2 - 3a = 6$, $a^2 - a - 2 = 0$

$(a + 1)(a - 2) = 0$

$\therefore a = 2 \; (\because \; a > 0)$

답 ③

042

그림과 같이 점 P, Q, R, S를 정해 보자.

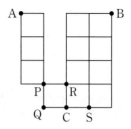

A 지점에서 출발하여 C 지점을 지나 B 지점까지 최단거리로 가는 경우는 다음과 같다.

(i) $A \to P \to Q \to C \to B$로 가는 경우

$\dfrac{4!}{3!} \times 1 \times 1 \times \dfrac{6!}{2!4!} = 4 \times 15 = 60$

(ii) $A \to P \to R \to C \to S \to B$로 가는 경우

$\dfrac{4!}{3!} \times 1 \times 1 \times 1 \times \dfrac{5!}{4!} = 4 \times 5 = 20$

(i), (ii)에서 구하는 경우의 수는

$60 + 20 = 80$

답 80

> **TIP**
>
> 한 번 지나간 도로는 다시 지나지 않아야 하므로 (ii)에서 C지점을 지난 뒤 다시 R지점을 지날 수 없다.

043

자연수 n에 대하여 다항식 $(1 + x)^n$의 전개식에서 일반항은

$_nC_r 1^{n-r} x^r = {_nC_r}x^r$ (단, $r = 0, 1, 2, \cdots, n$)

x^4항은 $r = 4$이고 $n \geq 4$일 때이므로 x^4의 계수는 $_nC_4$이다.

따라서 주어진 다항식의 x^4의 계수는

$_4C_4 + {_5C_4} + {_6C_4} + {_7C_4} + {_8C_4}$

$= {_5C_5} + {_5C_4} + {_6C_4} + {_7C_4} + {_8C_4}$

$= {_6C_5} + {_6C_4} + {_7C_4} + {_8C_4}$

$= {_7C_5} + {_7C_4} + {_8C_4}$

$= {_8C_5} + {_8C_4}$

$= {_9C_5} = {_9C_4}$

$= 126$

다른풀이

주어진 다항식은 첫째항이 1이고 공비가 $1 + x$인 등비수열의 합과 같으므로

(주어진 식)$= \dfrac{(1+x)^9 - 1}{(1+x) - 1} = \dfrac{(1+x)^9 - 1}{x} \; (x \neq 0)$

주어진 다항식의 x^4의 계수는 $(1+x)^9$의 전개식에서 x^5의 계수와 같다.

이때 $(1+x)^9$의 전개식에서 일반항은

$_9\mathrm{C}_r 1^{9-r} x^r = {_9\mathrm{C}_r} x^r$ (단, $r = 0, 1, 2, \cdots, 9$)

따라서 구하는 x^5의 계수는 $r = 5$일 때이므로

$_9\mathrm{C}_4 = 126$

답 126

044

(i) A와 D가 공을 1개씩 받을 때

서로 다른 5개의 공 중에서 A에게 줄 1개의 공과 D에게 줄 1개의 공을 선택하는 경우의 수는

$_5\mathrm{C}_1 \times {_4\mathrm{C}_1} = 20$

남은 서로 다른 3개의 공을 B와 C에게 나누어 주는 경우의 수는 $_2\Pi_3 = 8$

따라서 이때의 경우의 수는 $20 \times 8 = 160$

(ii) A와 D가 공을 2개씩 받을 때

서로 다른 5개의 공 중에서 A에게 줄 2개의 공과 D에게 줄 2개의 공을 선택하는 경우의 수는

$_5\mathrm{C}_2 \times {_3\mathrm{C}_2} = 10 \times 3 = 30$

남은 1개의 공을 B와 C에게 나누어 주는 경우의 수는 2

따라서 이때의 경우의 수는 $30 \times 2 = 60$

(i), (ii)에서 구하는 경우의 수는

$160 + 60 = 220$

답 ①

045

(i) 1을 포함하지 않은 경우

2, 3, 4, 5를 중복 허용하여 일렬로 나열하는 개수와 같으므로

$_4\Pi_4 = 4^4 = 256$

(ii) 1을 한 번 포함하는 경우

$(1, \square, \square, \square) / (\square, 1, \square, \square) /$
$(\square, \square, 1, \square) / (\square, \square, \square, 1)$

위와 같이 1이 위치할 수 있는 자리는 4개

나머지 3개의 자리에 2, 3, 4, 5가 위치하는 경우의 수는

$_4\Pi_3 = 4^3 = 64$이므로

1을 한 번 포함하는 경우의 수는

$4 \times 64 = 256$

(i), (ii)에서 구하는 경우의 수는

$256 + 256 = 512$

답 ④

046

구하는 경우의 수는

(양 끝에 위치하는 자음끼리 알파벳 순서로 나열하는 경우의 수)
$-$ (같은 문자끼리 이웃하는 경우의 수)

로 구할 수 있다.

주어진 8개의 문자 중 자음은 L, V, Y의 3개이고, 같은 알파벳은 O, O의 2개이다.

양 끝에 자음이 오되 양 끝에 위치하는 자음끼리는 알파벳 순서로 나열하는 경우의 수는 3개의 자음 중 2개를 뽑아 맨 앞과 맨 뒤에 알파벳 순서로 나열한 후 나머지 6개의 문자를 그 사이에 나열하는 경우의 수와 같으므로

$_3\mathrm{C}_2 \times \dfrac{6!}{2!} = 3 \times 360 = 1080$

양 끝에 자음이 오되 양 끝에 위치하는 자음끼리는 알파벳 순서로 나열하면서 같은 알파벳 O, O끼리 이웃하는 경우의 수는

$_3\mathrm{C}_2 \times 5! = 3 \times 120 = 360$

따라서 구하는 경우의 수는

$1080 - 360 = 720$

답 ②

047

조건 (가)에서 $f(1)$, $f(2)$의 값은 1, 3, 5 중 중복을 허락하여 2개를 뽑아 짝 지어주면 되므로

$_3\Pi_2 = 3^2 = 9$

$f(3)$, $f(4)$, $f(5)$의 값은 다음과 같이 경우를 나누어 구할 수 있다.

(i) $f(3) = 1$일 때

조건 (나)를 만족시키는 함수 f는 존재하지 않는다.

(ii) $f(3) = 2$일 때

조건 (나)에 의하여 $f(4) < 2$, $f(5) < 2$이므로

$f(4) = 1$, $f(5) = 1$인 경우 1가지

(iii) $f(3) = 3$일 때

조건 (나)에 의하여 $f(4) < 3$, $f(5) < 3$

$f(4)$, $f(5)$의 값은 1, 2 중 중복을 허락하여 2개를 뽑아 짝 지어주면 되므로

$$_2\Pi_2 = 2^2 = 4$$

(iv) $f(3) = 4$일 때

조건 (나)에 의하여 $f(4) < 4$, $f(5) < 4$

$f(4)$, $f(5)$의 값은 1, 2, 3 중 중복을 허락하여 2개를 뽑아 짝 지어주면 되므로

$$_3\Pi_2 = 3^2 = 9$$

(v) $f(3) = 5$일 때

조건 (나)에 의하여 $f(4) < 5$, $f(5) < 5$

$f(4)$, $f(5)$의 값은 1, 2, 3, 4 중 중복을 허락하여 2개를 뽑아 짝 지어주면 되므로

$$_4\Pi_2 = 4^2 = 16$$

(i)~(v)에서 $f(3)$, $f(4)$, $f(5)$의 값을 정하는 경우의 수는

$$1 + 4 + 9 + 16 = 30$$

따라서 구하는 함수의 개수는

$$9 \times 30 = 270$$

답 ④

048

5가지의 색 중에 도형의 내부에 칠할 4가지의 색을 선택하고 이를 배열하는 원순열의 수는 $_5C_4 \times \dfrac{4!}{4} = 30$

이 중 A, B를 포함한 4가지의 색을 선택하고 A와 B가 이웃하도록 배열하는 원순열의 수는

$$_3C_2 \times \left(\dfrac{3!}{3} \times 2! \right) = 12$$

따라서 구하는 경우의 수는 $30 - 12 = 18$

답 ④

049

조건 (나)에서 $y \leq 5$이므로 y의 값으로 가능한 것은 0, 1, 2, 3, 4, 5의 6개이다.

또한, $y \leq z$에서 $z - y \geq 0$이므로

$z - y = z'$ (z'은 음이 아닌 정수)라 하고

조건 (가)의 $x - y + z + w = 10$에 대입하면

$$x + z' + w = 10$$

$x + z' + w = 10$을 만족시키는 음이 아닌 정수 x, z', w의

순서쌍 (x, z', w)의 개수는

$$_3H_{10} = {}_{12}C_{10} = {}_{12}C_2 = 66$$

따라서 구하는 순서쌍 (x, y, z, w)의 개수는

$$6 \times 66 = 396$$

답 396

050

체리맛 사탕을 a개 ($a \leq 1$), 딸기맛 사탕을 b개 ($b \leq 1$), 포도맛 사탕을 c개 ($c \geq 1$), 오렌지맛 사탕을 d개 ($d \geq 1$), 레몬맛 사탕을 e개 ($e \geq 1$) 선택한다고 하면,

$a + b + c + d + e = 7$이고 음이 아닌 정수 c', d', e'에 대하여

$c' = c - 1$, $d' = d - 1$, $e' = e - 1$이라 하면

$$a + b + c' + d' + e' = 4$$

(i) $a = 1$, $b = 1$인 경우

$c' + d' + e' = 2$를 만족시키는 음이 아닌 정수 c', d', e'의 순서쌍 (c', d', e')의 개수는

$$_3H_2 = {}_4C_2 = 6$$

(ii) $a = 1$, $b = 0$인 경우

$c' + d' + e' = 3$을 만족시키는 음이 아닌 정수 c', d', e'의 순서쌍 (c', d', e')의 개수는

$$_3H_3 = {}_5C_3 = 10$$

(iii) $a = 0$, $b = 1$인 경우

$c' + d' + e' = 3$을 만족시키는 음이 아닌 정수 c', d', e'의 순서쌍 (c', d', e')의 개수는

$$_3H_3 = {}_5C_3 = 10$$

(iv) $a = 0$, $b = 0$인 경우

$c' + d' + e' = 4$를 만족시키는 음이 아닌 정수 c', d', e'의 순서쌍 (c', d', e')의 개수는

$$_3H_4 = {}_6C_4 = 15$$

(i)~(iv)에서 구하는 경우의 수는

$$6 + 10 + 10 + 15 = 41$$

답 41

051

$$\sum_{k=0}^{n} ({}_nC_k \times 3^k) = {}_nC_0 \times 3^0 + \sum_{k=1}^{n} ({}_nC_k \times 3^k)$$

$$= 1 \times 1 + 1023 = 1024$$

이때 이항정리에 의하여

$$\sum_{k=0}^{n} \left({}_n\mathrm{C}_k \times 3^k \right) = \sum_{k=0}^{n} \left({}_n\mathrm{C}_k \times 3^k \times 1^{n-k} \right)$$
$$= (3+1)^n = 4^n$$

$4^n = 1024$이므로

$n = 5$

답 5

052

$(p+2q)^4$의 전개식에서 서로 다른 항의 개수는

${}_2\mathrm{H}_4 = {}_5\mathrm{C}_4 = 5$

$(x+y+z+w)^3$의 전개식에서 서로 다른 항의 개수는

${}_4\mathrm{H}_3 = {}_6\mathrm{C}_3 = 20$

따라서 구하는 서로 다른 항의 개수는

$5 \times 20 = 100$

답 ③

053

조건 (가)에서 두 사람 A와 B는 순서가 정해져 있으므로

A와 B를 같은 사람으로 보고

조건 (나)에서 C와 D를 하나로 묶어 순서를 정하는 경우의

수는 $\dfrac{5!}{2!}$

이때 C와 D의 순서를 바꾸는 경우의 수는 2!이므로

구하는 경우의 수는 $\dfrac{5!}{2!} \times 2! = 120$

답 ⑤

054

세 사람을 A, B, C라 하면

5장의 카드를 3명에게 나누어 주는 전체 방법의 수는

A, B, C 중에서 중복을 허락하여 5명을 택해 일렬로

나열하는 중복순열의 수와 같으므로

${}_3\Pi_5 = 3^5 = 243$

어느 누구도 받은 카드에 적힌 숫자의 최솟값이 2가 되지

않으려면

한 사람이 1, 2가 적힌 카드를 모두 받아야 한다.

1, 2를 하나로 보고 (1, 2), 3, 4, 5가 적힌

4장의 카드를 3명에게 나누어 주는 방법의 수는

${}_3\Pi_4 = 3^4 = 81$

따라서 구하는 방법의 수는

$243 - 81 = 162$

다른풀이

2가 적힌 카드를 받는 사람을 선택하는 경우의 수는 ${}_3\mathrm{C}_1 = 3$

받은 카드에 적힌 숫자의 최솟값이 2인 사람이 있기 위해서는

1이 적힌 카드는 2가 적힌 카드를 받지 않은 2명 중

1명에게 주어야 하므로

이 경우의 수는 ${}_2\mathrm{C}_1 = 2$

3, 4, 5가 적힌 카드는 3명 중 누구에게나 줄 수 있으므로

이 경우의 수는 ${}_3\Pi_3 = 3^3 = 27$

따라서 구하는 경우의 수는

$3 \times 2 \times 27 = 162$

답 ⑤

055

1, 1, 2, 2, 3, 3을 다른 숫자끼리 같은 조가 되도록 3개 조로

만드는 방법은

$(1, 2), (1, 3), (2, 3)$의 1가지이다.

3개 조를 삼각형의 세 변에 배열하는 경우의 수는

$\dfrac{3!}{3} = 2! = 2$

각 변에서 각 학년의 자리를 정하는 경우의 수는

$2 \times 2 \times 2 = 8$

각 학년의 자리에 앉을 학생을 정하는 경우의 수는

$2 \times 2 \times 2 = 8$

따라서 구하는 경우의 수는

$1 \times 2 \times 8 \times 8 = 128$

답 128

056

(i) 빨간색 볼펜과 파란색 볼펜을 같은 사람에게 나누어 주는
경우

빨간색 볼펜과 파란색 볼펜을 받을 1명의 학생을

선택하는 경우의 수는 ${}_4\mathrm{C}_1 = 4$이고

선택된 학생을 제외한 3명의 학생에게 검은색 볼펜

5자루를 나누어 주는 경우의 수는

${}_3\mathrm{H}_5 = {}_7\mathrm{C}_5 = 21$이므로

이때의 경우의 수는 $4 \times 21 = 84$

(ii) 빨간색 볼펜과 파란색 볼펜을 다른 사람에게 나누어 주는 경우

빨간색 볼펜과 파란색 볼펜을 받을 2명의 학생을 선택하는 경우의 수는 $_4P_2 = 12$이고

4명의 학생에게 검은색 볼펜 5자루를 나누어 주는 경우의 수는 $_4H_5 = {}_8C_5 = 56$이므로

이때의 경우의 수 $12 \times 56 = 672$

(ⅰ), (ii)에서 구하는 경우의 수는

$84 + 672 = 756$

다른풀이

구하는 경우의 수는

(볼펜을 4명의 학생에게 남김없이 나누어 주는 경우의 수)

−(3가지 색의 볼펜을 모두 받는 학생이 있는 경우의 수)

로 구할 수 있다.

먼저 빨간색 볼펜 1자루, 파란색 볼펜 1자루, 검은색 볼펜 5자루를 4명의 학생에게 나누어 주는 경우의 수는

$4 \times 4 \times {}_4H_5 = 4 \times 4 \times {}_8C_5 = 4 \times 4 \times 56 = 896$

4명의 학생 중 한 명을 선택하여 3가지 색의 볼펜을 1자루씩 나누어 주고 남은 검은색 볼펜 4자루를 4명의 학생에게 나누어 주는 경우의 수는

$_4C_1 \times {}_4H_4 = 4 \times {}_7C_4 = 4 \times 35 = 140$

따라서 구하는 경우의 수는

$896 - 140 = 756$

답 ①

057

$a, a, b, b, b, c, c, c, c$의 9개의 문자를 일렬로 나열하는 전체 경우의 수는

$\dfrac{9!}{2!\,3!\,4!} = 1260$

이 중 주어진 조건을 만족시키지 않는 경우의 수는 다음과 같다.

(ⅰ) 2개의 a 사이의 문자의 개수가 0인 경우

'aa'를 하나의 문자로 취급하여 8개의 문자를 나열하는 경우이므로 이때의 경우의 수는

$\dfrac{8!}{3!\,4!} = 280$

(ii) 2개의 a 사이의 문자의 개수가 1인 경우

'aba'를 하나의 문자로 취급하거나 'aca'를 하나의 문자로 취급하여 7개의 문자를 나열하는 경우이므로

이때의 경우의 수

$\dfrac{7!}{2!\,4!} + \dfrac{7!}{3!\,3!} = 105 + 140 = 245$

(iii) 2개의 a 사이의 문자의 개수가 2인 경우

'$abba$'를 하나의 문자로 취급하거나 '$abca$'를 하나의 문자로 취급하거나 '$acba$'를 하나의 문자로 취급하거나 '$acca$'를 하나의 문자로 취급하여 6개의 문자를 나열하는 경우이므로 이때의 경우의 수는

$\dfrac{6!}{4!} + \dfrac{6!}{2!\,3!} + \dfrac{6!}{2!\,3!} + \dfrac{6!}{3!\,2!} = 30 + 60 \times 3 = 210$

(ⅰ)~(iii)에서 구하는 경우의 수는

$1260 - (280 + 245 + 210) = 525$

다른풀이

구하는 경우의 수는 2개의 a와 7개의 □를 2개의 a 사이에 □가 3개 이상이 있도록 일렬로 나열한 후 7개의 □에 3개의 b와 4개의 c를 일렬로 나열하는 경우의 수와 같다.

먼저 2개의 a와 7개의 □를 일렬로 나열하는 경우의 수를 구하자.

2개의 a와 7개의 □를 일렬로 나열할 때, 첫 번째 a의 왼쪽에 있는 □의 개수, 첫 번째 a와 두 번째 a 사이에 있는 □의 개수, 두 번째 a의 오른쪽에 있는 □의 개수를 각각 x, y, z라 하면 $x + y + z = 7$ ......㉠

이고 x, y, z는 $x \geq 0, y \geq 3, z \geq 0$인 정수이다.

따라서 2개의 a와 7개의 □를 일렬로 나열하는 경우의 수는 ㉠을 만족시키는 순서쌍 $(x,\ y,\ z)$의 개수와 같고,

이는 $y = y' + 3$이라 하면

$x + y' + z = 4$를 만족시키는 음이 아닌 정수 x, y', z의 순서쌍 $(x,\ y',\ z)$의 개수와 같으므로

$_3H_4 = {}_6C_4 = {}_6C_2 = 15$

각각에 대하여 7개의 □에 3개의 b와 4개의 c를 배열하는 경우의 수는

$\dfrac{7!}{3!\,4!} = 35$

따라서 구하는 경우의 수는

$15 \times 35 = 525$

답 525

058

조건 (가)의 식을 조건 (나)의 식에 대입하면

$1 \leq 3(d + e) \leq 9$이므로

$d + e = 1$ 또는 $d + e = 2$ 또는 $d + e = 3$

(i) $d+e=1$일 때

$a+b+c=2$를 만족시키는 음이 아닌 정수 a, b, c의 순서쌍 (a, b, c)의 개수는

$$_3H_2 = {}_4C_2 = 6$$

이 각각에 대하여 $d+e=1$을 만족시키는 음이 아닌 정수 d, e의 순서쌍 (d, e)는 $(0, 1)$, $(1, 0)$의 2개이다.

그러므로 순서쌍 (a, b, c, d, e)의 개수는 $6 \times 2 = 12$

(ii) $d+e=2$일 때

$a+b+c=4$를 만족시키는 음이 아닌 정수 a, b, c의 순서쌍 (a, b, c)의 개수는

$$_3H_4 = {}_6C_4 = 15$$

이 각각에 대하여 $d+e=2$를 만족시키는 음이 아닌 정수 d, e의 순서쌍 (d, e)는 $(0, 2)$, $(1, 1)$, $(2, 0)$의 3개이다.

그러므로 순서쌍 (a, b, c, d, e)의 개수는

$15 \times 3 = 45$

(iii) $d+e=3$일 때

$a+b+c=6$을 만족시키는 음이 아닌 정수 a, b, c의 순서쌍 (a, b, c)의 개수는

$$_3H_6 = {}_8C_6 = 28$$

이 각각에 대하여 $d+e=3$을 만족시키는 음이 아닌 정수 d, e의 순서쌍 (d, e)는 $(0, 3)$, $(1, 2)$, $(2, 1)$, $(3, 0)$의 4개이다.

그러므로 순서쌍 (a, b, c, d, e)의 개수는

$28 \times 4 = 112$

(i)~(iii)에서 구하는 순서쌍 (a, b, c, d, e)의 개수는

$12 + 45 + 112 = 169$

답 169

059

함수 f의 정의역 $X = \{1, 2, 3, 4, 5\}$에서 원소 3개를 택하는 방법의 수는

$$_5C_3 = 10$$

일반성을 잃지 않고 택한 세 수를 1, 2, 3이라 하면 $f(1)$, $f(2)$, $f(3)$은 모두 짝수이고 $f(4)$, $f(5)$는 모두 홀수이어야 한다.

(i) $\{f(1), f(2), f(3)\} = \{2, 4\}$인 경우

$\{f(1), f(2), f(3)\} = \{2, 4\}$가 되도록 $f(1)$, $f(2)$, $f(3)$의 값을 정하는 방법의 수는

$$_2\Pi_3 - 1 - 1 = 6$$

집합 $\{1, 3, 5\}$에서 원소 1개를 택하는 방법의 수는

$_3C_1 = 3$이고, 이때 택한 원소를 a라 하면

$f(4) = f(5) = a$로 1가지이다.

즉, 이 경우 함수 f의 개수는 $6 \times 3 \times 1 = 18$이다.

(ii) $\{f(1), f(2), f(3)\} = \{2\}$인 경우

$f(1) = f(2) = f(3) = 2$로 1가지이다.

집합 $\{1, 3, 5\}$에서 원소 2개를 택하는 방법의 수는

$_3C_2 = 3$이고, 이때 택한 원소를 a, b $(a \neq b)$라 하면 $\{f(4), f(5)\} = \{a, b\}$가 되도록 $f(4)$, $f(5)$의 값을 정하는 방법의 수는 $2! = 2$이다.

즉, 이 경우 함수 f의 개수는 $1 \times 3 \times 2 = 6$이다.

(iii) $\{f(1), f(2), f(3)\} = \{4\}$인 경우

(ii)와 마찬가지이므로 이 경우 함수 f의 개수는 6이다.

(i)~(iii)에서 구하는 함수 f의 개수는

$10 \times (18 + 6 + 6) = 300$

답 ③

060

조건 (가)에 의해 $a < b < c$이다.

12 이하의 자연수 a, b, c에 대하여

a 미만, a 초과 b 미만, b 초과 c 미만, c 초과 12 이하인 자연수의 개수를 각각 x, y, z, w라 하면

$x + y + z + w = 9$이고 ⋯⋯㉠

조건 (가)에 의해 $x \geq 0$, $y \geq 2$, $z \geq 1$, $w \geq 0$이다. ⋯⋯㉡

따라서 조건 (가)를 만족시키는 자연수 a, b, c의 순서쌍 (a, b, c)의 개수는 ㉠, ㉡을 동시에 만족시키는 순서쌍 (x, y, z, w)의 개수와 같고,

이는 $y = y' + 2$, $z = z' + 1$이라 하면

$x + y' + z' + w = 6$을 만족시키는 음이 아닌 정수 x, y', z', w의 순서쌍 (x, y', z', w)의 개수와 같다.

$$\therefore \ _4H_6 = {}_9C_6 = {}_9C_3 = 84$$

이 중 $a \times b \times c$가 7의 배수인 순서쌍 (a, b, c)는 다음과 같다.

(i) $a = 7$일 때

순서쌍 (a, b, c)는 $(7, 10, 12)$로 1개이다.

(ii) $b = 7$일 때

a로 가능한 수는 1, 2, 3, 4이고, c로 가능한 수는 9, 10, 11, 12이므로 순서쌍 (a, b, c)의 개수는

$4 \times 4 = 16$

(iii) $c = 7$일 때

　순서쌍 (a, b, c)는 $(1, 4, 7)$, $(1, 5, 7)$,

　$(2, 5, 7)$로 3개이다.

(i)~(iii)에서 구하는 순서쌍의 개수는

$84 - (1 + 16 + 3) = 64$

답 64

061

$1, 2, 3, 4$를 중복 사용하여 만들 수 있는 세 자리의 자연수의 개수는

$_4\Pi_3 = 4^3 = 64$

각 자리의 수의 합이 10 이상인 경우는

$12 = 4 + 4 + 4$

$11 = 4 + 4 + 3$

$10 = 4 + 4 + 2$

　$= 4 + 3 + 3$

(i) 각 자리의 수의 합이 12인 경우

　세 자리 모두 4인 자연수의 개수는 1

(ii) 각 자리의 수의 합이 11인 경우

　$3, 4, 4$로 이루어진 자연수의 개수는 3

(iii) 각 자리의 수의 합이 10인 경우

　$2, 4, 4$로 이루어진 자연수의 개수는 3,

　$3, 3, 4$로 이루어진 자연수의 개수도 3이므로

　이때의 자연수의 개수는 $3 + 3 = 6$

(i)~(iii)에서 구하는 자연수의 개수는

$64 - (1 + 3 + 6) = 54$

답 ②

062

$\left(x - \dfrac{1}{2}\right)^4$의 전개식에서 일반항은

$_4\mathrm{C}_r \left(-\dfrac{1}{2}\right)^{4-r} x^r$ (단, $r = 0, 1, 2, 3, 4$)　……㉠

$\left(\dfrac{1}{x} + 4\right)^3$의 전개식에서 일반항은

$_3\mathrm{C}_t \left(\dfrac{1}{x}\right)^t 4^{3-t} = {_3\mathrm{C}_t}\, 4^{3-t} x^{-t}$ (단, $t = 0, 1, 2, 3$) ……㉡

(i) $\left(x - \dfrac{1}{2}\right)^4$에서 상수항과 $\left(\dfrac{1}{x} + 4\right)^3$에서 $\dfrac{1}{x^2}$ 항을 곱하는 경우

　㉠에서 $r = 0$, ㉡에서 $t = 2$일 때이므로

$\left\{ _4\mathrm{C}_0 \times \left(-\dfrac{1}{2}\right)^4 \right\} \times (_3\mathrm{C}_2 \times 4) = \dfrac{3}{4}$

(ii) $\left(x - \dfrac{1}{2}\right)^4$에서 x항과 $\left(\dfrac{1}{x} + 4\right)^3$에서 $\dfrac{1}{x^3}$ 항을 곱하는 경우

　㉠에서 $r = 1$, ㉡에서 $t = 3$일 때이므로

$\left\{ _4\mathrm{C}_1 \times \left(-\dfrac{1}{2}\right)^3 \right\} \times {_3\mathrm{C}_3} = -\dfrac{1}{2}$

(i), (ii)에서 구하는 $\dfrac{1}{x^2}$의 계수는

$\dfrac{3}{4} + \left(-\dfrac{1}{2}\right) = \dfrac{1}{4}$

답 ②

063

6의 약수는 $1, 2, 3, 6$이므로 이 순서대로

7장의 카드를 나열하는 경우의 수는 $\dfrac{7!}{4!} = 210$

이 경우의 수에서 4와 5가 서로 이웃하도록 나열하는 경우의 수를 빼면 된다.

4와 5를 하나로 묶어 나열하는 방법의 수는 $\dfrac{6!}{4!} = 30$

이때 4와 5의 순서를 바꾸는 경우의 수는 $2! = 2$이므로

$30 \times 2 = 60$

따라서 구하는 경우의 수는

$210 - 60 = 150$

답 ④

064

(i) $f(2) = 1$일 때

　조건 (가), (나)에서 $f(1)$의 값으로 가능한 것은 1가지뿐이고,

　조건 (나)에서 $f(3), f(4), f(5)$의 값으로 가능한 것은

　$_5\mathrm{H}_3 = {_7\mathrm{C}_3} = 35$(가지이)므로

　가능한 함수 $f : X \to X$의 개수는 $1 \times 35 = 35$

(ii) $f(2) = 2$일 때

　조건 (가), (나)에서 $f(1)$의 값으로 가능한 것은 2가지이고,

　조건 (나)에서 $f(3), f(4), f(5)$의 값으로 가능한 것은

　$_4\mathrm{H}_3 = {_6\mathrm{C}_3} = 20$(가지)이므로

　가능한 함수 $f : X \to X$의 개수는 $2 \times 20 = 40$

(iii) $f(2) = 3$일 때

　조건 (가), (나)에서 $f(1)$의 값으로 가능한 것은

　2가지이고,

　조건 (나)에서 $f(3)$, $f(4)$, $f(5)$의 값으로 가능한 것은

　$_3H_3 = {}_5C_3 = 10$(가지)이므로

　가능한 함수 $f : X \rightarrow X$의 개수는 $2 \times 10 = 20$

(i)~(iii)에서 구하는 함수 f의 개수는

$35 + 40 + 20 = 95$

답 ②

065

3명의 학생이 적어도 한 자루의 연필을 받도록 나누어 주려면
3명의 학생에게 연필을 한 자루씩 먼저 나누어 준 후 남은
4자루의 연필을 3명의 학생에게 나누어 주면 되므로 이때의
경우의 수는

$_3H_4 = {}_6C_4 = 15$

3명의 학생이 받는 볼펜의 수가 모두 다른 경우는

$(1, 2, 5)$, $(1, 3, 4)$의 2가지이므로 각 학생이 받는 볼펜의
수가 모두 다르게 나누어 주는 경우의 수는

$2 \times 3! = 12$

따라서 구하는 경우의 수는

$15 \times 12 = 180$

답 180

066

우선 A가 앉을 자리를 고정시킨 다음 B가 A와 이웃한지
여부에 따라 다음 두 경우로 나누어 생각할 수 있다.

(i) B가 A와 이웃한 경우

　먼저 B가 앉을 자리를 정하는 경우의 수는 2이고

　다음으로 D가 앉을 자리를 정하는 경우의 수는 1이다.

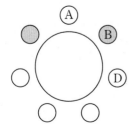

　이후에 남은 4명을 배열하는 경우의 수는 $4! = 24$이므로

　이때의 경우의 수는 $2 \times 1 \times 24 = 48$

(ii) B가 A와 이웃하지 않은 경우

　먼저 C가 앉을 자리를 정하는 경우의 수는 2이다.

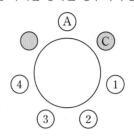

　B가 ①에 앉으면 D가 앉을 수 있는 자리는 1가지이고,

　B가 ②, ③, ④에 앉으면 D가 앉을 수 있는 자리는 각각

　2가지이므로 B, D가 앉을 자리를 정하는 경우의 수는

　$1 + 3 \times 2 = 7$

　이후에 남은 3명을 배열하는 경우의 수는 $3! = 6$이므로

　이때의 경우의 수는 $2 \times 7 \times 6 = 84$

(i), (ii)에서 구하는 경우의 수는

$48 + 84 = 132$

답 ③

067

1부터 9까지의 자연수 중 짝수는 4개, 홀수는 5개이고
서로 이웃하고 있는 색칠된 영역과 색칠되지 않은 영역에 적힌
두 자연수의 합이 모두 홀수이려면
색칠되지 않은 5개의 영역에는 반드시 홀수가 적혀야 한다.
내접원 안에 홀수를 적는 경우의 수는

$_5C_1 = 5$

내접원의 외부와 정사각형의 내부의 공통 영역의 4개의
영역에 짝수를 적는 경우의 수는

$\dfrac{4!}{4} = 3! = 6$

외접원의 내부와 정사각형의 외부의 공통 영역의 4개의
영역에 홀수를 적는 경우의 수는

$4! = 24$

따라서 구하는 경우의 수는

$5 \times 6 \times 24 = 720$

답 ⑤

068

$2b + 2c + 2d$는 0 또는 짝수이고, 15는 홀수이므로 조건
(가)에 의해 a는 홀수이어야 한다.

따라서 조건 (가)를 만족시키는 음이 아닌 정수 a, b, c, d의 순서쌍 (a, b, c, d)의 개수는 음이 아닌 정수 k에 대하여 $a = 2k+1$이라 하면 방정식

$(2k+1) + 2b + 2c + 2d = 15$, 즉 $k + b + c + d = 7$을 만족시키는 순서쌍 (k, b, c, d)의 개수와 같으므로

$_4H_7 = {}_{10}C_7 = {}_{10}C_3 = 120$

이 중에서 조건 (나)를 만족시키지 않는 순서쌍 (k, b, c, d)의 개수는 다음과 같이 구할 수 있다.

$b \geq 2(2k+1)$에서 k의 값에 따라 경우를 나누어 살펴보면

(i) $k = 0$인 경우

    $b + c + d = 7$이고 $b \geq 2$이어야 한다.

    이를 만족시키는 순서쌍 $(0, b, c, d)$의 개수는 $b = b' + 2$라 하면 방정식 $b' + c + d = 5$를 만족시키는 음이 아닌 정수 b', c, d의 순서쌍 (b', c, d)의 개수와 같으므로

    $_3H_5 = {}_7C_5 = {}_7C_2 = 21$이다.

(ii) $k = 1$인 경우

    $b + c + d = 6$이고 $b \geq 6$이어야 한다.

    이를 만족시키는 순서쌍 $(1, b, c, d)$는 $(1, 6, 0, 0)$으로 1개뿐이다.

(iii) $k \geq 2$인 경우

    $b + c + d \leq 5$이고 $b \geq 10$이어야 하는데, 이를 만족시키는 순서쌍 (k, b, c, d)는 없다.

(i)~(iii)에서 구하는 순서쌍 (a, b, c, d)의 개수는

$120 - (21 + 1) = 98$

답 ⑤

069

조건 (나)에서 a, b, c, d 중 2개는 3으로 나눈 나머지가 2이고 1개는 3으로 나눈 나머지가 1, 나머지 1개는 3으로 나누어떨어진다.

따라서 a, b, c, d 중에서

3으로 나눈 나머지가 2인 수를 택하는 경우의 수는 $_4C_2$

남은 2개의 수 중에서

3으로 나눈 나머지가 1인 수를 택하는 경우의 수는 $_2C_1$

남은 1개의 수는 3으로 나누어떨어지는 수가 되므로 $_1C_1$

$\therefore {}_4C_2 \times {}_2C_1 \times {}_1C_1 = 6 \times 2 \times 1 = 12$

음이 아닌 정수 x, y, z, w에 대하여

a, b, c, d 중에서

3으로 나눈 나머지가 2인 수를 $3x+2$, $3y+2$,

3으로 나눈 나머지가 1인 수를 $3z+1$,

3으로 나누어떨어지는 수를 $3w+3$이라 하면

$a + b + c + d = 20$에서

$(3x+2) + (3y+2) + (3z+1) + (3w+3) = 20$

$3(x + y + z + w) = 12$

$\therefore x + y + z + w = 4$

이를 만족시키는 음이 아닌 정수 x, y, z, w의 순서쌍 (x, y, z, w)의 개수는

$_4H_4 = {}_7C_4 = 35$

따라서 구하는 순서쌍의 개수는

$12 \times 35 = 420$

답 420

070

함수 $f : X \to X$의 치역 A와 합성함수 $f \circ f$의 치역 B에 대하여 항상 $B \subset A$이고 $n(B) \geq 1$이므로 $n(A) + n(B) = 4$를 만족시키는 경우는 다음과 같다.

(i) $n(A) = 3$, $n(B) = 1$일 때

    집합 A를 정한 다음 집합 B를 정하는 경우의 수는

    $_6C_3 \times {}_3C_1 = 20 \times 3 = 60$

    이때 일반성을 잃지 않고 $A = \{1, 2, 3\}$,

    $B = \{1\}$이라 하면 $f(1) = f(2) = f(3) = 1$이므로 집합 $\{f(4), f(5), f(6)\}$은 집합 $\{2, 3\}$ 또는 집합 $\{1, 2, 3\}$과 같아야 한다.

    ❶ $\{f(4), f(5), f(6)\} = \{2, 3\}$이 되도록 $f(4)$, $f(5)$, $f(6)$의 값을 정하는 경우의 수는

        $_2\Pi_3 - 1 - 1 = 8 - 2 = 6$

    ❷ $\{f(4), f(5), f(6)\} = \{1, 2, 3\}$이 되도록 $f(4)$, $f(5)$, $f(6)$의 값을 정하는 경우의 수는

        $3! = 6$

    따라서 이 경우의 함수 f의 개수는

    $60 \times (6 + 6) = 720$

(ii) $n(A) = n(B) = 2$일 때

    $A = B$가 되므로 집합 A를 정하는 경우의 수는

    $_6C_2 = 15$

    이때 일반성을 잃지 않고 $A = B = \{1, 2\}$라 하면

    $\{f(1), f(2)\} = \{1, 2\}$가 되도록 $f(1)$, $f(2)$의

값을 정하는 경우의 수는 $2! = 2$이고,
$\{f(3), f(4), f(5), f(6)\} \subset \{1, 2\}$가 되도록
$f(3), f(4), f(5), f(6)$의 값을 정하는 경우의 수는
$_2\Pi_4 = 16$이다.

따라서 이 경우의 함수 f의 개수는

$15 \times 2 \times 16 = 480$

(i), (ii)에서 구하는 함수 f의 개수는

$720 + 480 = 1200$

답 ④

071

서로 다른 6가지의 색을 A, B, C, D, E, F라 하자.

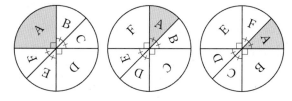

주어진 그림에서는 원순열로 색을 배열하는 한 가지 방법에
대하여 3가지의 서로 다른 경우가 있다.

따라서 구하는 경우의 수는

$\dfrac{6!}{6} \times 3 = 360$

다른풀이

서로 다른 6개의 부채꼴에 서로 다른 6가지의 색을 칠하는
방법의 수는 $6! = 720$

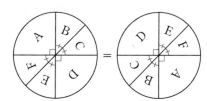

이 중 회전하여 일치하는 것이 2개씩 존재하므로
구하는 경우의 수는

$\dfrac{720}{2} = 360$

답 ⑤

072

$(x + 9)^n$의 전개식에서 일반항은

$_nC_r 9^{n-r} x^r$ (단, $r = 0, 1, 2, \cdots, n$)

x^{n-1}의 계수는 $r = n - 1$일 때이므로

$_nC_{n-1} \times 9^1 = 9n$

$(2x - 3)(x + 3)^n = 2x(x + 3)^n - 3(x + 3)^n$이므로
x^{n-1}의 계수는 $2x(x + 3)^n$의 전개식의 x^{n-1}의 계수에서
$3(x + 3)^n$의 전개식의 x^{n-1}의 계수를 뺀 것과 같다.

$(x + 3)^n$의 전개식에서 일반항은

$_nC_r 3^{n-r} x^r$ $(r = 0, 1, 2, \cdots, n)$이므로

$2x(x + 3)^n$의 전개식에서 일반항은

$2 \cdot {}_nC_r 3^{n-r} x^{r+1}$ (단, $r = 0, 1, 2, \cdots, n$)

x^{n-1}의 계수는 $r = n - 2$일 때이므로

$2 \times {}_nC_{n-2} \times 3^2 = 9n(n - 1)$

$3(x + 3)^n$의 전개식에서 일반항은

$3 \cdot {}_nC_r 3^{n-r} x^r$ (단, $r = 0, 1, 2, \cdots, n$)

x^{n-1}의 계수는 $r = n - 1$일 때이므로

$3 \times {}_nC_{n-1} \times 3 = 9n$

즉, $(2x - 3)(x + 3)^n$의 전개식에서 x^{n-1}의 계수는

$9n(n - 1) - 9n = 9n^2 - 18n$

주어진 조건을 만족시키려면

$9n < 9n^2 - 18n$, $9n(n - 3) > 0$

$\therefore n > 3$ ($\because n > 0$)

따라서 자연수 n의 최솟값은 4이다.

답 ①

073

서로 다른 종류의 과일 8개 중에서 3개 이상의 과일을 골라
포장하여 만들 수 있는 과일 도시락의 종류의 가짓수는 서로
다른 8개에서 r $(3 \leq r \leq 8)$개를 택하는 조합의 수와
같으므로

$_8C_3 + {}_8C_4 + {}_8C_5 + {}_8C_6 + {}_8C_7 + {}_8C_8$

$= {}_8C_0 + {}_8C_1 + {}_8C_2 + {}_8C_3 + \cdots + {}_8C_7 + {}_8C_8$

$\qquad\qquad\qquad\qquad\qquad - ({}_8C_0 + {}_8C_1 + {}_8C_2)$

$= 2^8 - (1 + 8 + 28)$

$= 219$

답 ③

074

서로 다른 5개의 연필 중에서
A가 B보다 1개 더 받는 경우는 다음과 같이 생각할 수 있다.

(i) A가 1개, B가 0개 받을 때

서로 다른 5개의 연필 중에서 A에게 줄

1개의 연필을 선택하는 경우의 수는 $_5C_1 = 5$

남은 서로 다른 4개의 연필을

C, D에게 나누어 주는 경우의 수는

$_2\Pi_4 = 2^4 = 16$

따라서 이 경우의 수는 $5 \times 16 = 80$

(ii) A가 2개, B가 1개 받을 때

서로 다른 5개의 연필 중에서 A에게 줄 2개의 연필과

B에게 줄 1개의 연필을 선택하는 경우의 수는

$_5C_2 \times _3C_1 = 30$

남은 서로 다른 2개의 연필을

C, D에게 나누어 주는 경우의 수는

$_2\Pi_2 = 2^2 = 4$

따라서 이 경우의 수는 $30 \times 4 = 120$

(iii) A가 3개, B가 2개 받을 때

서로 다른 5개의 연필 중에서 A에게 줄 3개의 연필과

B에게 줄 2개의 연필을 선택하는 경우의 수는

$_5C_3 \times _2C_2 = 10$

이때 학생 C, D는 모두 연필을 받지 않는다.

따라서 이 경우의 수는 10

(i)~(iii)에서 구하는 경우의 수는

$80 + 120 + 10 = 210$

답 ④

075

최단거리로 지날 수 없는 길을 제외하고, 가로 방향 도로를 지난 다음 반드시 위쪽으로 이동해야 하므로 다음과 같이 그림을 바꾸어 그릴 수 있다.

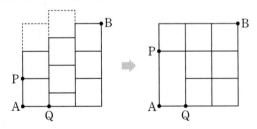

따라서 지점 A에서 출발하여 지점 B까지 최단거리로 가는 경우는 다음과 같다.

(i) 지점 P를 지나는 경우의 수는

$1 \times \dfrac{4!}{3!} = 4$

(ii) 지점 Q를 지나는 경우의 수는

$1 \times \dfrac{5!}{2!3!} = 10$

(i), (ii)에서 구하는 경우의 수는 $4 + 10 = 14$

다른풀이

최단거리로 지날 수 없는 길을 제외하고, 가로 방향 도로를 지난 다음 반드시 위쪽으로 이동해야 하므로 다음과 같이 그림을 바꾸어 그릴 수 있다.

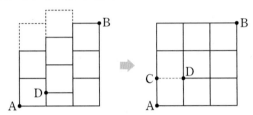

그림에서 선분 CD가 연결되어 있다면 지점 A에서 지점 B까지 최단거리로 가는 경우의 수는

$\dfrac{6!}{3!3!} = 20$

이 중 선분 CD를 지나는 경우의 수는

$1 \times \dfrac{4!}{2!2!} = 6$

따라서 구하는 경우의 수는 $20 - 6 = 14$

답 14

076

2가 적혀 있는 카드와 3이 적혀 있는 카드가 이웃한지 여부에 따라 다음 두 경우로 나누어 생각할 수 있다.

(i) 2와 3이 이웃하도록 나열하는 경우

조건 (가), (나)를 동시에 만족하려면 1, 2, 3, 4가 적혀 있는 카드를 4·2·3·1 또는 1·3·2·4 순으로 이웃하게 나열하면 된다.

4·2·3·1을 한 묶음으로 생각하여

4·2·3·1, 1, 1, 1, 4, 4, 4를 일렬로 나열하는 경우의

수는 $\dfrac{7!}{3!3!} = 140$이고,

1·3·2·4를 한 묶음으로 생각하여

1·3·2·4, 1, 1, 1, 4, 4, 4를 일렬로 나열하는 경우의

수도 140이다.

(ii) 2와 3이 이웃하지 않도록 나열하는 경우

조건 (가), (나)를 동시에 만족하려면 2, 4가 적혀 있는 카드를 4·2·4 순으로, 1, 3이 적혀 있는 카드를 1·3·1 순으로 이웃하게 나열하면 된다.

4·2·4를 한 묶음으로, 1·3·1을 한 묶음으로 생각하여

4·2·4, 1·3·1, 1, 1, 4, 4를 일렬로 나열하는 경우의

수는 $\dfrac{6!}{2!\,2!} = 180$

(i), (ii)에서 구하는 경우의 수는

$140 \times 2 + 180 = 460$

답 ③

077

조건 (가)에서 $A \cup B = U$이므로

집합 U의 각 원소는 세 집합 $A-B$, $A \cap B$, $B-A$ 중

반드시 한 집합에만 속해야 한다.

이때 조건 (나)에서 집합 $A \cap B$의 모든 원소의 곱이

홀수이므로

집합 $A \cap B$에는 반드시 홀수인 원소만 들어가야 한다.

(i) $n(A \cap B) = 1$인 경우

두 개의 홀수인 원소 중 집합 $A \cap B$에 들어가는

원소를 택하는 경우의 수는 $_2C_1 = 2$

남은 3개의 원소마다 두 집합 $A-B$, $B-A$ 중에서

중복을 허락하여 하나씩 택해야 하므로

$_2\Pi_3 = 2^3 = 8$

따라서 이때의 순서쌍의 개수는 $2 \times 8 = 16$

(ii) $n(A \cap B) = 2$인 경우

두 개의 홀수인 원소 중 집합 $A \cap B$에 들어가는

원소를 택하는 경우의 수는 $_2C_2 = 1$

남은 2개의 원소마다 두 집합 $A-B$, $B-A$ 중에서

중복을 허락하여 하나씩 택해야 하므로

$_2\Pi_2 = 2^2 = 4$

따라서 이때의 순서쌍의 개수는 $1 \times 4 = 4$

(i), (ii)에서 구하는 순서쌍의 개수는 $16 + 4 = 20$

답 ①

078

조건 (가)의 $a + b + c + d = 10$을 만족시키는 음이 아닌

정수 a, b, c, d의 순서쌍 (a, b, c, d)의 개수는

$_4H_{10} = {}_{13}C_{10} = {}_{13}C_3 = 286$

이 중에서 조건 (나)를 만족시키지 않는 경우를 제외해야 한다.

조건 (나)를 만족시키지 않는 경우는

$ab = 4$ 또는 $a + b + c = 6$일 때이므로

(i) $ab = 4$인 경우

ⓐ $a = 1$, $b = 4$일 때

$a + b + c + d = 10$에서 $c + d = 5$

이를 만족시키는 음이 아닌 정수 c, d의 순서쌍

(c, d)의 개수는 $_2H_5 = {}_6C_5 = 6$

ⓑ $a = 2$, $b = 2$일 때

$a + b + c + d = 10$에서 $c + d = 6$

이를 만족시키는 음이 아닌 정수 c, d의 순서쌍

(c, d)의 개수는 $_2H_6 = {}_7C_6 = 7$

ⓒ $a = 4$, $b = 1$일 때

$a + b + c + d = 10$에서 $c + d = 5$

이를 만족시키는 음이 아닌 정수 c, d의 순서쌍

(c, d)의 개수는 $_2H_5 = {}_6C_5 = 6$

ⓐ~ⓒ에서 $ab = 4$인 경우 순서쌍 (a, b, c, d)의

개수는

$6 + 7 + 6 = 19$

(ii) $a + b + c = 6$인 경우

$a + b + c + d = 10$에서 $d = 4$이므로 음이 아닌 정수

a, b, c, d의 순서쌍 (a, b, c, d)의 개수는

$_3H_6 = {}_8C_6 = 28$

(iii) $ab = 4$이고 $a + b + c = 6$인 경우

순서쌍 (a, b, c, d)는 $(1, 4, 1, 4)$, $(2, 2, 2, 4)$,

$(4, 1, 1, 4)$의 3개

(i)~(iii)에서 조건 (나)를 만족시키지 않는 순서쌍

(a, b, c, d)의 개수는

$19 + 28 - 3 = 44$

따라서 구하는 순서쌍 (a, b, c, d)의 개수는

$286 - 44 = 242$

답 242

079

조건 (가)에서 좌표평면 위의 세 점 $(1, f(1))$, $(2, f(2))$,

$(3, f(3))$은 한 직선 위에 있으므로

$\dfrac{f(2) - f(1)}{2 - 1} = \dfrac{f(3) - f(2)}{3 - 2}$

$f(2) = \dfrac{f(1) + f(3)}{2}$

따라서 $f(1)$, $f(2)$, $f(3)$은 이 순서대로 등차수열을 이룬다.

(i) $f(3) = 1$인 경우

순서쌍 $(f(1), f(2))$는 $(1, 1)$, $(3, 2)$로 2개,

순서쌍 $(f(4), f(5), f(6))$은

$_3H_3 = {}_5C_3 = 10$(개)이므로

이때의 함수 f의 개수는 $2 \times 10 = 20$

(ii) $f(3) = 2$인 경우

순서쌍 $(f(1), f(2))$는 $(2, 2)$로 1개,

순서쌍 $(f(4), f(5), f(6))$은

$_2H_3 = {}_4C_3 = 4$(개)이므로

이때의 함수 f의 개수는 $1 \times 4 = 4$

(iii) $f(3) = 3$인 경우

순서쌍 $(f(1), f(2))$는 $(1, 2)$, $(3, 3)$으로 2개,

순서쌍 $(f(4), f(5), f(6))$은 $(3, 3, 3)$으로

1개이므로

이때의 함수 f의 개수는 $2 \times 1 = 2$

(i)~(iii)에서 구하는 함수 f의 개수는

$20 + 4 + 2 = 26$

답 ④

080

여학생 3명이 각각 받는 칫솔의 개수를 a, b, c,

남학생 2명이 각각 받는 칫솔의 개수를 d, e라 하면

칫솔의 총 개수는 10이고, 조건 (가)에 의하여

$a + b + c = 6$, $d + e = 4$이다.

이때 조건 (다)에 의하여

$a = a' + 1$, $b = b' + 1$, $c = c' + 1$, $d = d' + 1$,

$e = e' + 1$ (a', b', c', d', e'은 음이 아닌 정수)라 하면

$a' + b' + c' = 3$, $d' + e' = 2$이므로

이를 만족시키는 음이 아닌 정수

a', b', c'의 순서쌍 (a', b', c')과

d', e'의 순서쌍 (d', e')의 개수는 각각

$_3H_3 = {}_5C_3$, $_2H_2 = {}_3C_2$이다.

따라서 5명에게 칫솔을 나누어 주는 경우의 수는

$_5C_3 \times {}_3C_2 = 30$ ……㉠

한편 조건 (나), (다)에 의하여

치약을 5명에게 각각 1개씩 나누어 준 뒤

남은 치약 3개는 2명을 선택하여

각각 1개, 2개를 추가로 나누어 주어야 하므로

이 경우의 수는 $_5P_2 = 20$ ……㉡

㉠, ㉡에 의하여 구하는 경우의 수는

$30 \times 20 = 600$

답 600

Ⅱ 확률

081

$P(A \cap B^C)$
$= P(A \cup B) - P(B)$
$= \dfrac{2}{3} - \dfrac{7}{12} = \dfrac{1}{12}$

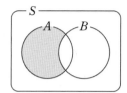

답 ②

082

선택한 4명의 경찰관 중에서
적어도 한 명이 여자 경찰관일 확률은
1－(선택된 4명 모두 남자 경찰관일 확률)
로 구할 수 있다.
8명 중에서 4명을 선택하는 전체 경우의 수는
$_8C_4 = 70$
남자 경찰관 5명 중에서 4명을 선택하는 경우의 수는
$_5C_4 = 5$
따라서 구하는 확률은 $1 - \dfrac{5}{70} = \dfrac{13}{14}$

답 ⑤

083

주어진 표는 다음과 같다.

(단위 : 명)

독서＼동영상 시청	1시간 미만	1시간 이상	계
1시간 미만	64	96	160
1시간 이상	56	84	140
계	120	180	300

1시간 미만 독서를 하는 학생 160명 중
1시간 이상 동영상을 시청하는 학생은 96명이므로
구하는 확률은 $\dfrac{96}{160} = \dfrac{3}{5}$

답 ④

084

6명의 학생이 원 모양의 탁자에 둘러앉는 경우의 수는

$\dfrac{6!}{6} = 5! = 120$

C를 제외한 5명의 학생 중 A, B를 한 사람으로 생각하여
4명의 학생을 원형으로 배열하는 경우의 수는

$\dfrac{4!}{4} = 3! = 6$

A, B가 서로 자리를 바꾸는 경우의 수는 2! ＝ 2
C의 자리를 정하는 경우의 수는 1이므로 A, B는 이웃하여
앉고, A, C는 마주보고 앉는 경우의 수는

$6 \times 2 \times 1 = 12$

따라서 구하는 확률은 $\dfrac{12}{120} = \dfrac{1}{10}$

답 ①

085

시행을 2회 반복할 때 나오는 전체 경우의 수는
$7 \times 7 = 49$
(ⅰ) $2a > 3b$를 만족시키는 순서쌍 (a, b)는
　　$(2, 1), (3, 1), (4, 1), (4, 2),$
　　$(5, 1), (5, 2), (5, 3), (6, 1), (6, 2), (6, 3),$
　　$(7, 1), (7, 2), (7, 3), (7, 4)$
　　로 14개이다.
(ⅱ) $a + b = 9$를 만족시키는 순서쌍 (a, b)는
　　$(2, 7), (3, 6), (4, 5), (5, 4), (6, 3), (7, 2)$
　　로 6개이다.
(ⅰ), (ⅱ)에서 $(6, 3), (7, 2)$가 중복되어 세어졌으므로
$2a > 3b$이거나 $a + b = 9$를 만족시키는 순서쌍 (a, b)의
개수는
$14 + 6 - 2 = 18$
따라서 구하는 확률은 $\dfrac{18}{49}$

답 ⑤

086

한 개의 주사위를 5번 던지는 전체 경우의 수는 6^5
$1 \le a_1 \le a_2 \le a_3 \le a_4 \le a_5 \le 6$을 만족시키는
순서쌍 $(a_1, a_2, a_3, a_4, a_5)$의 개수는
$_6H_5 = {}_{10}C_5 = 252$이므로
구하는 확률은 $\dfrac{252}{6^5} = \dfrac{7}{216}$

∴ $p + q = 216 + 7 = 223$

답 223

087

10명의 회원 중에서 임의로 3명의 대표를 선출하는 경우의
수는 $_{10}C_3 = 120$

(ⅰ) A, B 중 한 사람과 C를 대표로 선출하는 경우

A, B 중 한 사람을 선출하는 경우의 수는 $_2C_1 = 2$

C를 대표로 선출하였으므로

A, B, C를 제외한 나머지 7명 중에서 1명의 대표를
선출하는 경우의 수는 $_7C_1 = 7$

따라서 이 경우의 확률은 $\dfrac{2 \times 7}{120} = \dfrac{14}{120}$

(ⅱ) C를 제외하고 A, B 중 한 사람을 대표로 선출하는
경우

A, B 중 한 사람을 선출하는 경우의 수는 $_2C_1 = 2$

A, B, C를 제외한 나머지 7명 중에서 2명의 대표를
선출하는 경우의 수는 $_7C_2 = 21$

따라서 이 경우의 확률은 $\dfrac{2 \times 21}{120} = \dfrac{42}{120}$

따라서 구하는 확률은

$$\dfrac{(ⅰ)}{(ⅰ)+(ⅱ)} = \dfrac{\dfrac{14}{120}}{\dfrac{14}{120}+\dfrac{42}{120}} = \dfrac{1}{4}$$

답 ③

088

200명의 회원 중에서 전공자의 수를 a라 하면 비전공자의
수는 $200 - a$이므로

하계 세미나에 참여하는 전공자의 수는 $a \times 0.5$이고,
비전공자의 수는 $(200 - a) \times 0.4$이다.

주어진 상황을 표로 나타내어 보면 다음과 같다.

(단위 : 명)

	전공자	비전공자	합계
참여 ○	$a \times 0.5$	$(200-a) \times 0.4$	$80+0.1a$
참여 ×	$a \times 0.5$	$(200-a) \times 0.6$	$120-0.1a$
합계	a	$200-a$	200

이 수학 연구회 회원 중에서 비전공자의 수는

$200 \times \dfrac{3}{5} = 120$이므로

$200 - a = 120$

$\therefore a = 80$

따라서 이 연구회 회원 중에서 임의로 뽑은 1명이 하계
세미나에 참여하는 회원일 때, 이 회원이 전공자일 확률은

$$\dfrac{a \times 0.5}{80 + 0.1a} = \dfrac{80 \times 0.5}{80 + 0.1 \times 80} = \dfrac{40}{88} = \dfrac{5}{11}$$

답 ③

089

동전의 앞면이 2번 나오는 경우는 다음과 같다.

(ⅰ) 주머니에서 임의로 꺼낸 2개의 공의 색이 같은 경우

주머니에서 임의로 꺼낸 2개의 공의 색이 같을 확률은

$$\dfrac{_3C_2 + _2C_2}{_5C_2} = \dfrac{2}{5}$$

한 개의 동전을 3번 던질 때 앞면이 2번 나올 확률은

$$_3C_2 \left(\dfrac{1}{2}\right)^2 \left(\dfrac{1}{2}\right)^1$$

따라서 이때의 확률은

$$\dfrac{2}{5} \times _3C_2 \left(\dfrac{1}{2}\right)^2 \left(\dfrac{1}{2}\right)^1 = \dfrac{3}{20}$$

(ⅱ) 주머니에서 임의로 꺼낸 2개의 공의 색이 다른 경우

주머니에서 임의로 꺼낸 2개의 공의 색이 다를 확률은

$$\dfrac{_3C_1 \times _2C_1}{_5C_2} = \dfrac{3}{5}$$

한 개의 동전을 4번 던질 때 앞면이 2번 나올 확률은

$$_4C_2 \left(\dfrac{1}{2}\right)^2 \left(\dfrac{1}{2}\right)^2$$

따라서 이때의 확률은

$$\dfrac{3}{5} \times _4C_2 \left(\dfrac{1}{2}\right)^2 \left(\dfrac{1}{2}\right)^2 = \dfrac{9}{40}$$

(ⅰ), (ⅱ)에서 구하는 확률은

$$\dfrac{3}{20} + \dfrac{9}{40} = \dfrac{3}{8}$$

답 ②

090

$f(x) = (x-1)(x-3)(x-5)$이므로 $A = \{1, 3, 5\}$

$\therefore P(A) = \dfrac{3}{6} = \dfrac{1}{2}$

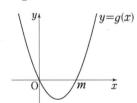

$g(x) = x^2 - mx$이므로

$x^2 - mx > 0$, 즉 $x(x-m) > 0$에서

$x < 0$ 또는 $x > m$

따라서 사건 B는 $n > m$인 경우이므로

m의 값에 따른 사건 B는 다음과 같다.

$m = 1$일 때, $B = \{2, 3, 4, 5, 6\}$

$m = 2$일 때, $B = \{3, 4, 5, 6\}$

$m = 3$일 때, $B = \{4, 5, 6\}$

$m = 4$일 때, $B = \{5, 6\}$

$m = 5$일 때, $B = \{6\}$

이때 두 사건 A와 B가 서로 독립이기 위해서는

$\mathrm{P}(A \cap B) = \mathrm{P}(A) \times \mathrm{P}(B)$가 성립해야 한다.

m	$\mathrm{P}(B)$	$\mathrm{P}(A) \times \mathrm{P}(B)$	$\mathrm{P}(A \cap B)$
1	$\dfrac{5}{6}$	$\dfrac{5}{12}$	$\dfrac{2}{6} = \dfrac{1}{3}$
2	$\dfrac{4}{6} = \dfrac{2}{3}$	$\dfrac{1}{3}$	$\dfrac{2}{6} = \dfrac{1}{3}$
3	$\dfrac{3}{6} = \dfrac{1}{2}$	$\dfrac{1}{4}$	$\dfrac{1}{6}$
4	$\dfrac{2}{6} = \dfrac{1}{3}$	$\dfrac{1}{6}$	$\dfrac{1}{6}$
5	$\dfrac{1}{6}$	$\dfrac{1}{12}$	0

따라서 구하는 모든 m의 값의 합은 $2 + 4 = 6$

답 6

091

$\mathrm{P}(B^C) = 1 - \mathrm{P}(B) = \dfrac{3}{4}$에서

$\mathrm{P}(B) = \dfrac{1}{4}$

한편, 두 사건 A, B가 서로 독립이므로

$\mathrm{P}(A \cup B) = \mathrm{P}(A) + \mathrm{P}(B) - \mathrm{P}(A \cap B)$

$\qquad\qquad\ = \mathrm{P}(A) + \mathrm{P}(B) - \mathrm{P}(A)\mathrm{P}(B)$

$\dfrac{2}{3} = \mathrm{P}(A) + \dfrac{1}{4} - \dfrac{1}{4}\mathrm{P}(A)$에서 $\mathrm{P}(A) = \dfrac{5}{9}$

두 사건 A, B가 서로 독립이면 두 사건 A, B^C도 서로
독립이므로

$\mathrm{P}(A \mid B^C) = \mathrm{P}(A) = \dfrac{5}{9}$

답 ④

092

홀수의 눈이 나오는 횟수와 짝수의 눈이 나오는 횟수를
각각 a, b라 할 때, $a + b = 5$이고 $|a - b| = 3$인 경우는
다음과 같다.

(i) $a = 1$, $b = 4$인 경우

이때의 확률은 $_5\mathrm{C}_1 \left(\dfrac{3}{6}\right)^1 \left(\dfrac{3}{6}\right)^4 = \dfrac{5}{32}$

(ii) $a = 4$, $b = 1$인 경우

이때의 확률은 $_5\mathrm{C}_4 \left(\dfrac{3}{6}\right)^4 \left(\dfrac{3}{6}\right)^1 = \dfrac{5}{32}$

(i), (ii)에서 구하는 확률은

$\dfrac{5}{32} + \dfrac{5}{32} = \dfrac{5}{16}$

$\therefore\ p + q = 16 + 5 = 21$

답 21

093

여섯 자리 자연수가 홀수일 확률은

$1 - $ (여섯 자리 자연수가 짝수일 확률)

로 구할 수 있다.

6장의 카드를 일렬로 나열하는 전체 경우의 수는

$\dfrac{6!}{3! \, 2!} = 60$

짝수인 경우는 일의 자리의 수가 2인 경우이므로
이때의 경우의 수는

$\dfrac{5!}{3!} = 20$

따라서 구하는 확률은

$1 - \dfrac{20}{60} = \dfrac{2}{3}$

다른풀이

6장의 카드를 모두 다른 카드로 보고

1_A, 1_B, 1_C, 2_A, 2_B, 3이라 하자.

6개의 서로 다른 카드를 일렬로 나열하는 전체 경우의 수는

$6! = 720$

이때 여섯 자리 자연수가 홀수인 경우는 다음과 같다.

(i) 일의 자리의 수가 1인 경우

일의 자리에 1_A 또는 1_B 또는 1_C가 적힌 카드가

나오게 나열하는 경우의 수는

$_3\mathrm{C}_1 \times 5! = 360$

(ii) 일의 자리의 수가 3인 경우

일의 자리에 3이 적힌 카드가 나오게 나열하는 경우의
수는

$$1 \times 5! = 120$$

(i), (ii)에서 구하는 확률은 $\dfrac{360 + 120}{720} = \dfrac{2}{3}$

답 ④

094

숫자 1, 2, 3, 4, 5 중에서 서로 다른 3개를 택해 일렬로
나열하여 만들 수 있는 모든 세 자리의 자연수의 개수는

$$_5P_3 = 60$$

이 중에서 임의로 택한 하나의 수를
$100a + 10b + c$ (a, b, c는 5 이하의 자연수)라 하면
$100a + 10b + c$가 10과 서로소이기 위해서는 c가
1 또는 3이어야 하므로 10과 서로소인 자연수의 개수는

$$_2C_1 \times _4P_2 = 24$$

따라서 구하는 확률은 $\dfrac{24}{60} = \dfrac{2}{5}$이다.

다른풀이

10과 서로소인 자연수는 2의 배수가 아니고 5의 배수도
아닌 수이어야 한다.
즉, 일의 자리의 숫자가 5가 아닌 홀수인 자연수가 10과
서로소이다.
따라서 구하는 확률은 일의 자리에 들어갈 수 있는 5개의

숫자 중에서 1 또는 3을 뽑을 확률과 같으므로 $\dfrac{2}{5}$이다.

답 ④

095

1이 한 번 나오는 사건을 A,
3이 한 번 나오는 사건을 B라 하자.

$$P(A) = _4C_1 \left(\dfrac{1}{4}\right)^1 \left(\dfrac{3}{4}\right)^3 = \dfrac{27}{64}$$

$$P(B) = _4C_1 \left(\dfrac{1}{2}\right)^1 \left(\dfrac{1}{2}\right)^3 = \dfrac{1}{4}$$

$P(A \cap B)$는 4번의 시행에서 1과 3이 각각 한 번 나와야
하므로 나머지 두 번은 2가 나올 확률이다.

$$P(A \cap B) = \dfrac{4!}{1!1!2!} \left(\dfrac{1}{4}\right)^1 \left(\dfrac{1}{2}\right)^1 \left(\dfrac{1}{4}\right)^2 = \dfrac{3}{32}$$

따라서 구하는 확률은

$$P(A \cup B) = P(A) + P(B) - P(A \cap B)$$
$$= \dfrac{27}{64} + \dfrac{1}{4} - \dfrac{3}{32} = \dfrac{37}{64}$$

답 ④

096

(i) 주사위를 던져서 2 이하의 눈이 나오는 경우

주사위를 던져서 2 이하의 눈이 나올 확률은

$$\dfrac{2}{6} = \dfrac{1}{3}$$

주머니 A에서 꺼낸 2개의 공이 모두 흰 공일 확률은

$$\dfrac{_2C_2}{_5C_2} = \dfrac{1}{10}$$

따라서 이 경우의 확률은 $\dfrac{1}{3} \times \dfrac{1}{10} = \dfrac{1}{30}$

(ii) 주사위를 던져서 3 이상의 눈이 나오는 경우

주사위를 던져서 3 이상의 눈이 나올 확률은

$$\dfrac{4}{6} = \dfrac{2}{3}$$

주머니 B에서 꺼낸 3개의 공 중 흰 공이 2개,
검은 공이 1개일 확률은

$$\dfrac{_4C_2 \times _1C_1}{_5C_3} = \dfrac{6}{10} = \dfrac{3}{5}$$

따라서 이 경우의 확률은 $\dfrac{2}{3} \times \dfrac{3}{5} = \dfrac{2}{5}$

(i), (ii)에 의하여 구하는 확률은

$$\dfrac{1}{30} + \dfrac{2}{5} = \dfrac{13}{30}$$

답 ③

097

남학생 3명과 여학생 6명이 모든 빈 좌석에 한 명씩 앉는
전체 경우의 수는 9!
남학생 3명이 같은 열에 나란히 이웃하여 앉는 경우는
다음과 같이 5가지이고

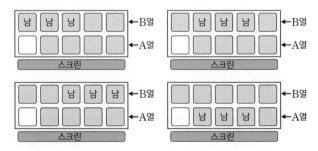

남학생 3명이 자리를 바꾸어 앉는 경우의 수는 3!,

이 각각에 대하여 남은 여섯 자리에 여학생 6명이 자리를

바꾸어 앉는 경우의 수는 6!이므로

남학생 3명이 같은 열에 나란히 이웃하여 앉는 모든 경우의

수는 $5 \times 3! \times 6!$이다.

따라서 구하는 확률은 $\dfrac{5 \times 3! \times 6!}{9!} = \dfrac{5}{84}$

$\therefore p + q = 84 + 5 = 89$

답 89

098

선택한 두 점을 이은 선분이 x축 또는 y축과 만날 확률은

$1 -$ (선분이 x축, y축과 모두 만나지 않을 확률)

로 구할 수 있다.

집합 $\{(a, b) \mid a \in A, b \in A\}$를 좌표평면 위에 나타내면

그림과 같이 16개의 점이므로

16개의 점 중에서 2개를 선택하는 전체 경우의 수는

$_{16}C_2 = 120$

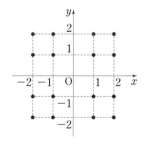

선택한 두 점을 이은 선분이 x축, y축과 만나지 않으려면

각각의 사분면 위의 네 개의 점 중 두 점을 택하면 된다.

제1사분면 위의 네 개의 점 중 두 점을 택하는 경우의 수는

$_4C_2 = 6$

마찬가지 방법으로 제2사분면, 제3사분면, 제4사분면에서도

경우의 수는 각각 6이다.

따라서 구하는 확률은 $1 - \dfrac{6 \times 4}{120} = \dfrac{4}{5}$

다른풀이

집합 $\{(a, b) \mid a \in A, b \in A\}$를 좌표평면 위에 나타내면

그림과 같이 16개의 점이므로

16개의 점 중에서 2개를 선택하는 전체 경우의 수는

$_{16}C_2 = 120$

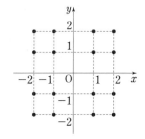

선택한 두 점을 이은 선분이 x축과 만나는 사건을 X, y축과

만나는 사건을 Y라 하자.

(i) 선택한 두 점을 이은 선분이 x축과 만나는 경우는

제1사분면 또는 제2사분면 위의 점 중에서 1개,

제3사분면 또는 제4사분면 위의 점 중에서 1개를

선택하면 되므로

$$P(X) = \dfrac{_8C_1 \times {_8C_1}}{_{16}C_2} = \dfrac{8}{15}$$

(ii) 선택한 두 점을 이은 선분이 y축과 만나는 경우는

제1사분면 또는 제4사분면 위의 점 중에서 1개,

제2사분면 또는 제3사분면 위의 점 중에서 1개를

선택하면 되므로

$$P(Y) = \dfrac{_8C_1 \times {_8C_1}}{_{16}C_2} = \dfrac{8}{15}$$

(iii) 선택한 두 점을 이은 선분이 x축, y축과 모두 만나는

경우는

제1사분면 위의 점 중에서 1개,

제3사분면 위의 점 중에서 1개를 선택하거나

제2사분면 위의 점 중에서 1개,

제4사분면 위의 점 중에서 1개를 선택하면 되므로

$$P(X \cap Y) = \dfrac{_4C_1 \times {_4C_1} + {_4C_1} \times {_4C_1}}{_{16}C_2} = \dfrac{4}{15}$$

(i)~(iii)에 의하여 구하는 확률은

$$P(X \cup Y) = P(X) + P(Y) - P(X \cap Y)$$

$$= \dfrac{8}{15} + \dfrac{8}{15} - \dfrac{4}{15} = \dfrac{4}{5}$$

답 ④

099

꺼낸 흰 공과 검은 공의 개수가 같은 경우는 다음과 같다.

(i) 흰 공과 검은 공이 각각 1개씩인 경우

주사위를 던져서 2의 눈이 나오고, 상자에서 2개의 공을

꺼낼 때 흰 공과 검은 공이 각각 1개씩 나와야 하므로

$$\dfrac{1}{6} \times \dfrac{_5C_1 \times {_2C_1}}{_7C_2} = \dfrac{5}{63}$$

(ii) 흰 공과 검은 공이 각각 2개씩인 경우

주사위를 던져서 4의 눈이 나오고, 상자에서 4개의 공을

꺼낼 때 흰 공과 검은 공이 각각 2개씩 나와야 하므로

$$\frac{1}{6} \times \frac{_5C_2 \times {_2}C_2}{_7C_4} = \frac{1}{21}$$

따라서 구하는 확률은

$$\frac{\text{(ii)}}{\text{(i)}+\text{(ii)}} = \frac{\dfrac{1}{21}}{\dfrac{5}{63}+\dfrac{1}{21}} = \frac{3}{8}$$

$$\therefore p+q = 8+3 = 11$$

답 11

100

조건 (가), (나)를 만족시키도록 숫자 0, 1, 2의 합으로 6을
만드는 방법은 다음과 같다.

$$6 = 2+2+2+0+0$$
$$= 2+2+1+1+0$$
$$= 2+1+1+1+1$$

(i) $6 = 2+2+2+0+0$인 경우

순서쌍의 개수는 2, 2, 2, 0, 0을 일렬로 나열하는
경우의 수와 같으므로

$$\frac{5!}{3!2!} = 10$$

(ii) $6 = 2+2+1+1+0$인 경우

순서쌍의 개수는 2, 2, 1, 1, 0을 일렬로 나열하는
경우의 수와 같으므로

$$\frac{5!}{2!2!} = 30$$

(iii) $6 = 2+1+1+1+1$인 경우

순서쌍의 개수는 2, 1, 1, 1, 1을 일렬로 나열하는
경우의 수와 같으므로

$$\frac{5!}{4!} = 5$$

(i)~(iii)에 의하여 조건 (가), (나)를 만족시키는

순서쌍 (a, b, c, d, e)의 전체 개수는 $10+30+5 = 45$

이 중에서 $abcde = 0$을 만족시키는 경우는

(i), (ii)이므로 그 개수는 $10+30 = 40$

따라서 구하는 확률은 $\dfrac{40}{45} = \dfrac{8}{9}$

$$\therefore p+q = 9+8 = 17$$

답 17

101

$$P(B|A^C) = \frac{P(B \cap A^C)}{P(A^C)}$$

$$= \frac{P(A \cup B) - P(A)}{1 - P(A)}$$

$$= \frac{\dfrac{2}{3} - \dfrac{7}{15}}{1 - \dfrac{7}{15}} = \frac{\dfrac{1}{5}}{\dfrac{8}{15}} = \frac{3}{8}$$

답 ③

102

여학생과 남학생이 적어도 1명씩 선택될 확률은

1 − (멘토 3명이 모두 성별이 같을 확률)

로 구할 수 있다.

10명 중 3명을 선택하는 전체 경우의 수는 $_{10}C_3 = 120$

(i) 멘토 3명이 모두 여학생인 경우

여학생은 모두 4명이므로 이 경우의 수는 $_4C_3 = 4$

(ii) 멘토 3명이 모두 남학생인 경우

남학생은 모두 6명이므로 이 경우의 수는 $_6C_3 = 20$

(i), (ii)에서 구하는 확률은

$$1 - \frac{4+20}{120} = \frac{4}{5}$$

답 ⑤

103

A, B가 동전을 던졌을 때 앞면이 나오는 횟수가 각각
a, b (단, $a \le 3$, $b \le 4$)이므로

$ab = 4$를 만족시키는 경우는 다음과 같다.

(i) $a = 1$, $b = 4$인 경우

$a = 1$일 확률은 $_3C_1 \left(\dfrac{1}{2}\right)^1 \left(\dfrac{1}{2}\right)^2 = \dfrac{3}{8}$,

$b = 4$일 확률은 $_4C_4 \left(\dfrac{1}{2}\right)^4 = \dfrac{1}{16}$이므로

이때의 확률은 $\dfrac{3}{8} \times \dfrac{1}{16} = \dfrac{3}{128}$

(ii) $a = 2$, $b = 2$인 경우

$a = 2$일 확률은 $_3C_2 \left(\dfrac{1}{2}\right)^2 \left(\dfrac{1}{2}\right)^1 = \dfrac{3}{8}$,

$b = 2$일 확률은 $_4\mathrm{C}_2\left(\dfrac{1}{2}\right)^2\left(\dfrac{1}{2}\right)^2 = \dfrac{3}{8}$이므로

이때의 확률은 $\dfrac{3}{8} \times \dfrac{3}{8} = \dfrac{9}{64}$

(i), (ii)에서 구하는 확률은 $\dfrac{3}{128} + \dfrac{9}{64} = \dfrac{21}{128}$

답 ①

104

선택된 세 자연수 중에서 '가장 작은 수가 3 이하이거나 가장 큰 수가 9 이상'인 사건의 여사건은 '가장 작은 수가 3 초과이고 가장 큰 수가 9 미만'이다.

1부터 12까지의 자연수 중 서로 다른 3개의 수를 선택하는 방법의 수는 $_{12}\mathrm{C}_3 = 220$이고,

4부터 8까지의 자연수 중 서로 다른 3개의 수를 선택하는 방법의 수는 $_5\mathrm{C}_3 = 10$이므로

구하는 확률은 $1 - \dfrac{10}{220} = \dfrac{21}{22}$이다.

답 ⑤

105

한 개의 주사위를 두 번 던지는 전체 경우의 수는 $6^2 = 36$

1부터 6까지의 자연수 k에 대하여 $\sin\dfrac{k\pi}{3}$, $\cos\dfrac{k\pi}{3}$의 값은 다음과 같다.

k	1	2	3	4	5	6
$\sin\dfrac{k\pi}{3}$	$\dfrac{\sqrt{3}}{2}$	$\dfrac{\sqrt{3}}{2}$	0	$-\dfrac{\sqrt{3}}{2}$	$-\dfrac{\sqrt{3}}{2}$	0
$\cos\dfrac{k\pi}{3}$	$\dfrac{1}{2}$	$-\dfrac{1}{2}$	-1	$-\dfrac{1}{2}$	$\dfrac{1}{2}$	1

이때 $\sin\dfrac{m\pi}{3} \times \cos\dfrac{n\pi}{3} \geq \dfrac{\sqrt{3}}{4}$을 만족시키는

순서쌍 (m, n)은

$(1, 1)$, $(1, 5)$, $(1, 6)$,

$(2, 1)$, $(2, 5)$, $(2, 6)$,

$(4, 2)$, $(4, 3)$, $(4, 4)$,

$(5, 2)$, $(5, 3)$, $(5, 4)$로 12가지이므로

구하는 확률은 $\dfrac{12}{36} = \dfrac{1}{3}$

답 ①

106

$A = \{2, 3, 5, 7\}$이므로 $\mathrm{P}(A) = \dfrac{4}{8} = \dfrac{1}{2}$

$m = 1$일 때, $B = \{1\}$

$m = 2$일 때, $B = \{1, 2\}$

$m = 3$일 때, $B = \{1, 2, 3\}$

$m = 4$일 때, $B = \{1, 2, 3, 4\}$

$m = 5$일 때, $B = \{1, 2, 3, 4, 5\}$

$m = 6$일 때, $B = \{1, 2, 3, 4, 5, 6\}$

$m = 7$일 때, $B = \{1, 2, 3, 4, 5, 6, 7\}$

$m = 8$일 때, $B = \{1, 2, 3, 4, 5, 6, 7, 8\}$

두 사건 A, B가 서로 독립이 되려면

$\mathrm{P}(A) \times \mathrm{P}(B) = \mathrm{P}(A \cap B)$가 성립해야 한다.

m	$\mathrm{P}(B)$	$\mathrm{P}(A) \times \mathrm{P}(B)$	$\mathrm{P}(A \cap B)$
1	$\dfrac{1}{8}$	$\dfrac{1}{16}$	0
2	$\dfrac{2}{8} = \dfrac{1}{4}$	$\dfrac{1}{8}$	$\dfrac{1}{8}$
3	$\dfrac{3}{8}$	$\dfrac{3}{16}$	$\dfrac{2}{8} = \dfrac{1}{4}$
4	$\dfrac{4}{8} = \dfrac{1}{2}$	$\dfrac{1}{4}$	$\dfrac{2}{8} = \dfrac{1}{4}$
5	$\dfrac{5}{8}$	$\dfrac{5}{16}$	$\dfrac{3}{8}$
6	$\dfrac{6}{8} = \dfrac{3}{4}$	$\dfrac{3}{8}$	$\dfrac{3}{8}$
7	$\dfrac{7}{8}$	$\dfrac{7}{16}$	$\dfrac{4}{8} = \dfrac{1}{2}$
8	1	$\dfrac{1}{2}$	$\dfrac{4}{8} = \dfrac{1}{2}$

따라서 구하는 모든 m의 값의 합은

$2 + 4 + 6 + 8 = 20$

답 20

107

주머니 안에 들어 있는 공 중에서 홀수가 적혀 있는 공의 개수를 a라 하자.

(단위: 개)

	홀수	짝수	합계
흰 공	$30 \times \dfrac{2}{5}$		30
검은 공	$a \times \dfrac{4}{7}$		20
합계	a		50

흰 공의 개수는 30이고
이 주머니에서 임의로 꺼낸 한 개의 공이 흰 공일 때,
이 공에 적혀 있는 수가 홀수일 확률이 $\dfrac{2}{5}$이므로

홀수가 적혀 있는 흰 공의 개수는 $30 \times \dfrac{2}{5}$

홀수가 적힌 공의 개수는 a이고
이 주머니에서 임의로 꺼낸 한 개의 공에 적혀 있는 수가
홀수일 때, 이 공이 검은 공일 확률이 $\dfrac{4}{7}$이므로

홀수가 적혀 있는 검은 공의 개수는 $a \times \dfrac{4}{7}$

따라서 $a = 30 \times \dfrac{2}{5} + a \times \dfrac{4}{7}$이므로

$\dfrac{3}{7}a = 12$

$\therefore a = 28$

답 ③

108

두 점 $(4, 0)$, $(0, 8)$을 지나는
직선의 방정식은
$y = -2x + 8$이다.
$f(x) = -2x + 8$이라 하면
$f(1) = 6$이므로
x좌표가 1인 점은 6개,
$f(2) = 4$이므로
x좌표가 2인 점은 4개,
$f(3) = 2$이므로 x좌표가 3인 점은 2개이다.
따라서 모든 점 (a, b)의 개수는 $6 + 4 + 2 = 12$이므로
구하는 확률은

$$\dfrac{\dfrac{{}_4\mathrm{C}_2}{{}_{12}\mathrm{C}_2}}{\dfrac{{}_6\mathrm{C}_2}{{}_{12}\mathrm{C}_2} + \dfrac{{}_4\mathrm{C}_2}{{}_{12}\mathrm{C}_2} + \dfrac{{}_2\mathrm{C}_2}{{}_{12}\mathrm{C}_2}} = \dfrac{{}_4\mathrm{C}_2}{{}_6\mathrm{C}_2 + {}_4\mathrm{C}_2 + {}_2\mathrm{C}_2} = \dfrac{3}{11}$$

$\therefore p + q = 11 + 3 = 14$

답 14

109

(i) 첫 번째 시행에서 갑, 을이
(홀수, 짝수)가 적혀 있는 카드를 꺼낼 확률은
$\dfrac{2}{4} \times \dfrac{2}{4} = \dfrac{1}{4}$

두 번째 시행에서 갑, 을이
(홀수, 홀수)가 적혀 있는 카드를 꺼낼 확률은

$\dfrac{1}{3} \times \dfrac{2}{3} = \dfrac{2}{9}$

(짝수, 짝수)가 적혀 있는 카드를 꺼낼 확률은

$\dfrac{2}{3} \times \dfrac{1}{3} = \dfrac{2}{9}$

따라서 이때의 확률은 $\dfrac{1}{4} \times \left(\dfrac{2}{9} + \dfrac{2}{9} \right) = \dfrac{1}{9}$

(ii) 첫 번째 시행에서 갑, 을이 (짝수, 홀수)가 적혀 있는
카드를 꺼낸 경우
(i)과 마찬가지 방법으로 확률은

$\dfrac{1}{4} \times \left(\dfrac{2}{9} + \dfrac{2}{9} \right) = \dfrac{1}{9}$

(i), (ii)에 의하여 구하는 확률은 $\dfrac{1}{9} + \dfrac{1}{9} = \dfrac{2}{9}$

답 ②

TIP

첫 번째 꺼낸 두 카드에 적혀 있는 숫자의 합이 홀수이고,
두 번째 꺼낸 두 카드에 적혀 있는 숫자의 합이 짝수인 경우는
다음과 같다.

(i)	갑	을
첫 번째 시행	홀수	짝수
두 번째 시행	홀수	홀수

(ii)	갑	을
첫 번째 시행	홀수	짝수
두 번째 시행	짝수	짝수

(iii)	갑	을
첫 번째 시행	짝수	홀수
두 번째 시행	홀수	홀수

(iv)	갑	을
첫 번째 시행	짝수	홀수
두 번째 시행	짝수	짝수

(i)의 확률은 $\dfrac{2}{4} \times \dfrac{2}{4} \times \dfrac{1}{3} \times \dfrac{2}{3} = \dfrac{1}{18}$

(ii)의 확률은 $\dfrac{2}{4} \times \dfrac{2}{4} \times \dfrac{2}{3} \times \dfrac{1}{3} = \dfrac{1}{18}$

(iii)의 확률은 $\dfrac{2}{4} \times \dfrac{2}{4} \times \dfrac{2}{3} \times \dfrac{1}{3} = \dfrac{1}{18}$

(iv)의 확률은 $\dfrac{2}{4} \times \dfrac{2}{4} \times \dfrac{1}{3} \times \dfrac{2}{3} = \dfrac{1}{18}$

(i)~(iv)에서 구하는 확률은 $\dfrac{1}{18} \times 4 = \dfrac{2}{9}$

110

두 집합 $X = \{1, 2, 3\}$, $Y = \{1, 2, 3, 4, 5, 6\}$에서
정의되는 전체 함수 $f : X \to Y$의 개수는 ${}_6\Pi_3 = 6^3$
이때 $f(n+1) - f(n) \geq 1$ $(n = 1, 2)$에서
$f(2) - f(1) \geq 1$, $f(3) - f(2) \geq 1$이므로
$1 \leq f(1) \leq f(2) - 1 \leq f(3) - 2 \leq 4$ $(\because f(3) \leq 6)$
이를 만족시키는 함수 f의 개수는

자연수 $f(1)$, $f(2)-1$, $f(3)-2$의
순서쌍 $(f(1),\ f(2)-1,\ f(3)-2)$의 개수,
즉 1, 2, 3, 4의 4개의 수 중에서
중복을 허락하여 3개를 뽑는 중복조합의 수와 같으므로
$${}_4\mathrm{H}_3 = {}_6\mathrm{C}_3 = 20$$

따라서 구하는 확률은 $\dfrac{20}{6^3} = \dfrac{5}{54}$

$$\therefore\ p+q = 54+5 = 59$$

답 59

111

$$\mathrm{P}(A \cap B) = \mathrm{P}((A^C \cup B^C)^C) = 1 - \mathrm{P}(A^C \cup B^C)$$

이때 A^C과 B^C은 서로 배반사건이므로

$$\begin{aligned}\mathrm{P}(A^C \cup B^C) &= \mathrm{P}(A^C) + \mathrm{P}(B^C) \\ &= \{1 - \mathrm{P}(A)\} + \{1 - \mathrm{P}(B)\} \\ &= \frac{1}{3} + \frac{1}{6} = \frac{1}{2}\end{aligned}$$

$$\therefore\ \mathrm{P}(A \cap B) = 1 - \frac{1}{2} = \frac{1}{2}$$

답 ⑤

112

6개의 구슬 중 2개를 선택하는 전체 경우의 수는 ${}_6\mathrm{C}_2 = 15$
선택한 2개의 구슬에 적힌 숫자의 합이 4의 배수인 경우는
(①, ③), (①, ❸), (③, ❺), (❸, ❺)로 4가지이므로

구하는 확률은 $\dfrac{4}{15}$이다.

답 ③

113

9명의 학생이 일렬로 서는 전체 경우의 수는 $9!$
3학년 학생이 양 끝에 서는 경우의 수는 $2!$
1학년 학생 4명이 일렬로 서는 경우의 수는 $4!$

$$3\ \vee\ 1\ \vee\ 1\ \vee\ 1\ \vee\ 3$$

$\vee$이 표시된 5개의 자리에 2학년 학생 3명이 서는 경우의
수는 ${}_5\mathrm{P}_3$
따라서 구하는 확률은

$$\frac{2! \times 4! \times {}_5\mathrm{P}_3}{9!} = \frac{1}{126}$$

답 ①

114

4보다 큰 자연수 k에 대하여 1부터 k까지의 k개의 자연수
중 서로 다른 세 수를 선택하는 경우의 수는

$${}_k\mathrm{C}_3$$

선택된 수 중 가장 작은 수가 2이려면 1은 포함하지 않고
2는 포함하며, 3부터 k까지의 $(k-2)$개의 자연수 중 서로
다른 두 수를 선택하면 되므로 그 경우의 수는

$${}_{k-2}\mathrm{C}_2$$

이때 $\dfrac{{}_{k-2}\mathrm{C}_2}{{}_k\mathrm{C}_3} = \dfrac{1}{4}$이므로

$$\frac{{}_{k-2}\mathrm{C}_2}{{}_k\mathrm{C}_3} = \frac{\dfrac{(k-2)(k-3)}{2 \times 1}}{\dfrac{k(k-1)(k-2)}{3 \times 2 \times 1}} = \frac{3(k-3)}{k(k-1)} = \frac{1}{4}$$에서

$$k^2 - k = 12k - 36,\quad k^2 - 13k + 36 = 0$$
$$(k-4)(k-9) = 0$$
$$\therefore\ k = 9\ (\because\ k > 4)$$

답 ②

115

1학년 학생이 180명이고 2학년 학생이 120명이므로
보충수업을 지원한 학생은 총 300명이다.
과목 X를 지원한 학생일 사건을 A, 2학년 학생일 사건을
B라 하면 두 사건이 서로 독립이므로

$$\mathrm{P}(A \cap B) = \mathrm{P}(A)\mathrm{P}(B)$$

$$\frac{a}{300} = \frac{96+a}{300} \times \frac{120}{300}$$

$$300a = 120(a+96)$$
$$3a = 192$$
$$\therefore\ a = 64$$

답 64

116

두 참고서 A와 B를 모두 구입한 남학생, 여학생의 수를
각각 x, y라 하고 주어진 상황을 표로 나타내면 다음과 같다.

(단위 : 명)

	남학생	여학생	합계
A 참고서	60	120	180
B 참고서	55	155	210
A, B 참고서	x	y	$x+y$
합계	100	200	300

$100 = 60 + 55 - x$에서 $x = 15$

$200 = 120 + 155 - y$에서 $y = 75$

따라서 구하는 확률은

$$\frac{x}{x+y} = \frac{15}{15+75} = \frac{1}{6}$$

답 ⑤

117

이 수영장의 남성 회원을 a명, 여성 회원을 b명이라 하면

취미반에 속한 남성 회원은 $a \times \dfrac{50}{100} = \dfrac{a}{2}$(명),

전문가반에 속한 여성 회원은 $b \times \dfrac{25}{100} = \dfrac{b}{4}$(명)이므로

이를 표로 나타내면 다음과 같다.

(단위: 명)

구분	취미반	전문가반	합계
남성 회원	$\dfrac{a}{2}$	$\dfrac{a}{2}$	a
여성 회원	$\dfrac{3}{4}b$	$\dfrac{b}{4}$	b
합계	$\dfrac{a}{2} + \dfrac{3}{4}b$	$\dfrac{a}{2} + \dfrac{b}{4}$	120

남성 회원 중 임의로 선택한 한 명이 전문가반일 확률은

$$\frac{\dfrac{a}{2}}{a} = \frac{1}{2}$$이고,

전문가반 회원 중 임의로 선택한 한 명이 남성 회원일 확률은

$$\frac{\dfrac{a}{2}}{\dfrac{a}{2} + \dfrac{b}{4}}$$이므로

$$\frac{1}{2} = \frac{\dfrac{a}{2}}{\dfrac{a}{2} + \dfrac{b}{4}}$$에서 $2a = b$

한편 $a + b = 120$이므로

$3a = 120$

$\therefore\ a = 40,\ b = 80$

따라서 취미반에 속한 여성 회원의 수는

$$\frac{3}{4} \times 80 = 60$$

답 60

118

8명의 학생이 원 모양의 탁자에 둘러앉는 전체 경우의 수는

$(8-1)! = 7!$이다.

이 중 A가 B, C, D 중 어느 누구와도 이웃하지 않게 되는

경우의 수는 다음과 같이 구할 수 있다.

A가 어느 자리에 앉아 있다고 생각하면 다음 그림에서

색칠한 5개의 자리 중 3개의 자리에 B, C, D를 앉히는

방법의 수는 $_5P_3$이고, 남은 4개의 자리에 남은 4명을

앉히는 방법의 수는 4!이므로 A가 B, C, D 중 어느

누구와도 이웃하지 않게 되는 경우의 수는 $_5P_3 \times 4!$이다.

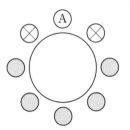

따라서 구하는 확률은

$$1 - \frac{_5P_3 \times 4!}{7!} = 1 - \frac{5 \times 4 \times 3 \times 4!}{7 \times 6 \times 5 \times 4!} = \frac{5}{7}$$

답 ②

119

선택한 순서쌍 (x, y, z)가

$0 < x + y < 8$을 만족시킬 확률은

$1 - \{(x+y=0$일 확률$) + (x+y=8$일 확률$)\}$

로 구할 수 있다.

방정식 $x + y + z = 8$을 만족시키는

음이 아닌 정수 x, y, z의 모든 순서쌍 (x, y, z)의 개수는

$_3H_8 = {}_{10}C_8 = 45$

(ⅰ) $x + y = 0$인 경우

　　순서쌍 (x, y, z)의 개수는 $(0, 0, 8)$로 1이다.

(ⅱ) $x + y = 8$인 경우

　　순서쌍 (x, y, z)의 개수는 $_2H_8 = {}_9C_8 = 9$이다.

(ⅰ), (ⅱ)에서 구하는 확률은

$$1 - \frac{1+9}{45} = \frac{7}{9}$$

답 ④

120

주어진 조건을 만족시키려면

$f(1) \leq f(3),\ f(2) \leq f(3)$이고

$f(4) \geq f(3),\ f(5) \geq f(3)$이어야 하므로

$f(3) = 1$일 때 가능한 함수 $f : X \to X$의 개수는

$$_1\Pi_2 \times _5\Pi_2 = 1 \times 5^2 = 25$$

$f(3) = 2$일 때 가능한 함수 $f : X \to X$의 개수는

$$_2\Pi_2 \times _4\Pi_2 = 2^2 \times 4^2 = 64$$

$f(3) = 3$일 때 가능한 함수 $f : X \to X$의 개수는

$$_3\Pi_2 \times _3\Pi_2 = 3^2 \times 3^2 = 81$$

$f(3) = 4$일 때 가능한 함수 $f : X \to X$의 개수는

$$_4\Pi_2 \times _2\Pi_2 = 4^2 \times 2^2 = 64$$

$f(3) = 5$일 때 가능한 함수 $f : X \to X$의 개수는

$$_5\Pi_2 \times _1\Pi_2 = 5^2 \times 1 = 25$$

따라서 구하는 확률은

$$\frac{81}{25 + 64 + 81 + 64 + 25} = \frac{81}{259}$$

$$\therefore p + q = 259 + 81 = 340$$

답 340

121

독립인 두 사건 A, B에 대하여

두 사건 A, B^C도 서로 독립이므로

$\mathrm{P}(A \cap B^C) = \dfrac{1}{4}$에서 $\mathrm{P}(A)\{1 - \mathrm{P}(B)\} = \dfrac{1}{4}$ ······㉠

$\mathrm{P}(A) + \mathrm{P}(B) = 1$에서 $\mathrm{P}(A) = 1 - \mathrm{P}(B)$ ······㉡

㉡을 ㉠에 대입하면

$$\{\mathrm{P}(A)\}^2 = \frac{1}{4}$$

$$\therefore \mathrm{P}(A) = \frac{1}{2}$$

이를 ㉡에 대입하면 $\mathrm{P}(B) = \dfrac{1}{2}$

$$\begin{aligned} \therefore \mathrm{P}(A \cup B) &= \mathrm{P}(A) + \mathrm{P}(B) - \mathrm{P}(A \cap B) \\ &= \mathrm{P}(A) + \mathrm{P}(B) - \mathrm{P}(A)\mathrm{P}(B) \\ &= 1 - \frac{1}{2} \times \frac{1}{2} = \frac{3}{4} \end{aligned}$$

답 ②

122

6명의 사람이 각자 세 상자 A, B, C 중

임의로 1개의 상자를 선택하는 전체 경우의 수는 3^6

이때 세 상자에 서로 같은 개수의 공이 들어가는 경우는

세 상자 A, B, C에 각각 2개의 공이 들어간 경우이다.

즉, 6명 중 상자 A, B, C를 선택하는 사람이 각각 2명씩

있어야 하므로

$$_6\mathrm{C}_2 \times _4\mathrm{C}_2 \times _2\mathrm{C}_2 = 90$$

따라서 구하는 확률은

$$\frac{90}{3^6} = \frac{10}{81}$$

답 ②

123

7번째 시행을 한 후에 시행을 멈추려면 1부터 9까지의

자연수가 하나씩 적혀 있는 9개의 공 중에서 6번째 시행까지

홀수가 적혀 있는 공 4개, 짝수가 적혀 있는 공 2개를 꺼내고

7번째 시행에서 홀수가 적혀 있는 공을 꺼내야 한다.

홀수 4개, 짝수 2개를 나열하는 경우의 수는

$$\frac{6!}{4!2!} = 15$$

(홀, 홀, 홀, 홀, 짝, 짝)의 순서로 공을 꺼낼 확률은

$$\frac{5}{9} \times \frac{4}{8} \times \frac{3}{7} \times \frac{2}{6} \times \frac{4}{5} \times \frac{3}{4} = \frac{1}{42}$$

7번째 시행에서 홀수가 적혀 있는 공을 꺼낼 확률은 $\dfrac{1}{3}$

따라서 구하는 확률은

$$15 \times \frac{1}{42} \times \frac{1}{3} = \frac{5}{42}$$

답 ②

124

이 고등학교 1학년 학생의 수를 $100k$(명)이라 하고 주어진

상황을 표로 나타내면 다음과 같다.

(단위 : 명)

	남학생	여학생	합계
동아리에 가입함	$30k$	$20k$	$50k$
동아리에 가입하지 않음	$30k$	$20k$	$50k$
합계	$60k$	$40k$	$100k$

$p = \dfrac{30k}{50k} = \dfrac{3}{5}$이므로

$$100p = 100 \times \frac{3}{5} = 60$$

답 60

125

2명의 지원자가 공통으로 선택한 질문지가 2개 이상 있을 확률은

1−(공통으로 선택한 질문지가 1개인 확률) **TIP**

로 구할 수 있다.

2명의 지원자를 각각 A, B라 하고, 5개의 질문지를 각각 x, y, z, u, w라 하자.

지원자 A가 선택한 질문지 3개가 x, y, z이었다고 하자.

지원자 B가 5개의 질문지 중 3개를 선택하는 전체 경우의 수는 $_5C_3 = 10$

지원자 B가 x, y, z 중 1개와 u, w를 모두 선택하는 경우의 수는 $_3C_1 \times _2C_2 = 3$

따라서 구하는 확률은 $1 - \dfrac{3}{10} = \dfrac{7}{10}$

다른풀이

5개의 질문지 중 3개를 선택하는 전체 경우의 수는

$_5C_3 = 10$

2명의 지원자를 각각 A, B라 하고, 5개의 질문지를 각각 x, y, z, u, w라 하자.

지원자 A가 선택한 질문지 3개가 x, y, z이었다고 하면 지원자 B가 선택하는 경우는 다음과 같다.

(i) x, y, z 중 2개, u, w 중 1개 선택하는 경우

$\quad _3C_2 \times _2C_1 = 6$

(ii) x, y, z 3개 모두 선택하는 경우

$\quad 1$

(i), (ii)에서 구하는 확률은 $\dfrac{6+1}{10} = \dfrac{7}{10}$

답 ④

TIP

질문지는 총 5개이고, 지원자가 3개씩 선택하므로
2명의 지원자는 최소 1개의 질문지를 공통으로 선택한다.
따라서 공통으로 선택한 질문지가 적어도 2개 이상일 사건의 여사건은 공통으로 선택한 질문지가 1개인 사건이다.

참고

본풀이에서 지원자 A가 어떤 질문지를 고르든 확률을 구하는 데 관계는 없다. 표본공간에서 지원자 A가 질문지 3개를 고르는 경우의 수 $_5C_3$을 고려하면 해당 사건에서도 마찬가지로 고려해야 하므로 결국 약분되어 계산된다.

$1 - \dfrac{{}_5\!\!\!\diagup\!\!\!C_3 \times ({}_3C_1 \times {}_2C_2)}{{}_5\!\!\!\diagup\!\!\!C_3 \times {}_5C_3} = \dfrac{7}{10}$

126

주어진 표는 다음과 같다.

(단위 : 명)

학생＼지역	A	B	합계
남	25	75	100
여	55	45	100
합계	80	120	200

선발된 2명의 학생 중에서 적어도 1명의 학생이 남학생일 확률은

1−(선발된 2명 모두 여학생일 확률)과 같으므로

$1 - \dfrac{55}{80} \times \dfrac{45}{120}$

선발된 2명의 학생 중에서 적어도 1명의 학생이 남학생일 때, 지역 B의 교환학생으로 선발된 학생이 여학생이기 위해서는 지역 A의 교환학생으로 선발된 학생이 남학생이어야 하므로

확률은 $\dfrac{25}{80} \times \dfrac{45}{120}$

따라서 구하는 확률은

$\dfrac{\dfrac{25}{80} \times \dfrac{45}{120}}{1 - \dfrac{55}{80} \times \dfrac{45}{120}} = \dfrac{3}{19}$

답 ②

127

6개의 공을 모두 다른 공으로 보고

$1_A, 1_B, 2_A, 2_B, 3_A, 3_B$라 하자.

6개의 서로 다른 공 중에서 3개의 공을 꺼내 일렬로 나열하는 전체 경우의 수는

$_6P_3 = 120$

이때 $a < b \le c$를 만족하는 순서쌍 (a, b, c)는

$(1, 2, 2), (1, 2, 3), (1, 3, 3), (2, 3, 3)$이다.

(i) $(1, 2, 2)$인 경우

$\quad 1_A, 1_B$ 중 하나와 $2_A, 2_B$를 모두 뽑아 일렬로 나열하는 경우의 수는

$\quad _2P_1 \times _2P_2 = 4$

(ii) $(1, 2, 3)$인 경우

$\quad 1_A, 1_B$ 중 하나와 $2_A, 2_B$ 중 하나와 $3_A, 3_B$ 중 하나를 뽑아 일렬로 나열하는 경우의 수는

$\quad _2P_1 \times _2P_1 \times _2P_1 = 8$

(iii) $(1, 3, 3)$인 경우

    (i)과 마찬가지 방법으로 이때의 경우의 수는 4

(iv) $(2, 3, 3)$인 경우

    (i)과 마찬가지 방법으로 이때의 경우의 수는 4

(i)~(iv)에서 구하는 확률은

$$\frac{4+8+4+4}{120}=\frac{1}{6}$$

답 ①

128

상자 A에 공 1개를 넣는 경우는

규칙 (가) 또는 (다), 즉 $n = 1, 3, 4, 6$인 경우이므로

상자 A에 공 1개를 넣을 확률은

$$\frac{4}{6}=\frac{2}{3}$$

따라서 구하는 확률은

$$_5C_2\left(\frac{2}{3}\right)^2\left(\frac{1}{3}\right)^3=\frac{40}{243}$$

다른풀이

규칙 (가), (나), (다)를 만족하는 각각의 확률은

$$\frac{2}{6}=\frac{1}{3}$$

상자 A에 공이 2개 들어 있어야 하므로

5회 중 규칙 (가), (나), (다)를 만족하는 횟수는 다음과 같다.

	(가)	(나)	(다)
(i)	2	3	0
(ii)	0	3	2
(iii)	1	3	1

(i) 규칙 (가), (나)인 경우가 각각 2번, 3번일 확률은

$$\frac{5!}{2!\,3!}\times\left(\frac{1}{3}\right)^2\times\left(\frac{1}{3}\right)^3=\frac{10}{243}$$

(ii) 규칙 (나), (다)인 경우가 3번, 2번일 확률은

$$\frac{5!}{3!\,2!}\times\left(\frac{1}{3}\right)^3\times\left(\frac{1}{3}\right)^2=\frac{10}{243}$$

(iii) 규칙 (가), (나), (다)인 경우가 각각 1번, 3번, 1번일

    확률은

$$\frac{5!}{3!}\times\left(\frac{1}{3}\right)^1\times\left(\frac{1}{3}\right)^3\times\left(\frac{1}{3}\right)^1=\frac{20}{243}$$

(i)~(iii)에서 구하는 확률은

$$\frac{10}{243}+\frac{10}{243}+\frac{20}{243}=\frac{40}{243}$$

답 ③

129

상자에서 꺼낸 3개의 공에 적혀 있는 수의

최댓값이 7 이상인 사건을 A, 최솟값이 2 이하인 사건을

B라 하자.

최댓값이 6 이하인 사건 A^C의 확률은 $\dfrac{_6C_3}{_{10}C_3}=\dfrac{1}{6}$이므로

$$P(A)=1-\frac{1}{6}=\frac{5}{6}$$

최솟값이 3 이상인 사건 B^C의 확률은 $\dfrac{_8C_3}{_{10}C_3}=\dfrac{7}{15}$이므로

$$P(B)=1-\frac{7}{15}=\frac{8}{15}$$

최댓값이 6 이하이고 최솟값이 3 이상인 사건 $A^C\cap B^C$의

확률은 $\dfrac{_4C_3}{_{10}C_3}=\dfrac{1}{30}$이므로

$$P(A\cup B)=P((A^C\cap B^C)^C)=1-P(A^C\cap B^C)$$

$$=1-\frac{1}{30}=\frac{29}{30}$$

$$P(A\cap B)=P(A)+P(B)-P(A\cup B)$$

$$=\frac{5}{6}+\frac{8}{15}-\frac{29}{30}=\frac{2}{5}$$

$$\therefore\ P(B|A)=\frac{P(A\cap B)}{P(A)}=\frac{\frac{2}{5}}{\frac{5}{6}}=\frac{12}{25}$$

다른풀이

1부터 10까지의 자연수 중 임의로 선택한 서로 다른 3개의

수를 $a, b, c\,(a < b < c)$라 하면

(i) $c \geq 7$인 경우의 수는 $_{10}C_3 - {_6}C_3 = 100$

(ii) $c \geq 7$이고 $a \leq 2$인 경우

    $a \leq 2 < b < 7 \leq c$인 경우의 수는

    $_2C_1\times{_4}C_1\times{_4}C_1=32$

    $a < b \leq 2,\ 7 \leq c$인 경우의 수는 $_2C_2\times{_4}C_1=4$

    $a \leq 2,\ 7 \leq b < c$인 경우의 수는 $_2C_1\times{_4}C_2=12$

따라서 구하는 확률은

$$\frac{32+4+12}{100}=\frac{12}{25}$$

답 ③

130

$a \times b$가 3의 배수일 확률은

$1 - (a \times b$가 3의 배수가 아닐 확률)

로 구할 수 있다.

$a \times b$가 3의 배수가 아니려면

선택된 세 수의 합 a가 3의 배수가 아니고 ……㉠

선택된 세 수의 곱 b가 3의 배수가 아니어야 한다. ……㉡

㉡에 의해 선택된 세 수는 모두 3의 배수가 아니어야 하고,

이때 ㉠에 의해 선택된 세 수를 각각 3으로 나눈 나머지가

모두 서로 같지는 않아야 한다. 참고

즉, $U = \{1, 2, 3, \cdots, 10\}$, $X = \{1, 4, 7, 10\}$,

$Y = \{2, 5, 8\}$이라 하고 U에서 3개의 원소를 뽑을 때,

㉠, ㉡을 동시에 만족하는 경우는 X와 Y에서 각각

1개, 2개 또는 2개, 1개를 뽑으면 되므로

$$\frac{{}_4C_1 \times {}_3C_2 + {}_4C_2 \times {}_3C_1}{{}_{10}C_3} = \frac{4 \times 3 + 6 \times 3}{120} = \frac{1}{4}$$

따라서 $a \times b$가 3의 배수일 확률은

$1 - \dfrac{1}{4} = \dfrac{3}{4}$

답 ③

> **참고**
>
> 세 자연수 l, m, n에 대하여 $l+m+n$이 3의 배수,
> 즉 $l+m+n$을 3으로 나눈 나머지가 0이기 위한 필요충분조건은 l,
> m, n을 각각 3으로 나눈 나머지가 모두 서로 같거나 모두 서로 다른
> 것이다.

131

$P(A \mid B) = P(A^C \mid B)$에서

$\dfrac{P(A \cap B)}{P(B)} = \dfrac{P(A^C \cap B)}{P(B)}$이므로

$P(A \cap B) = P(A^C \cap B)$

이때 $P(A \cap B) + P(A^C \cap B) = P(B) = \dfrac{1}{2}$이므로

$P(A \cap B) = P(A^C \cap B) = \dfrac{1}{4}$

$\therefore P(A \cup B) = P(A) + P(B) - P(A \cap B)$

$\qquad\qquad\quad = \dfrac{1}{2} + \dfrac{1}{2} - \dfrac{1}{4} = \dfrac{3}{4}$

답 ③

132

10개의 공 중 3개를 꺼내는 전체 경우의 수는 ${}_{10}C_3 = 120$

이때 흰 공의 개수가 검은 공의 개수보다 적은 경우는

흰 공, 검은 공이 각각 0개, 3개 또는 1개, 2개일 때이다.

따라서 그 경우의 수는

${}_4C_0 \times {}_6C_3 + {}_4C_1 \times {}_6C_2 = 20 + 60 = 80$이므로

구하는 확률은 $\dfrac{80}{120} = \dfrac{2}{3}$

답 ⑤

133

정사면체 모양의 상자를 4번 던질 때, 가능한 a_1, a_2, a_3, a_4의

모든 순서쌍 (a_1, a_2, a_3, a_4)의 개수는

$4^4 = 256$

이 중 조건 (가)와 (나)를 만족시키는 것은 다음과 같이 8개가

있다.

a_1	a_2	a_3	a_4
1	1	1	1
			2
		2	2
			3
	2	2	2
			3
		3	3
			4

따라서 구하는 확률은

$\dfrac{8}{256} = \dfrac{1}{32}$

$\therefore p + q = 32 + 1 = 33$

답 33

134

주사위를 던진 결과에 따라

동전 A를 던져 나온 수의 곱이 8인 경우는 다음과 같다.

(ⅰ) 한 개의 주사위를 던져서 3의 배수가 나오고, 동전 A를
　　3번 던지는 경우

　　주사위의 눈의 수가 3, 6이 나올 확률은 $\dfrac{2}{6} = \dfrac{1}{3}$

　　동전 A를 3번 던져 나온 수의 곱이 8일 확률은

　　$8 = 2 \times 2 \times 2$에서 앞면 0번, 뒷면 3번이 나올

　　확률이므로 ${}_3C_0 \left(\dfrac{1}{2}\right)^3 = \dfrac{1}{8}$

이때의 확률은

$$\frac{1}{3} \times \frac{1}{8} = \frac{1}{24}$$

(ii) 한 개의 주사위를 던져서 3의 배수가 나오지 않고, 동전 A를 5번 던지는 경우

주사위의 눈의 수가 3, 6이 나오지 않을 확률은

$$1 - \frac{1}{3} = \frac{2}{3}$$

동전 A를 5번 던져 나온 수의 곱이 8일 확률은

$8 = 1 \times 1 \times 2 \times 2 \times 2$에서 앞면 2번, 뒷면 3번이 나올

확률이므로 $_5C_2 \left(\frac{1}{2}\right)^2 \left(\frac{1}{2}\right)^3 = \frac{5}{16}$

이때의 확률은

$$\frac{2}{3} \times \frac{5}{16} = \frac{5}{24}$$

따라서 구하는 확률은

$$\frac{(ii)}{(i)+(ii)} = \frac{\dfrac{5}{24}}{\dfrac{1}{24}+\dfrac{5}{24}} = \frac{5}{6}$$

답 ①

135

꺼낸 6개의 우산 중 흰색, 회색, 검은색 우산의 개수를 (흰색, 회색, 검은색)의 순서쌍으로 나타낼 때, 조건을 만족시키는 경우는

$(2,\ 3,\ 1),\ (1,\ 3,\ 2),\ (2,\ 2,\ 2)$

의 세 경우가 있다.

(i) $(2,\ 3,\ 1)$인 경우

$$\frac{_2C_2 \times _3C_3 \times _5C_1}{_{10}C_6} = \frac{1 \times 1 \times 5}{210} = \frac{1}{42}$$

(ii) $(1,\ 3,\ 2)$인 경우

$$\frac{_2C_1 \times _3C_3 \times _5C_2}{_{10}C_6} = \frac{2 \times 1 \times 10}{210} = \frac{2}{21}$$

(iii) $(2,\ 2,\ 2)$인 경우

$$\frac{_2C_2 \times _3C_2 \times _5C_2}{_{10}C_6} = \frac{1 \times 3 \times 10}{210} = \frac{1}{7}$$

(i)~(iii)에서 구하는 확률은

$$\frac{1}{42} + \frac{2}{21} + \frac{1}{7} = \frac{11}{42}$$이다.

다른풀이

주어진 상황은 '검은색이 아닌 우산 5개와 검은색 우산 5개가 들어 있는 상자에서 임의로 6개의 우산을 동시에 꺼낼 때, 꺼낸 6개의 우산 중 검은색이 아닌 우산의 개수가 검은색 우산의 개수보다 클 확률'을 구하는 것이다.

이때 검은색이 아닌 우산 5개와 검은색 우산 1개를 꺼내거나 검은색이 아닌 우산 4개와 검은색 우산 2개를 꺼내면 된다.

$$\therefore \frac{_5C_5 \times _5C_1 + _5C_4 \times _5C_2}{_{10}C_6} = \frac{1 \times 5 + 5 \times 10}{210}$$
$$= \frac{11}{42}$$

답 ③

136

(i) A와 B가 꺼낸 카드에 적힌 숫자가 모두 1일 때

A가 1이 적힌 카드를 꺼낼 확률은 $\frac{4}{9}$이고,

B가 1이 적힌 카드를 꺼낼 확률은 $\frac{3}{8}$이므로

구하는 확률은 $\frac{4}{9} \times \frac{3}{8} = \frac{12}{72}$

(ii) A와 B가 꺼낸 카드에 적힌 숫자가 모두 2일 때

A가 2가 적힌 카드를 꺼낼 확률은 $\frac{3}{9}$이고,

B가 2가 적힌 카드를 꺼낼 확률은 $\frac{2}{8}$이므로

구하는 확률은 $\frac{3}{9} \times \frac{2}{8} = \frac{6}{72}$

(iii) A와 B가 꺼낸 카드에 적힌 숫자가 모두 3일 때

A가 3이 적힌 카드를 꺼낼 확률은 $\frac{2}{9}$이고,

B가 3이 적힌 카드를 꺼낼 확률은 $\frac{1}{8}$이므로

구하는 확률은 $\frac{2}{9} \times \frac{1}{8} = \frac{2}{72}$

따라서 구하는 확률은

$$\frac{(i)+(iii)}{(i)+(ii)+(iii)} = \frac{\dfrac{12}{72}+\dfrac{2}{72}}{\dfrac{12}{72}+\dfrac{6}{72}+\dfrac{2}{72}} = \frac{7}{10}$$

답 ④

137

당첨자 250명 중에서 무선충전기를 받은 사람의 수는
$35 - a + b$이고, 그 비율이 22%이므로

$$\frac{35 - a + b}{250} = \frac{22}{100}, \ 35 - a + b = 55$$

$$\therefore \ a - b = -20 \qquad\qquad \cdots\cdots ㉠$$

임의로 선택한 1명이 남성일 때, 이 당첨자가 태블릿PC를
받았을 확률은 $\dfrac{a}{100}$

임의로 선택한 1명이 여성일 때, 이 당첨자가 태블릿PC를
받았을 확률은 $\dfrac{45 - b}{150}$

두 확률이 서로 같으므로

$$\frac{a}{100} = \frac{45 - b}{150}, \ 3a = 90 - 2b$$

$$\therefore \ 3a + 2b = 90 \qquad\qquad \cdots\cdots ㉡$$

㉠, ㉡을 연립하여 풀면 $a = 10, \ b = 30$

$$\therefore \ ab = 10 \times 30 = 300$$

답 300

138

$a \times b \times c$가 4의 배수가 아니려면 a, b, c 중 4인 것은
없고, 2 또는 6인 것이 없거나 1개뿐이어야 한다.
즉, 세 수가 모두 홀수인 경우와
두 수가 홀수, 나머지 수가 2 또는 6인 경우에
$a \times b \times c$는 4의 배수가 아니다.

(i) 세 수가 모두 홀수인 경우

a, b, c가 모두 홀수일 확률은 $\left(\dfrac{3}{6}\right)^3 = \dfrac{1}{8}$

(ii) 두 수는 홀수, 나머지 수는 2 또는 6인 경우

a, b가 홀수이고 c가 2 또는 6일 확률은

$$\left(\frac{3}{6}\right)^2 \times \frac{2}{6} = \frac{1}{12}$$

같은 이유로 a, c가 홀수이고 b가 2 또는 6일 확률과
b, c가 홀수이고 a가 2 또는 6일 확률도 각각

$\dfrac{1}{12}$이다.

즉, 이 경우의 확률은 $\dfrac{1}{12} \times 3 = \dfrac{1}{4}$

(i), (ii)에서 $a \times b \times c$가 4의 배수일 확률은

$$1 - \left(\frac{1}{8} + \frac{1}{4}\right) = \frac{5}{8}$$

답 ④

139

주어진 시행을 한 번 하여 얻은 점수가 3의 배수인 사건을
A, 꺼낸 두 공의 색이 서로 같은 사건을 B라 하면 구하는
확률은 $\mathrm{P}(B|A)$이다.
먼저 사건 A가 일어나는 경우, 즉 얻은 점수가 3의 배수인
경우는 다음과 같다.

(i) 흰 공 2개를 꺼낸 경우
차가 3의 배수인 두 수는 $\{1, 7\}, \{3, 9\}, \{5, 11\}$
이므로 이 경우의 수는 3이다.

(ii) 검은 공 2개를 꺼낸 경우
차가 3의 배수인 두 수는 $\{2, 8\}, \{4, 10\}, \{6, 12\}$
이므로 이 경우의 수는 3이다.

(iii) 흰 공 1개와 검은 공 1개를 꺼낸 경우
전체 $6 \times 6 = 36$가지의 경우 중
곱이 3의 배수가 아닌 경우의 수는 $4 \times 4 = 16$이므로
곱이 3의 배수인 경우의 수는 $36 - 16 = 20$이다.

(i)~(iii)에서 $\mathrm{P}(A) = \dfrac{3 + 3 + 20}{{}_{12}\mathrm{C}_2} = \dfrac{26}{66} = \dfrac{13}{33}$이고

사건 $A \cap B$가 일어나는 경우는 (i), (ii)이므로

$$\mathrm{P}(A \cap B) = \frac{3 + 3}{{}_{12}\mathrm{C}_2} = \frac{6}{66} = \frac{1}{11}$$

따라서 구하는 확률은

$$\mathrm{P}(B|A) = \frac{\mathrm{P}(A \cap B)}{\mathrm{P}(A)} = \frac{\dfrac{1}{11}}{\dfrac{13}{33}} = \frac{3}{13}$$

답 ④

140

조건 (가)에서
$f(0) \geq f(1) \geq f(2) \geq f(3) \geq f(4)$이고
조건 (나)에서

$$8 = 4 + 4 + 0$$
$$= 4 + 3 + 1$$
$$= 4 + 2 + 2$$
$$= 3 + 3 + 2$$

이므로 다음과 같이 생각할 수 있다.

(i) $f(0) = 4, \ f(1) = 4, \ f(4) = 0$인 경우
$f(2), f(3)$으로 가능한 값은 $0, 1, 2, 3, 4$이므로
두 조건 (가), (나)를 만족시키는 함수 f의 개수는
${}_5\mathrm{H}_2 = {}_6\mathrm{C}_2,$

그 중에서 치역의 원소의 개수가 3 이상이기 위한
순서쌍 $(f(2), f(3))$은

$(4, 3), (4, 2), (4, 1),$

$(3, 3), (3, 2), (3, 1), (3, 0),$

$(2, 2), (2, 1), (2, 0),$

$(1, 1), (1, 0)$으로 12개이므로

치역의 원소의 개수가 3 이상인 함수 f의 개수는 12이다.

(ii) $f(0) = 4$, $f(1) = 3$, $f(4) = 1$인 경우

$f(2)$, $f(3)$으로 가능한 값은 1, 2, 3이므로

두 조건 (가), (나)를 만족시키는 함수 f의 개수는

$_3H_2 = {}_4C_2$,

이때 치역의 원소의 개수가 3 이상인 함수 f의 개수도

$_4C_2$이다.

(iii) $f(0) = 4$, $f(1) = 2$, $f(4) = 2$인 경우

$f(2)$, $f(3)$으로 가능한 값은 2뿐이므로

두 조건 (가), (나)를 만족시키는 함수 f의 개수는 1이다.

치역의 원소의 개수가 3 이상인 함수 f는 존재하지

않는다.

(iv) $f(0) = 3$, $f(1) = 3$, $f(4) = 2$인 경우

$f(2)$, $f(3)$으로 가능한 값은 2, 3이므로

두 조건 (가), (나)를 만족시키는 함수 f의 개수는

$_2H_2 = {}_3C_2$,

치역의 원소의 개수가 3 이상인 함수 f는 존재하지

않는다.

(i)~(iv)에서

조건 (가), (나)를 만족시키는 함수 f의 개수는

$_6C_2 + {}_4C_2 + 1 + {}_3C_2 = 15 + 6 + 1 + 3 = 25$,

그 중에서 치역의 원소의 개수가 3 이상인 함수 f의 개수는

$12 + {}_4C_2 + 0 + 0 = 12 + 6 + 0 + 0 = 18$이므로

구하는 확률은 $\dfrac{18}{25}$이다.

답 ③

141

두 사건 A, B가 서로 독립이면 두 사건 A, B^C도

독립이므로 $\mathrm{P}(B^C|A) = \mathrm{P}(B^C)$

이때 주어진 조건에서 $\mathrm{P}(B^C|A) = \dfrac{4}{9}\mathrm{P}(A)$이므로

$\mathrm{P}(B^C) = \dfrac{4}{9}\mathrm{P}(A)$, $1 - \mathrm{P}(B) = \dfrac{4}{9}\mathrm{P}(A)$

$\therefore \mathrm{P}(B) = 1 - \dfrac{4}{9}\mathrm{P}(A)$

또한 $\mathrm{P}(A \cap B) = \mathrm{P}(A)\mathrm{P}(B) = \dfrac{1}{2}$이므로

$\mathrm{P}(A)\left\{1 - \dfrac{4}{9}\mathrm{P}(A)\right\} = \dfrac{1}{2}$

$8\{\mathrm{P}(A)\}^2 - 18\mathrm{P}(A) + 9 = 0$

$\{4\mathrm{P}(A) - 3\}\{2\mathrm{P}(A) - 3\} = 0$

$\therefore \mathrm{P}(A) = \dfrac{3}{4}$

답 ⑤

142

주어진 표는 다음과 같다.

(단위 : 명)

구분	남성	여성	합계
찬성	18	72	90
반대	a	b	180
합계	$18+a$	$72+b$	270

역명 개정에 반대한 고객은 180명이므로

$a + b = 180$ ······㉠

이때 $p = \dfrac{18}{90} = \dfrac{1}{5}$, $4p = \dfrac{a}{18+a}$이므로

$4 \times \dfrac{1}{5} = \dfrac{a}{18+a}$

$a = 72$, $b = 108$ ($\because$ ㉠)

$\therefore b - a = 108 - 72 = 36$

답 36

143

집합 X에서 X로의 모든 함수 f의 개수는

$_4\Pi_4 = 4^4 = 256$

조건 (가)를 만족시키는 경우를 $f(2)$, $f(3)$의 값에 따라

나누면 다음과 같다.

(i) $f(2) = 1$, $f(3) = 6$인 경우

6이 이미 함수 f의 치역에 속하므로 $f(1)$, $f(6)$의

값을 정하는 경우의 수는 집합 $\{1, 6\}$에서 집합

$\{1, 2, 3, 6\}$으로의 모든 함수의 개수와 같다.

$\therefore {}_4\Pi_2 = 4^2 = 16$

(ii) $f(2) = 6$, $f(3) = 1$인 경우

(i)과 마찬가지이므로 이를 만족시키는 함수의 개수는 16

(iii) $f(2) = 2$, $f(3) = 3$인 경우

6이 함수 f의 치역에 속해야 하므로 $f(1)$, $f(6)$의 값을 정하는 경우의 수는 집합 $\{1, 6\}$에서 집합 $\{1, 2, 3, 6\}$으로의 모든 함수의 개수에서 집합 $\{1, 6\}$에서 집합 $\{1, 2, 3\}$으로의 모든 함수의 개수를 뺀 것과 같다.

$\therefore {}_4\Pi_2 - {}_3\Pi_2 = 4^2 - 3^2 = 7$

(iv) $f(2) = 3$, $f(3) = 2$인 경우

(iii)과 마찬가지이므로 이를 만족시키는 함수의 개수는 7

(i)~(iv)에서 조건을 만족시키는 함수의 개수는

$16 + 16 + 7 + 7 = 46$

따라서 구하는 확률은

$$\frac{46}{256} = \frac{23}{128}$$

$\therefore p + q = 128 + 23 = 151$

답 151

144

구하는 $(a-1)(a-2)(b-2) = 0$일 확률은 $1 - ((a-1)(a-2)(b-2) \neq 0$일 확률)과 같다.

$(a-1)(a-2)(b-2) \neq 0$을 만족시키기 위해서는

$a \neq 1$, $a \neq 2$, $b \neq 2$이어야 하므로

정육면체 모양의 상자의 윗면에 적힌 수가 1, 2가 아닌 3이 나올 확률은 $\frac{3}{6} = \frac{1}{2}$

정사면체 모양의 상자의 바닥에 닿은 면에 적힌 수가 2가 아닌 1, 3이 나올 확률은 $\frac{2}{4} = \frac{1}{2}$

따라서 구하는 확률은

$$1 - \frac{1}{2} \times \frac{1}{2} = \frac{3}{4}$$

답 ⑤

145

8개의 공 중에서 2개를 꺼내는 전체 경우의 수는 ${}_8C_2 = 28$

꺼낸 2개의 공에 적혀 있는 수를 각각 a, b $(a < b)$라 하자.

꺼낸 2개의 공에 적혀 있는 수의 합은 $a + b$이므로

그 평균은 $\frac{a+b}{2}$이다.

이때 주머니에 남아 있는 6개의 공에 적혀 있는 수의 합은

$(1 + 2 + 3 + \cdots + 8) - (a + b) = 36 - (a + b)$이므로

그 평균은 $\frac{36 - (a+b)}{6}$이다.

따라서 주어진 조건에 의하여

$\frac{a+b}{2} = \frac{36 - (a+b)}{6}$이므로

$$\frac{2}{3}(a+b) = 6$$

$\therefore a + b = 9$

이를 만족시키는 1부터 8까지의 자연수 a, b의 순서쌍 (a, b)의 개수는

$(1, 8)$, $(2, 7)$, $(3, 6)$, $(4, 5)$로 4이므로

구하는 확률은

$$\frac{4}{28} = \frac{1}{7}$$

답 ④

146

상자 A에 흰 구슬의 개수가 1인 경우는 다음과 같다.

(i) 상자 A에서 흰 구슬 1개, 검은 구슬 1개를 꺼낸 경우

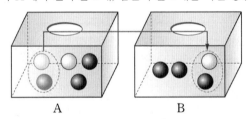

이때의 확률은 $\frac{{}_2C_1 \times {}_3C_1}{{}_5C_2} = \frac{3}{5}$

(ii) 상자 A에서 흰 구슬 2개를 꺼내어 상자 B에 넣은 후 상자 B에서 흰 구슬 1개를 꺼내어 상자 A에 넣는 경우

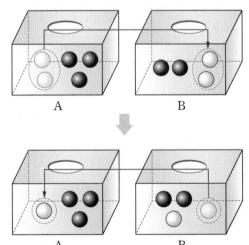

이때의 확률은 $\dfrac{_2C_2}{_5C_2} \times \dfrac{_2C_1}{_4C_1} = \dfrac{1}{20}$

(i), (ii)에서 구하는 확률은

$\dfrac{3}{5} + \dfrac{1}{20} = \dfrac{13}{20}$

답 ③

147

3개의 주사위를 동시에 던질 때 나오는 전체 경우의 수는

$6^3 = 216$

나온 3개의 눈의 수의 합이 9인 사건을 A,

나온 3개의 눈의 수의 곱이 짝수인 사건을 B라 하자.

주사위의 눈은 1부터 6까지의 자연수로 이루어져 있고,

$9 = 1 + 2 + 6$

$\quad = 1 + 3 + 5$

$\quad = 1 + 4 + 4$

$\quad = 2 + 2 + 5$

$\quad = 2 + 3 + 4$

$\quad = 3 + 3 + 3$

이므로 나온 3개의 눈의 수의 합이 9인 경우의 수는

$3! \times 3 + \dfrac{3!}{2!} \times 2 + 1 = 18 + 6 + 1 = 25$

$\therefore \ \mathrm{P}(A) = \dfrac{25}{216}$

이때 나온 3개의 눈의 수의 곱이 짝수이려면 3개의 수 중에서 적어도 하나는 짝수이어야 하고, 이를 만족시키는 순서쌍은 $(1, 2, 6)$, $(1, 4, 4)$, $(2, 2, 5)$, $(2, 3, 4)$이다.

$\therefore \ \mathrm{P}(A \cap B) = \dfrac{3! \times 2 + \dfrac{3!}{2!} \times 2}{216} = \dfrac{18}{216}$

따라서 구하는 확률은

$\mathrm{P}(B \,|\, A) = \dfrac{\mathrm{P}(A \cap B)}{\mathrm{P}(A)} = \dfrac{\dfrac{18}{216}}{\dfrac{25}{216}} = \dfrac{18}{25}$

$\therefore \ p + q = 25 + 18 = 43$

답 43

148

$A = \{1, 3, 6, 8\}$이므로

$\mathrm{P}(A) = \dfrac{4}{10} = \dfrac{2}{5}$

$n(A \cap X) = 2$이므로

$\mathrm{P}(A \cap X) = \dfrac{2}{10} = \dfrac{1}{5}$

이때 두 사건 A와 X가 서로 독립이려면

$\mathrm{P}(A \cap X) = \mathrm{P}(A)\mathrm{P}(X)$이어야 하므로

$\dfrac{1}{5} = \dfrac{2}{5} \times \mathrm{P}(X)$에서 $\mathrm{P}(X) = \dfrac{1}{2}$

즉, $n(X) = 5$이므로

$n(A \cap X) = 2$, $n(A^C \cap X) = 3$이어야 한다.

집합 A의 4개의 원소 중 집합 $A \cap X$의 원소 2개를 선택하는 경우의 수는

$_4C_2 = 6$

집합 A^C의 6개의 원소 중 집합 $A^C \cap X$의 원소 3개를 선택하는 경우의 수는

$_6C_3 = 20$

따라서 구하는 사건 X의 개수는

$6 \times 20 = 120$

답 ②

149

먼저 조건 (가), (나)를 만족시키는 모든 함수 f의 개수를 구해 보자.

$X = \{1, 2, 3, 4, 5, 6\}$이므로 $3 \le f(1) \le f(2)$이면 함수 f는 조건 (나)를 만족시킬 수 없다.

즉, $f(1)$의 값은 1 또는 2만 될 수 있으므로 이에 따라 경우를 나누어 생각해 보면

(i) $f(1) = 1$인 경우

조건 (나)에 의하여 $f(2) = f(6)$이고,

이때 조건 (가)를 만족시키려면

$1 \le f(2) = f(3) = f(4) = f(5) = f(6) \le 6$

이므로 이 경우의 함수 f의 개수는 6이다.

(ii) $f(1) = 2$이고 $f(2) = 2$인 경우

조건 (나)에 의하여 $f(6) = 4$이고,

이때 조건 (가)를 만족시키려면

$2 \le f(3) \le f(4) \le f(5) \le 4$이므로

이 경우의 함수 f의 개수는 2, 3, 4의 3개에서 3개를 택하는 중복조합의 수와 같다.

$\therefore \ _3H_3 = {}_5C_3 = 10$

(iii) $f(1) = 2$이고 $f(2) = 3$인 경우

　조건 (나)에 의하여 $f(6) = 6$이고,

　이때 조건 (가)를 만족시키려면

　$3 \le f(3) \le f(4) \le f(5) \le 6$이므로

　이 경우의 함수 f의 개수는 3, 4, 5, 6의 4개에서

　3개를 택하는 중복조합의 수와 같다.

　$\therefore {}_4H_3 = {}_6C_3 = 20$

(i), (ii), (iii)에 의하여 조건 (가), (나)를 만족시키는 모든

함수 f의 개수는 $6 + 10 + 20 = 36$이고,

이 중 치역의 원소의 개수가 3 미만인 것은

(i)에서 6개, (ii)에서 ${}_2H_3 = {}_4C_3 = 4$개, **참고**

(iii)에서 0개이므로 총 개수는 $6 + 4 + 0 = 10$이다.

따라서 구하는 확률은 $1 - \dfrac{10}{36} = \dfrac{13}{18}$이므로

$p + q = 18 + 13 = 31$

답 31

참고

(ii)에서 $f(1) = f(2) = 2$, $f(6) = 4$이므로 치역의 원소가 이미 2개이다.
따라서 $2 \le f(3) \le f(4) \le f(5) \le 4$이면서 치역의 원소의 개수가 3 미만인 함수의 개수는 2, 4의 2개에서 3개를 택하는 중복조합의 수와 같다.

150

앞면이 a번 나오고, 3의 배수의 눈이 b번 나왔다고 하면 점 P의

x좌표는 $x = a - (2 - a) = 2a - 2 \; (0 \le a \le 2)$,

y좌표는 $y = b - (2 - b) = 2b - 2 \; (0 \le b \le 2)$

이고 점 P가 직선 $y = \dfrac{1}{2}x + 1$ 위의 점이므로

$2b - 2 = \dfrac{1}{2}(2a - 2) + 1$

$\therefore 2b - a = 2$

따라서 가능한 a, b의 순서쌍 (a, b)는 $(0, 1)$, $(2, 2)$이고 그때의 확률은

${}_2C_0\left(\dfrac{1}{2}\right)^2 \times {}_2C_1\left(\dfrac{1}{3}\right)^1\left(\dfrac{2}{3}\right)^1 + {}_2C_2\left(\dfrac{1}{2}\right)^2 \times {}_2C_2\left(\dfrac{1}{3}\right)^2$

$= \dfrac{1}{4} \times \dfrac{4}{9} + \dfrac{1}{4} \times \dfrac{1}{9} = \dfrac{5}{36}$

다른풀이

한 개의 동전과 한 개의 주사위를 동시에 던지는 시행을 한 번 하면 이동할 수 있는 경로는 다음과 같다.

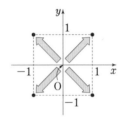

원점에서부터 이러한 시행을 두 번 해서 이동할 수 있는

직선 $y = \dfrac{1}{2}x + 1$ 위의 점은 점 $(2, 2)$와 점 $(-2, 0)$이다.

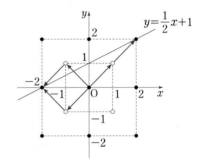

이때 ↗↗ , ↖↙ , ↙↖ 으로 움직여야만 도착할 수 있고,

↗ 로 움직일 확률은 $\dfrac{1}{2} \times \dfrac{2}{6} = \dfrac{1}{6}$,

↖ 로 움직일 확률은 $\dfrac{1}{2} \times \dfrac{2}{6} = \dfrac{1}{6}$,

↙ 로 움직일 확률은 $\dfrac{1}{2} \times \dfrac{4}{6} = \dfrac{1}{3}$이므로

구하는 확률은

$\dfrac{1}{6} \times \dfrac{1}{6} + \dfrac{1}{6} \times \dfrac{1}{3} + \dfrac{1}{3} \times \dfrac{1}{6} = \dfrac{5}{36}$

답 ④

151

$P(A^C | B^C) = \dfrac{P(A^C \cap B^C)}{P(B^C)} = \dfrac{1}{2}$에서

$P(B^C) = 2P(A^C \cap B^C)$

$P(B^C | A^C) = \dfrac{P(A^C \cap B^C)}{P(A^C)} = \dfrac{1}{4}$에서

$P(A^C) = 4P(A^C \cap B^C)$

이때 $P(A) + P(B) = 1$이므로

$\{1 - P(A^C)\} + \{1 - P(B^C)\} = 1$

$\{1 - 4P(A^C \cap B^C)\} + \{1 - 2P(A^C \cap B^C)\} = 1$

$$\therefore \mathrm{P}(A^C \cap B^C) = \frac{1}{6}$$

$$\therefore \mathrm{P}(A \cup B) = 1 - \mathrm{P}((A \cup B)^C)$$
$$= 1 - \mathrm{P}(A^C \cap B^C)$$
$$= 1 - \frac{1}{6} = \frac{5}{6}$$

답 ⑤

152

$64^{\frac{1}{m+1}} \times 81^{\frac{1}{n+1}} = 2^{\frac{6}{m+1}} \times 3^{\frac{4}{n+1}}$ 이 자연수이려면

m의 값으로 가능한 것은 0 또는 1 또는 2이고,

n의 값으로 가능한 것은 0 또는 1 또는 3이다.

이때 $m+n=3$이어야 하므로

$m=0$, $n=3$ 또는 $m=2$, $n=1$이다.

따라서 구하는 확률은

$${}_3\mathrm{C}_0 \left(\frac{1}{2}\right)^3 + {}_3\mathrm{C}_2 \left(\frac{1}{2}\right)^2 \left(\frac{1}{2}\right)^1 = \frac{1}{2}$$

답 ③

153

두 수 $a+1$, $b+1$의 곱이 5의 배수가 아닌 사건을 X,

두 수 $a+1$, $b+1$이 서로소인 사건을 Y라 하자.

$(a+1)(b+1)$이 5의 배수가 아니기 위해서는 $a+1 \neq 5$,

$b+1 \neq 5$이어야 하므로 이를 만족시키는 순서쌍

$(a+1, b+1)$의 개수는

$5 \times 5 = 25$이다.

$$\therefore \mathrm{P}(X) = \frac{25}{36}$$

$b+1$ / $a+1$	2	3	4	5	6	7
2		○				○
3	○		○			○
4		○				○
5						
6						○
7	○	○	○		○	

$a+1 \neq 5$, $b+1 \neq 5$인 두 수 $a+1$과 $b+1$이 서로소인

경우 순서쌍 $(a+1, b+1)$의 개수는 12이다.

$$\therefore \mathrm{P}(X \cap Y) = \frac{12}{36}$$

따라서 구하는 확률은

$$\mathrm{P}(Y|X) = \frac{\mathrm{P}(X \cap Y)}{\mathrm{P}(X)}$$
$$= \frac{\dfrac{12}{36}}{\dfrac{25}{36}} = \frac{12}{25}$$

답 ⑤

154

9개의 공 중에서 3개를 선택하는 경우의 수는 ${}_9\mathrm{C}_3 = 84$

$a > 1$ 또는 $b < 8$을 만족시킬 확률은

$1 - (a \leq 1$이고 $b \geq 8$일 확률)과 같다.

(i) $a = 1$, $b = 8$일 때

　2부터 7까지의 자연수가 적힌 공 중에서 1개를 선택하는

　경우의 수는 ${}_6\mathrm{C}_1 = 6$

(ii) $a = 1$, $b = 9$일 때

　2부터 8까지의 자연수가 적힌 공 중에서 1개를 선택하는

　경우의 수는 ${}_7\mathrm{C}_1 = 7$

(i), (ii)에서 구하는 확률은

$1 - \dfrac{13}{84} = \dfrac{71}{84}$

다른풀이

$a > 1$일 사건을 A, $b < 8$일 사건을 B라 하자.

(i) $a > 1$인 경우

　2부터 9까지의 자연수가 적힌 공 중에서 임의로 서로

　다른 3개를 선택하면 되므로

$$\mathrm{P}(A) = \frac{{}_8\mathrm{C}_3}{{}_9\mathrm{C}_3} = \frac{56}{84}$$

(ii) $b < 8$인 경우

　1부터 7까지의 자연수가 적힌 공 중에서 임의로 서로

　다른 3개를 선택하면 되므로

$$\mathrm{P}(B) = \frac{{}_7\mathrm{C}_3}{{}_9\mathrm{C}_3} = \frac{35}{84}$$

(iii) $1 < a < b < 8$인 경우

　2부터 7까지의 자연수가 적힌 공 중에서 임의로 서로

　다른 3개를 선택하면 되므로

$$\mathrm{P}(A \cap B) = \frac{{}_6\mathrm{C}_3}{{}_9\mathrm{C}_3} = \frac{20}{84}$$

(i)~(iii)에 의하여 구하는 확률은

$$P(A \cup B) = P(A) + P(B) - P(A \cap B)$$
$$= \frac{56}{84} + \frac{35}{84} - \frac{20}{84} = \frac{71}{84}$$

답 ⑤

155

$X = \{1, 2, 3, 4, 5\}$에서 X로의 모든 함수 f의 개수는

$_5\Pi_5 = 5^5$

이제 조건 (가), (나)를 만족시키는 함수 f의 개수를 구해 보자.

먼저 조건 (가)를 만족시키도록 치역을 정하는 방법의 수는

$_5C_4 = 5$이다.

이때 치역의 네 원소 중 한 원소 a에는 정의역의 두 원소가 대응해야 하므로 a의 값을 정하는 방법의 수는 $_4C_1 = 4$이고, 조건 (나)를 만족시키도록 a에 대응하는 정의역의 두 원소를 선택하는 방법의 수는 $_5C_2 - 1 = 9$이다.

또한 a를 제외한 치역의 세 원소에 대응하는 각각의 정의역의 원소를 정하는 방법의 수는 $3! = 6$이다.

즉, 조건 (가), (나)를 만족시키는 함수 f의 개수는

$5 \times 4 \times 9 \times 6 = 1080$

따라서 구하는 확률은

$$\frac{1080}{5^5} = \frac{216}{625}$$

$\therefore p + q = 625 + 216 = 841$

다른풀이

$X = \{1, 2, 3, 4, 5\}$에서 X로의 모든 함수 f의 개수는

$_5\Pi_5 = 5^5$

조건 (가), (나)를 만족시키는 함수 f의 개수는

1, 2, 3, 4, 5의 5개의 숫자 중에서 4개를 택한 후,
①, ②에는 같은 숫자를 나열하지 않으면서 한 원소만 중복 사용하여 일렬로 나열하는 경우의 수와 같다.

정의역	1	2	3	4	5
치역	①	②			

1, 2, 3, 4, 5의 5개의 숫자 중에서 4개를 택하는 경우의 수는 $_5C_4 = 5$

1, 2, 3, 4를 택하고, 1을 중복 사용한다고 하면

(1, 1, 2, 3, 4를 일렬로 나열하는 경우의 수)

　　　　 $-$ (①, ② 모두에 1이 들어가는 경우의 수)

$$= \frac{5!}{2!} - 3! = 60 - 6 = 54$$

2, 3, 4를 중복 사용하는 경우도 마찬가지이므로 그 방법의 수는 각각 54이다.

즉, 조건 (가), (나)를 만족시키는 함수 f의 개수는

$5 \times (54 \times 4) = 1080$

따라서 구하는 확률은

$$\frac{1080}{5^5} = \frac{216}{625}$$

$\therefore p + q = 625 + 216 = 841$

답 841

156

주사위 1개를 4번 던질 때 나오는 모든 순서쌍
(a, b, c, d)의 개수는

$_6\Pi_4 = 6^4$

조건 (가)에서 ab는 10의 배수이므로

$ab = 10$ 또는 $ab = 20$ 또는 $ab = 30$

조건 (나)에서 $(b-c)(b-d) > 0$이므로

$b > c, b > d$ 또는 $b < c, b < d$

조건 (가), (나)를 만족시키는 순서쌍 (a, b, c, d)의 개수는 다음과 같다.

(i) $a = 2$, $b = 5$인 경우

　$c < 5$, $d < 5$인 순서쌍 (a, b, c, d)의 개수는 4^2,

　$c > 5$, $d > 5$인 순서쌍 (a, b, c, d)의 개수는

　1^2이므로

　$16 + 1 = 17$

(ii) $a = 4$, $b = 5$인 경우

　(i)과 마찬가지이므로 순서쌍 (a, b, c, d)의 개수는

　17

(iii) $a = 6$, $b = 5$인 경우

　(i)과 마찬가지이므로 순서쌍 (a, b, c, d)의 개수는

　17

(iv) $a = 5$, $b = 2$인 경우

　$c < 2$, $d < 2$인 순서쌍 (a, b, c, d)의 개수는 1^2,

　$c > 2$, $d > 2$인 순서쌍 (a, b, c, d)의 개수는

　4^2이므로

　$1 + 16 = 17$

(v) $a = 5$, $b = 4$인 경우

　$c < 4$, $d < 4$인 순서쌍 (a, b, c, d)의 개수는 3^2,

　$c > 4$, $d > 4$인 순서쌍 (a, b, c, d)의 개수는

　2^2이므로

　$9 + 4 = 13$

(vi) $a = 5$, $b = 6$인 경우

$c < 6$, $d < 6$인 순서쌍 (a, b, c, d)의 개수는

$5^2 = 25$

(i)~(vi)에서 구하는 확률은

$$\frac{17 \times 4 + 13 + 25}{6^4} = \frac{106}{1296} = \frac{53}{648}$$

답 ⑤

157

꺼낸 2개의 공에 적힌 수의 합이 4이려면 공에 적힌 수가

1, 3 또는 2, 2이어야 한다.

(i) A에서 꺼낸 공에 적힌 수가 1인 경우

A에서 꺼낸 공에 적힌 수가 1일 확률은 $\frac{2}{5}$

B에 1이 적힌 공을 1개 넣으면 B에는

숫자 1, 1, 2, 3, 3이 하나씩 적힌 5개의 공이 들어 있게

된다.

이 중에서 2개의 공을 뽑는 경우의 수는 $_5C_2 = 10$

꺼낸 2개의 공에 적힌 수의 합이 4인 경우의 수는

1, 3이 적힌 공을 꺼내는 경우의 수와 같으므로

$_2C_1 \times _2C_1 = 4$

그러므로 이때의 확률은

$$\frac{2}{5} \times \frac{4}{10} = \frac{4}{25}$$

(ii) A에서 꺼낸 공에 적힌 수가 2인 경우

A에서 꺼낸 공에 적힌 수가 2일 확률은 $\frac{2}{5}$

B에 2가 적힌 공을 1개 넣으면 B에는

숫자 1, 2, 2, 3, 3이 하나씩 적힌 5개의 공이 들어 있게

된다.

이 중에서 2개의 공을 뽑는 경우의 수는 $_5C_2 = 10$

꺼낸 2개의 공에 적힌 수의 합이 4인 경우의 수는

1, 3 또는 2, 2가 적힌 공을 꺼내는 경우의 수와

같으므로

$1 \times _2C_1 + _2C_2 = 2 + 1 = 3$

그러므로 이때의 확률은

$$\frac{2}{5} \times \frac{3}{10} = \frac{3}{25}$$

(iii) A에서 꺼낸 공에 적힌 수가 3인 경우

A에서 꺼낸 공에 적힌 수가 3일 확률은 $\frac{1}{5}$

B에 3이 적힌 공을 1개 넣으면 B에는

숫자 1, 2, 3, 3, 3이 하나씩 적힌 5개의 공이 들어 있게

된다.

이 중에서 2개의 공을 뽑는 경우의 수는 $_5C_2 = 10$

꺼낸 2개의 공에 적힌 수의 합이 4인 경우의 수는

1, 3이 적힌 공을 꺼내는 경우의 수와 같으므로

$1 \times _3C_1 = 3$

그러므로 이때의 확률은

$$\frac{1}{5} \times \frac{3}{10} = \frac{3}{50}$$

(i)~(iii)에서 구하는 확률은

$$\frac{4}{25} + \frac{3}{25} + \frac{3}{50} = \frac{17}{50}$$

$$\therefore p + q = 50 + 17 = 67$$

답 67

158

주어진 12장의 카드를 모두 서로 다른 것으로 취급하여

1_a, 1_b, 2_a, 2_b, 3_a, 3_b, 4_a, 4_b, 5_a, 5_b, 6_a, 6_b라 하자.

이 중 3장을 동시에 뽑는 전체 경우의 수는

$_{12}C_3 = 220$

한편 뽑힌 3장의 카드에 적힌 수 중 최솟값이

$k \ (1 \le k \le 5)$이고 최댓값이 $k + 1$인 경우의 수는

k_a, k_b, $(k+1)_a$, $(k+1)_b$ 중 3개를 뽑는 경우의 수와

같으므로 $_4C_3 = 4$이고,

이때 k의 값을 정하는 경우의 수가 5이므로

사건 A가 일어나는 경우의 수는

$5 \times 4 = 20$

또한 $12 = 1 \times 2 \times 6 = 1 \times 3 \times 4 = 2 \times 2 \times 3$이므로

사건 B가 일어나는 경우의 수는

$_2C_1 \times _2C_1 \times _2C_1 + _2C_1 \times _2C_1 \times _2C_1 + \underline{_2C_2 \times _2C_1}$

$= 8 + 8 + \underline{2} = 18$

이 중 사건 $A \cap B$에 해당하는 경우의 수는 밑줄 친 2이다.

$$\therefore \mathrm{P}(A \cup B) = \mathrm{P}(A) + \mathrm{P}(B) - \mathrm{P}(A \cap B)$$

$$= \frac{20}{220} + \frac{18}{220} - \frac{2}{220}$$

$$= \frac{9}{55}$$

답 ⑤

159

임의로 3개의 공을 동시에 꺼낼 때, 꺼낸 공에 적혀 있는 세 수가 모두 서로 다른 경우는 흰 공의 개수에 따라 다음 세 경우로 나누어 생각할 수 있다.

(i) 흰 공을 꺼내지 않은 경우

검은 공 3개를 꺼낸 경우이므로 이때의 확률은

$$\frac{_6C_3}{_8C_3} = \frac{20}{56}$$

(ii) 흰 공을 1개 꺼낸 경우

1이 적힌 흰 공과 검은 공 2개를 꺼내거나

2가 적힌 흰 공과 2가 적히지 않은 검은 공 2개를 꺼내는 경우이므로 이때의 확률은

$$\frac{_6C_2 + _5C_2}{_8C_3} = \frac{15 + 10}{56} = \frac{25}{56}$$

(iii) 흰 공을 2개 꺼낸 경우

흰 공 2개와 2가 적히지 않은 검은 공 1개를 꺼내는 경우이므로 이때의 확률은

$$\frac{_5C_1}{_8C_3} = \frac{5}{56}$$

따라서 구하는 확률은

$$\frac{\text{(ii)}}{\text{(i)}+\text{(ii)}+\text{(iii)}} = \frac{\dfrac{25}{56}}{\dfrac{20}{56} + \dfrac{25}{56} + \dfrac{5}{56}} = \frac{1}{2}$$

즉, $p = \dfrac{1}{2}$이므로

$$100p = 100 \times \frac{1}{2} = 50$$

답 50

160

$a_0 = 8$이라 하고, 주어진 시행을 n번 반복할 때에 바닥에 놓인 동전 중 앞면이 보이는 것의 개수와 뒷면이 보이는 것의 개수의 차를 a_n이라 하자.

n번째에 주사위를 던져서 나온 눈의 수가 3의 배수이면 $a_n = a_{n-1} + 2$ 또는 $a_n = a_{n-1} - 2$가 되고,

n번째에 주사위를 던져서 나온 눈의 수가 3의 배수가 아니면 $a_n = a_{n-1} + 4$ 또는 $a_n = a_{n-1}$ 또는 $a_n = a_{n-1} - 4$가 된다.

따라서 a_5가 0 또는 4의 배수이려면 주사위를 5번 던져서 나온 눈의 수가 3의 배수인 횟수가 0 또는 2 또는 4이어야 하므로 구하는 확률은

$$_5C_0 \left(\frac{2}{3}\right)^5 + _5C_2 \left(\frac{1}{3}\right)^2 \left(\frac{2}{3}\right)^3 + _5C_4 \left(\frac{1}{3}\right)^4 \left(\frac{2}{3}\right)^1$$

$$= \frac{32}{243} + \frac{80}{243} + \frac{10}{243} = \frac{122}{243}$$

$$\therefore \; p + q = 243 + 122 = 365$$

답 365

Ⅲ 통계

161

확률의 총합이 1이므로

$a + \dfrac{1}{4} + \dfrac{a}{5} = 1$에서 $a = \dfrac{5}{8}$

$\mathrm{E}(X) = 1 \times \dfrac{5}{8} + 2 \times \dfrac{1}{4} + 3 \times \dfrac{1}{8} = \dfrac{3}{2}$

$\therefore \mathrm{E}(4X + 5) = 4\mathrm{E}(X) + 5 = 4 \times \dfrac{3}{2} + 5 = 11$

답 11

162

확률변수 X가 이항분포 $\mathrm{B}\left(n, \dfrac{1}{4}\right)$을 따르므로

$\mathrm{V}(X) = n \times \dfrac{1}{4} \times \dfrac{3}{4} = \dfrac{3n}{16}$

$\mathrm{V}\left(\dfrac{2}{3}X - 1\right) = \left(\dfrac{2}{3}\right)^2 \mathrm{V}(X) = \dfrac{4}{9} \times \dfrac{3n}{16} = \dfrac{n}{12}$

$\dfrac{n}{12} = 5$이므로

$n = 60$

답 ④

163

주어진 그래프에서

$\mathrm{P}(0 \le X \le 1) = f(1) = \dfrac{1}{4}$이고,

$\mathrm{P}\left(2 \le X \le \dfrac{10}{3}\right)$

$= \mathrm{P}\left(0 \le X \le \dfrac{10}{3}\right) - \mathrm{P}(0 \le X \le 2)$

$= f\left(\dfrac{10}{3}\right) - f(2)$

$= t - \dfrac{1}{4}$

이므로 $\dfrac{1}{4} = t - \dfrac{1}{4}$

$\therefore t = \dfrac{1}{2}$

답 ③

164

동전 3개를 동시에 던질 때 동전 2개만 앞면이 나올 확률은

${}_3\mathrm{C}_2 \left(\dfrac{1}{2}\right)^2 \left(\dfrac{1}{2}\right)^1 = \dfrac{3}{8}$이므로

확률변수 X는 이항분포 $\mathrm{B}\left(n, \dfrac{3}{8}\right)$을 따른다.

$\mathrm{E}(X) = n \times \dfrac{3}{8} = 15$

$\therefore n = 40$

답 40

165

수확한 귤 1개의 무게(g)를 확률변수 X라 하면

X는 정규분포 $\mathrm{N}(90, 4^2)$을 따른다.

$\therefore \mathrm{P}(94 \le X \le 100)$

$= \mathrm{P}\left(\dfrac{94 - 90}{4} \le Z \le \dfrac{100 - 90}{4}\right)$

$= \mathrm{P}(1 \le Z \le 2.5)$

$= \mathrm{P}(0 \le Z \le 2.5) - \mathrm{P}(0 \le Z \le 1)$

$= 0.4938 - 0.3413 = 0.1525$

답 ⑤

166

확률의 총합이 1이므로

$3a + b = 1$ ······㉠

주어진 조건에서

$\mathrm{E}(3X - 1) = 3\mathrm{E}(X) - 1 = 5$, 즉 $\mathrm{E}(X) = 2$이므로

$\mathrm{E}(X) = 0 \times a + 1 \times a + 2 \times a + 3 \times b$

$\qquad = 3a + 3b = 2$ ······㉡

㉠, ㉡을 연립하여 풀면 $a = \dfrac{1}{6}$, $b = \dfrac{1}{2}$

따라서 확률변수 X의 확률분포를 표로 나타내면 다음과 같다.

X	0	1	2	3	계
$\mathrm{P}(X = x)$	$\dfrac{1}{6}$	$\dfrac{1}{6}$	$\dfrac{1}{6}$	$\dfrac{1}{2}$	1

$\mathrm{E}(X^2) = 0^2 \times \dfrac{1}{6} + 1^2 \times \dfrac{1}{6} + 2^2 \times \dfrac{1}{6} + 3^2 \times \dfrac{1}{2} = \dfrac{16}{3}$

$\therefore \mathrm{V}(X) = \mathrm{E}(X^2) - \{\mathrm{E}(X)\}^2$

$\qquad = \dfrac{16}{3} - 2^2 = \dfrac{4}{3}$

답 ②

167

개인별 상담 시간(분)을 확률변수 X라 하면 X는 정규분포 $N(45, 10^2)$을 따르므로

크기가 25인 표본의 표본평균을 $\overline{X}$라 하면

$\overline{X}$는 정규분포 $N\!\left(45, \left(\dfrac{10}{\sqrt{25}}\right)^2\right)$, 즉 $N(45, 2^2)$을 따른다.

$\therefore\ P(42 \le \overline{X} \le 50)$

$= P\!\left(\dfrac{42-45}{2} \le Z \le \dfrac{50-45}{2}\right)$

$= P(-1.5 \le Z \le 2.5)$

$= P(0 \le Z \le 1.5) + P(0 \le Z \le 2.5)$

$= 0.4332 + 0.4938 = 0.9270$

답 ④

168

성인들이 일주일 동안 섭취한 커피에 포함된 카페인의 양(mg)은 정규분포 $N(m, 120^2)$을 따르므로

크기가 n인 표본을 임의추출하여 구한 표본평균의 값을 $\overline{x}$라 하면 모평균 m에 대한 신뢰도 95 % 의 신뢰구간은

$\overline{x} - 1.96 \times \dfrac{120}{\sqrt{n}} \le m \le \overline{x} + 1.96 \times \dfrac{120}{\sqrt{n}}$ 이고

주어진 조건에서 신뢰구간은 $560.8 \le m \le 639.2$이므로
신뢰구간의 길이는

$2 \times 1.96 \times \dfrac{120}{\sqrt{n}} = 639.2 - 560.8 = 78.4$

$\dfrac{120}{\sqrt{n}} = 20,\ \sqrt{n} = 6$

$\therefore\ n = 36$

답 36

169

정규분포 $N(150, 24^2)$을 따르는 모집단에서 임의추출한 크기가 36인 표본의 표본평균 $\overline{X}$는

정규분포 $N\!\left(150, \left(\dfrac{24}{\sqrt{36}}\right)^2\right)$, 즉 $N(150, 4^2)$을 따르고,

같은 모집단에서 임의추출한 크기가 n인 표본의 표본평균 $\overline{Y}$는 정규분포 $N\!\left(150, \left(\dfrac{24}{\sqrt{n}}\right)^2\right)$을 따른다.

$P(\overline{X} \le 142) = P(\overline{Y} \ge 156)$에서

$P(\overline{X} \le 142) = P\!\left(Z \le \dfrac{142-150}{4}\right) = P(Z \le -2)$,

$P(\overline{Y} \ge 156) = P\!\left(Z \ge \dfrac{156-150}{\frac{24}{\sqrt{n}}}\right) = P\!\left(Z \ge \dfrac{\sqrt{n}}{4}\right)$

이므로

$2 = \dfrac{\sqrt{n}}{4},\ \sqrt{n} = 8$

$\therefore\ n = 64$

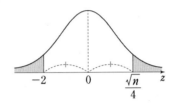

답 64

170

한 개의 주사위를 던질 때 6의 약수인 눈이 나오는 확률은 $\dfrac{4}{6} = \dfrac{2}{3}$이므로 한 개의 주사위를 5번 던질 때 6의 약수인 눈이 나오는 횟수를 확률변수 Y라 하면 Y는 이항분포 $B\!\left(5, \dfrac{2}{3}\right)$를 따른다.

이때 5번째 시행 후 점 A의 좌표는 $(Y, -2(5-Y))$, 즉 $(Y, 2Y-10)$이므로

$X = \sqrt{Y^2 + (2Y-10)^2}$ 이고,

$X = 5$, 즉 $\sqrt{Y^2 + (2Y-10)^2} = 5$에서

$Y^2 + (2Y-10)^2 = 25,\ 5Y^2 - 40Y + 75 = 0$

$5(Y-3)(Y-5) = 0 \qquad \therefore\ Y = 3$ 또는 $Y = 5$

$\therefore\ P(X = 5) = P(Y = 3) + P(Y = 5)$

$= {}_5C_3 \left(\dfrac{2}{3}\right)^3 \left(\dfrac{1}{3}\right)^2 + {}_5C_5 \left(\dfrac{2}{3}\right)^5$

$= \dfrac{80}{243} + \dfrac{32}{243} = \dfrac{112}{243}$

답 ①

171

확률변수 X의 확률분포를 표로 나타내면 다음과 같다.

X	1	2	3	계
$P(X = x)$	$\dfrac{3}{6}$	$\dfrac{2}{6}$	$\dfrac{1}{6}$	1

$$E(X) = 1 \times \frac{3}{6} + 2 \times \frac{2}{6} + 3 \times \frac{1}{6} = \frac{5}{3}$$

$$\therefore E(3X+1) = 3E(X) + 1 = 3 \times \frac{5}{3} + 1 = 6$$

답 ②

172

연속확률변수 X가 갖는 값의 범위가 $0 \leq X \leq 2$이므로
$P(0 \leq X \leq 2) = 1$에서

$$a(0-2)^2 = 1 \qquad \therefore a = \frac{1}{4}$$

$$\therefore P\left(\frac{1}{2} \leq X < \frac{3}{2}\right)$$

$$= P\left(\frac{1}{2} \leq X \leq 2\right) - P\left(\frac{3}{2} \leq X \leq 2\right)$$

$$= \frac{1}{4}\left(\frac{1}{2} - 2\right)^2 - \frac{1}{4}\left(\frac{3}{2} - 2\right)^2$$

$$= \frac{9}{16} - \frac{1}{16} = \frac{1}{2}$$

답 ④

173

회사 직원의 지난주 근무시간은 정규분포 $N(m, 3^2)$을
따르므로
크기가 36인 표본을 임의추출하여 구한 표본평균의 값을
$\overline{x}$라 하면 모평균 m에 대한 신뢰도 99%의 신뢰구간은

$$\overline{x} - 2.58 \times \frac{3}{\sqrt{36}} \leq m \leq \overline{x} + 2.58 \times \frac{3}{\sqrt{36}}$$이고

주어진 조건에서 신뢰구간은 $38.71 \leq m \leq a$이므로
신뢰구간의 길이는

$$2 \times 2.58 \times \frac{3}{\sqrt{36}} = a - 38.71$$

$$\therefore a = 2.58 + 38.71 = 41.29$$

답 ④

174

확률변수 X가 정규분포 $N(8, 2^2)$을 따르므로

$$P(X \leq 5) = P\left(Z \leq \frac{5-8}{2}\right)$$

$$= P(Z \leq -1.5)$$

$$= P(Z \geq 1.5)$$

확률변수 Y가 정규분포 $N(m, \sigma^2)$을 따르므로

$$P(m \leq Y \leq m+6)$$

$$= P\left(\frac{m-m}{\sigma} \leq Z \leq \frac{m+6-m}{\sigma}\right)$$

$$= P\left(0 \leq Z \leq \frac{6}{\sigma}\right)$$

$P(X \leq 5) + P(m \leq Y \leq m+6) \leq \frac{1}{2}$에서

$$P(Z \geq 1.5) + P\left(0 \leq Z \leq \frac{6}{\sigma}\right) \leq \frac{1}{2}$$이므로

$$\frac{6}{\sigma} \leq 1.5$$

$$\therefore \sigma \geq 4$$

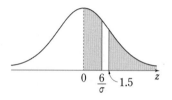

따라서 표준편차 σ의 최솟값은 4이다.

답 ①

175

모표준편차가 $\dfrac{50}{49}$이고

표본의 크기가 n인 표본평균을 이용하여 구한 m에 대한
신뢰도 95%의 신뢰구간이 $a \leq m \leq b$이므로

$$b - a = 2 \times 1.96 \times \frac{\dfrac{50}{49}}{\sqrt{n}} = \frac{4}{\sqrt{n}}$$

이때 $\dfrac{4}{\sqrt{n}} \leq \dfrac{3}{5}$에서 $\sqrt{n} \geq \dfrac{20}{3}$

$$\therefore n \geq \frac{400}{9} = 44.4 \cdots$$

따라서 구하는 자연수 n의 최솟값은 45이다.

답 ③

176

$0 \leq x \leq a$에서 함수 $y = f(x)$의 그래프와 x축 사이의
넓이는 1이므로

$$\frac{1}{2} \times \left(a + \frac{a}{2}\right) \times b = 1 \qquad \therefore ab = \frac{4}{3}$$

이때 $P\left(X \leq \dfrac{a}{2}\right) = \dfrac{a}{2} \times b = \dfrac{1}{2}ab = \dfrac{2}{3}$,

$P\left(X \geq \dfrac{a}{2}\right)=\dfrac{1}{2}\times\dfrac{a}{2}\times b=\dfrac{1}{4}ab=\dfrac{1}{3}$ 이므로

$P\left(X \leq \dfrac{a}{2}\right)-P\left(X \geq \dfrac{a}{2}\right)=\dfrac{1}{4}ab=\dfrac{1}{3}$

즉, $\dfrac{2}{3}P(X \geq 1)=\dfrac{1}{3}$ 에서

$P(X \geq 1)=\dfrac{1}{2}$ 이고 $1<\dfrac{a}{2}$ 이다.

따라서 $P(X \leq 1)=1\times b=1-\dfrac{1}{2}$, 즉 $b=\dfrac{1}{2}$ 이므로

$a=\dfrac{8}{3}$ 이다.

$\therefore\ a+b=\dfrac{8}{3}+\dfrac{1}{2}=\dfrac{19}{6}$

답 ②

177

제품의 길이(cm)를 확률변수 X 라 하면

X 는 정규분포 $N(80,\,8^2)$ 을 따르므로

크기가 n 인 표본의 표본평균 $\overline{X}$ 는 정규분포

$N\left(80,\,\left(\dfrac{8}{\sqrt{n}}\right)^2\right)$ 을 따른다.

$P(\overline{X} \geq 78.68)=P\left(Z \geq \dfrac{78.68-80}{\dfrac{8}{\sqrt{n}}}\right)$

$\qquad\qquad\qquad =P(Z \geq -0.165\sqrt{n})$

$\qquad\qquad\qquad \geq 0.9505$

한편 $P(0 \leq Z \leq 1.65)=0.4505$,

$P(Z \leq 1.65)=0.9505$ 이므로

$-0.165\sqrt{n} \leq -1.65,\ \sqrt{n} \geq 10$

$\therefore\ n \geq 100$

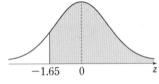

따라서 자연수 n 의 최솟값은 100이다.

답 100

178

$E(X)=(-a)\times\dfrac{1}{4}+a\times\dfrac{1}{2}+1\times\dfrac{1}{4}$

$\qquad =\dfrac{a+1}{4}$ $\qquad\qquad$ ......㉠

$E(X^2)=(-a)^2\times\dfrac{1}{4}+a^2\times\dfrac{1}{2}+1^2\times\dfrac{1}{4}$

$\qquad\quad =\dfrac{3a^2+1}{4}$ $\qquad\qquad$ ......㉡

이때 $V(X)=E(X^2)-\{E(X)\}^2$,

$V(\sqrt{3}\,X)=(\sqrt{3})^2V(X)=3V(X)$ 이므로

$V(\sqrt{3}\,X)=2E(X^2)$ 에서

$3E(X^2)-3\{E(X)\}^2=2E(X^2)$

$\therefore\ E(X^2)-3\{E(X)\}^2=0$

㉠, ㉡을 이 식에 대입하면

$\dfrac{3a^2+1}{4}-3\times\left(\dfrac{a+1}{4}\right)^2=0$ 이므로

$4(3a^2+1)-3(a^2+2a+1)=0$

$9a^2-6a+1=0,\ (3a-1)^2=0$

$\therefore\ a=\dfrac{1}{3}$

따라서 ㉠, ㉡에서 $E(X)=E(X^2)=\dfrac{1}{3}$ 이므로

$V(X)=E(X^2)-\{E(X)\}^2=\dfrac{1}{3}-\dfrac{1}{9}=\dfrac{2}{9}$

$\therefore\ \sigma(X)=\sqrt{V(X)}=\dfrac{\sqrt{2}}{3}$

답 ②

179

확률변수 X 가 평균이 10인 정규분포를 따르므로

$P(10 \leq X \leq 20)=k$ 라 하면

$P(0 \leq X \leq 10)=k$ 이고

$P(X \leq 20)=P(X \leq 10)+P(10 \leq X \leq 20)$

$\qquad\qquad\quad =0.5+k$

이다.

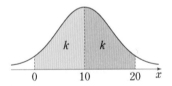

$P(0 \leq X \leq 10)+P(X \leq 20)=0.8830$ 에서

$k+(0.5+k)=0.8830$

$2k=0.3830$ 에서 $k=0.1915$ 이므로

$P(10 \leq X \leq 20)=P\left(\dfrac{10-10}{\sigma} \leq Z \leq \dfrac{20-10}{\sigma}\right)$

$\qquad\qquad\qquad\qquad =P\left(0 \leq Z \leq \dfrac{10}{\sigma}\right)=0.1915$

이때 주어진 표에서 $P(0 \leq Z \leq 0.5) = 0.1915$이므로

$$\frac{10}{\sigma} = 0.5$$

$$\therefore \sigma = 20$$

답 ②

180

A 음료수의 용량(mL)을 확률변수 X라 하면 X는 정규분포 $N(200, 4^2)$을 따른다.

임의로 선택한 A 음료수 1개의 용량이 a 이상일 확률이 0.0228이므로

$$P(X \geq a) = P\left(Z \geq \frac{a-200}{4}\right) = 0.0228 \qquad \cdots\cdots \text{㉠}$$

이때 $P(0 \leq Z \leq 2) = 0.4772$이므로

$$P(Z \geq 2) = 0.5 - 0.4772 = 0.0228 \qquad \cdots\cdots \text{㉡}$$

㉠, ㉡에서 $\dfrac{a-200}{4} = 2$

$$\therefore a = 208$$

한편 B 음료수의 용량(mL)을 확률변수 Y라 하면 Y는 정규분포 $N(240, 8^2)$을 따른다.

임의로 선택한 B 음료수 1개의 용량이 b 이하일 확률이 0.0228이므로

$$P(Y \leq b) = P\left(Z \leq \frac{b-240}{8}\right) = 0.0228 \qquad \cdots\cdots \text{㉢}$$

이때

$P(0 \leq Z \leq 2) = P(-2 \leq Z \leq 0) = 0.4772$이므로

$$P(Z \leq -2) = 0.5 - 0.4772 = 0.0228 \qquad \cdots\cdots \text{㉣}$$

㉢, ㉣에서 $\dfrac{b-240}{8} = -2$

$$\therefore b = 224$$

$$\therefore a+b = 208+224 = 432$$

답 432

181

정규분포 $N(100, 4^2)$을 따르는 모집단의 확률변수를 X라 하면

$$E(X) = 100, \quad V(X) = 16$$

이 모집단에서 크기가 25인 표본을 임의추출하여 구한 표본평균 $\overline{X}$에 대하여

$$E(\overline{X}) = E(X) = 100$$

$$V(\overline{X}) = \frac{V(X)}{25} = \frac{16}{25}$$

$$\therefore E(\overline{X}) \times V(\overline{X}) = 100 \times \frac{16}{25} = 64$$

답 ③

182

이 도시의 한 가구의 월간 통신비(만 원)를 확률변수 X라 하면 X는 정규분포 $N(15, 3^2)$을 따르므로 크기가 36인 표본의 표본평균을 $\overline{X}$라 하면

$\overline{X}$는 정규분포 $N\left(15, \left(\dfrac{3}{\sqrt{36}}\right)^2\right)$, 즉 $N(15, (0.5)^2)$을 따른다.

$$\therefore P(14 \leq \overline{X} \leq 15.5)$$

$$= P\left(\frac{14-15}{0.5} \leq Z \leq \frac{15.5-15}{0.5}\right)$$

$$= P(-2 \leq Z \leq 1)$$

$$= P(-2 \leq Z \leq 0) + P(0 \leq Z \leq 1)$$

$$= P(0 \leq Z \leq 2) + P(0 \leq Z \leq 1)$$

$$= 0.4772 + 0.3413 = 0.8185$$

답 ④

183

확률의 총합은 1이므로

$$\frac{1}{4} + \frac{1}{2} + a + b = 1$$

$$\therefore a+b = \frac{1}{4} \qquad \cdots\cdots \text{㉠}$$

$E(X) = \dfrac{17}{8}$이므로

$$1 \times \frac{1}{4} + 2 \times \frac{1}{2} + 3 \times a + 4 \times b = \frac{17}{8}$$

$$\therefore 3a + 4b = \frac{7}{8} \qquad \cdots\cdots \text{㉡}$$

㉠, ㉡을 연립하여 풀면 $a = \dfrac{1}{8}$, $b = \dfrac{1}{8}$

$$c = E(X^2)$$

$$= 1^2 \times \frac{1}{4} + 2^2 \times \frac{1}{2} + 3^2 \times \frac{1}{8} + 4^2 \times \frac{1}{8} = \frac{43}{8}$$

$V(X) = E(X^2) - \{E(X)\}^2$이므로

$$V(X) = \frac{43}{8} - \left(\frac{17}{8}\right)^2 = \frac{55}{64}$$

$$\therefore \mathrm{V}(Y) = \mathrm{V}\left(\frac{X}{b} + ac\right) = \frac{1}{b^2}\mathrm{V}(X)$$
$$= 8^2\mathrm{V}(X) = 64 \times \frac{55}{64} = 55$$

답 55

184

한 팀에서 임의로 2명을 선택할 때

여자만 선택될 확률은 $\dfrac{{}_3\mathrm{C}_2}{{}_7\mathrm{C}_2} = \dfrac{1}{7}$

n개의 팀에서 임의로 2명씩 선택하는 것은 n번의
독립시행으로 볼 수 있으므로

확률변수 X는 이항분포 $\mathrm{B}\left(n, \dfrac{1}{7}\right)$을 따른다.

$\mathrm{V}(X) = n \times \dfrac{1}{7} \times \dfrac{6}{7} = \dfrac{6}{49}n$이고

$\mathrm{V}(X) = \{\sigma(X)\}^2$이므로

$\dfrac{6}{49}n = 6^2 \qquad \therefore n = 294$

답 294

185

하루에 발생하는 쓰레기의 양(t)을 확률변수 X라 하면 X는
정규분포 $\mathrm{N}(m, 2^2)$을 따른다.

어느 날 이 도시에서 발생하는 쓰레기의 양이 32 이상일
확률이 0.0668이므로

$$\mathrm{P}(X \geq 32) = \mathrm{P}\left(Z \geq \frac{32-m}{2}\right)$$
$$= 0.5 - \mathrm{P}\left(0 \leq Z \leq \frac{32-m}{2}\right)$$
$$= 0.0668$$

에서 $\mathrm{P}\left(0 \leq Z \leq \dfrac{32-m}{2}\right) = 0.4332$

주어진 표에서 $\mathrm{P}(0 \leq Z \leq 1.5) = 0.4332$이므로

$\dfrac{32-m}{2} = 1.5 \qquad \therefore m = 29$

답 ④

186

확률변수 X가 가질 수 있는 값은 0, 1, 2이고 확률의
총합은 1이므로

$$\mathrm{P}(X=2) = 1 - \mathrm{P}(X \leq 1)$$
$$= 1 - \frac{11}{14} = \frac{3}{14}$$

$\mathrm{P}(X=2) = \dfrac{{}_n\mathrm{C}_2}{{}_{n+4}\mathrm{C}_2}$이므로 $\dfrac{{}_n\mathrm{C}_2}{{}_{n+4}\mathrm{C}_2} = \dfrac{3}{14}$

$\dfrac{n(n-1)}{(n+4)(n+3)} = \dfrac{3}{14}$

$14n^2 - 14n = 3n^2 + 21n + 36$

$11n^2 - 35n - 36 = 0$

$(n-4)(11n+9) = 0$

$\therefore n = 4 \ (\because n \geq 2)$

답 ③

187

이차함수 $y = x^2 - 2x + 6$의 그래프와 직선 $y = 2x + a$의
교점의 개수는

x에 대한 이차방정식 $x^2 - 2x + 6 = 2x + a$,

즉 $x^2 - 4x + 6 - a = 0$의 실근의 개수와 같다.

이 이차방정식의 판별식을 D라 하면

$\dfrac{D}{4} = 4 - (6-a) = a - 2$에서

$D < 0$인 $a = 1$일 때 $X = 0$

$D = 0$인 $a = 2$일 때 $X = 1$

$D > 0$인 $a = 3$ 또는 $a = 4$ 또는 $a = 5$ 또는 $a = 6$일 때
$X = 2$

따라서 확률변수 X의 확률분포를 표로 나타내면 다음과 같다.

X	0	1	2	계
$\mathrm{P}(X=x)$	$\dfrac{1}{6}$	$\dfrac{1}{6}$	$\dfrac{4}{6}$	1

$\mathrm{E}(X) = 0 \times \dfrac{1}{6} + 1 \times \dfrac{1}{6} + 2 \times \dfrac{4}{6} = \dfrac{3}{2}$

$\therefore p + q = 2 + 3 = 5$

다른풀이

이차함수 $y = x^2 - 2x + 6$의 그래프와 직선 $y = 2x + a$의
교점의 개수는

$x^2 - 2x + 6 = 2x + a$, $x^2 - 4x + 6 = a$,

$(x-2)^2 + 2 = a$에서 이차함수 $y = (x-2)^2 + 2$의
그래프와 직선 $y = a$의 교점의 개수와 같다.

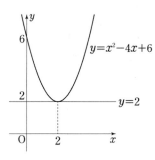

$a = 1$인 경우 $X = 0$이고, $a = 2$인 경우 $X = 1$이며,
$a = 3$ 또는 $a = 4$ 또는 $a = 5$ 또는 $a = 6$인 경우
$X = 2$이므로
확률변수 X의 확률분포를 표로 나타내면 다음과 같다.

X	0	1	2	계
$P(X = x)$	$\dfrac{1}{6}$	$\dfrac{1}{6}$	$\dfrac{4}{6}$	1

$E(X) = 0 \times \dfrac{1}{6} + 1 \times \dfrac{1}{6} + 2 \times \dfrac{4}{6} = \dfrac{3}{2}$

$\therefore \ p + q = 2 + 3 = 5$

답 5

188

연필의 길이 X가 정규분포 $N(m, \sigma^2)$을 따르므로
$P(X \geq m + 1) + P(Z \leq 2) = 1$에서

$P\left(Z \geq \dfrac{(m+1) - m}{\sigma}\right) + P(Z \leq 2) = 1$

$P\left(Z \geq \dfrac{1}{\sigma}\right) + P(Z \leq 2) = 1$

$\dfrac{1}{\sigma} = 2$

$\therefore \ \sigma = \dfrac{1}{2}$

한편 표본평균을 $\overline{x}$라 하면 표본의 크기가 49이므로
모평균 m에 대한 신뢰도 95 %의 신뢰구간은

$\overline{x} - 1.96 \times \dfrac{\dfrac{1}{2}}{\sqrt{49}} \leq m \leq \overline{x} + 1.96 \times \dfrac{\dfrac{1}{2}}{\sqrt{49}}$

$b - a = 2 \times 1.96 \times \dfrac{\dfrac{1}{2}}{\sqrt{49}}$

$\qquad = 2 \times 1.96 \times \dfrac{1}{14} = 0.28$

$\therefore \ 100 \times (b - a) = 28$

답 28

189

$f(x) = \dfrac{1}{10} x$이므로

$P(A) = P(2 \leq X \leq a)$

$\qquad = P(0 \leq X \leq a) - P(0 \leq X \leq 2)$

$\qquad = \dfrac{a}{10} - \dfrac{1}{5}$

$P(B) = P\left(\dfrac{5}{2} \leq X \leq 10\right)$

$\qquad = P(0 \leq X \leq 10) - P\left(0 \leq X \leq \dfrac{5}{2}\right)$

$\qquad = 1 - \dfrac{1}{4} = \dfrac{3}{4}$

$P(A \cap B) = P\left(\dfrac{5}{2} \leq X \leq a\right)$

$\qquad = P(0 \leq X \leq a) - P\left(0 \leq X \leq \dfrac{5}{2}\right)$

$\qquad = \dfrac{a}{10} - \dfrac{1}{4}$

두 사건 A, B가 서로 독립이므로
$P(A)P(B) = P(A \cap B)$에서

$\left(\dfrac{a}{10} - \dfrac{1}{5}\right) \times \dfrac{3}{4} = \dfrac{a}{10} - \dfrac{1}{4}$

$\dfrac{a}{10} - \dfrac{1}{5} = \dfrac{4}{3}\left(\dfrac{a}{10} - \dfrac{1}{4}\right)$

$\dfrac{a}{30} = \dfrac{2}{15}$

$\therefore \ a = 4$

답 ⑤

190

$G(t) = P(X \leq 2t) - P(|X| \leq |t|)$이므로

$G(6) = P(X \leq 12) - P(-6 \leq X \leq 6) \qquad \cdots\cdots \, \text{㉠}$

$G(-6) = P(X \leq -12) - P(-6 \leq X \leq 6) \qquad \cdots\cdots \, \text{㉡}$

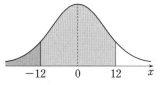

한편 확률변수 X는 평균이 0이므로
$P(X \leq 12) + P(X \leq -12) = 1$이고,
$P(-6 \leq X \leq 6) = 2P(0 \leq X \leq 6)$이다.
따라서 ㉠ + ㉡을 하면

$G(6) + G(-6) = 1 - 4\mathrm{P}(0 \leq X \leq 6) = 0.2340$

$\mathrm{P}(0 \leq X \leq 6) = 0.1915$

$\mathrm{P}\left(0 \leq Z \leq \dfrac{6}{\sigma}\right) = 0.1915$

이때 주어진 표에서 $\mathrm{P}(0 \leq Z \leq 0.5) = 0.1915$이므로

$\dfrac{6}{\sigma} = 0.5$

$\therefore \ \sigma = 12$

답 12

191

확률변수 X가 이항분포 $\mathrm{B}(4, p)$를 따르므로

$\mathrm{E}(X) = 4p$, $\mathrm{V}(X) = 4p(1-p)$,

$\mathrm{P}(X=1) = {}_4\mathrm{C}_1 p^1 (1-p)^3$이다.

$\mathrm{V}(X) = 9\mathrm{P}(X=1)$에서

$4p(1-p) = 9 \times 4p(1-p)^3$

$(1-p)^2 = \dfrac{1}{9}$ $(\because 0 < p < 1)$

$1 - p = \dfrac{1}{3}$

$\therefore \ p = \dfrac{2}{3}$

$\therefore \ \mathrm{E}(X) = 4 \times \dfrac{2}{3} = \dfrac{8}{3}$

답 ③

192

$f(t) = \mathrm{P}(X \leq t) + \mathrm{P}(X \geq t+8)$

$\qquad = 1 - \mathrm{P}(t \leq X \leq t+8)$

이므로 $\mathrm{P}(t \leq X \leq t+8)$이 최대일 때

함수 $f(t)$가 최솟값을 갖는다.

따라서 $t = -2$일 때 $\mathrm{P}(-2 \leq X \leq 6)$이 최대이고

확률변수 X는 정규분포 $\mathrm{N}(m, 5)$를 따르므로

-2와 6은 m에 대하여 대칭이다.

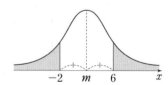

$\therefore \ m = \dfrac{-2+6}{2} = 2$

답 ③

193

물품의 무게(kg)를 확률변수 X라 하면

X는 정규분포 $\mathrm{N}(2, (0.4)^2)$을 따르므로

크기가 400인 표본의 표본평균 $\overline{X}$는

정규분포 $\mathrm{N}\left(2, \left(\dfrac{0.4}{\sqrt{400}}\right)^2\right)$,

즉 $\mathrm{N}(2, (0.02)^2)$을 따른다.

이때 임의추출한 물품 400개의 무게의 총합이

820 이하이려면

$\overline{X} \leq \dfrac{820}{400}$, 즉 $\overline{X} \leq 2.05$이어야 한다.

$\therefore \ \mathrm{P}(\overline{X} \leq 2.05) = \mathrm{P}\left(Z \leq \dfrac{2.05-2}{0.02}\right)$

$\qquad\qquad\qquad = \mathrm{P}(Z \leq 2.5)$

$\qquad\qquad\qquad = 0.5 + \mathrm{P}(0 \leq Z \leq 2.5)$

$\qquad\qquad\qquad = 0.5 + 0.4938$

$\qquad\qquad\qquad = 0.9938$

답 ⑤

194

$\mathrm{P}(k \leq X \leq 2k)$의 값은 확률밀도함수의 그래프와 x축 및

두 직선 $x = k$, $x = 2k$로 둘러싸인 부분의 넓이와 같다.

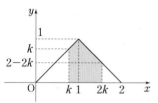

$\mathrm{P}(k \leq X \leq 2k)$

$= 1 - \dfrac{1}{2} \times k \times k - \dfrac{1}{2} \times (2-2k) \times (2-2k)$

$= 1 - \dfrac{1}{2}k^2 - \dfrac{1}{2}(4k^2 - 8k + 4)$

$= -\dfrac{5}{2}k^2 + 4k - 1$

$= -\dfrac{5}{2}\left(k - \dfrac{4}{5}\right)^2 + \dfrac{3}{5}$

따라서 $\mathrm{P}(k \leq X \leq 2k)$의 값은 $k = \dfrac{4}{5}$일 때 최대이다.

답 ③

참고

짝기출 **138**에서는 $P\left(a \le X \le a+\dfrac{1}{2}\right)$에서

$\left(a+\dfrac{1}{2}\right)-a=\dfrac{1}{2}$(일정)이므로 $P\left(a \le X \le a+\dfrac{1}{2}\right)$의 값은

$\dfrac{a+\left(a+\dfrac{1}{2}\right)}{2}=1$, 즉 $a=\dfrac{3}{4}$일 때 최대가 된다.

그러나 이 문제에서는 $P(k \le X \le 2k)$에서 $2k-k=k$로 일정한

값이 아니므로 $\dfrac{k+2k}{2}=1$, 즉 $k=\dfrac{2}{3}$일 때 $P(k \le X \le 2k)$의 값이

최대가 된다고 말할 수 없다.

195

표본의 크기 100이 충분히 크므로 모표준편차는
표본표준편차 5로 대신할 수 있다.

따라서 모평균 m을 신뢰도 95 %로 추정한 신뢰구간

$a \le m \le b$는

$$250-1.96 \times \frac{5}{\sqrt{100}} \le m \le 250+1.96 \times \frac{5}{\sqrt{100}}$$

이므로

$b+a=2 \times 250=500$

$b-a=2 \times 1.96 \times \dfrac{5}{\sqrt{100}}=1.96$

$\therefore\ b^2-a^2=(b+a)(b-a)$

$\qquad\qquad =500 \times 1.96=980$

답 980

참고

문제 속에서 모표준편차를 σ라 하면 σ의 값이 주어지지 않은
상태에서는 σ 대신에 표본표준편차 S를 대입한다.

표본평균의 표준편차 $\dfrac{\sigma}{\sqrt{n}}$ 대신에 S를 대입하는 것이 아님에
주의해야 한다.

196

방정식 $f(x)=0$, 즉 $\cos\dfrac{\pi x}{3}=0$에서

$\dfrac{\pi x}{3}=\dfrac{\pi}{2},\ \dfrac{3\pi}{2},\ \dfrac{5\pi}{2},\ \cdots$이므로

$x=\dfrac{3}{2},\ \dfrac{9}{2},\ \dfrac{15}{2},\ \cdots$이다.

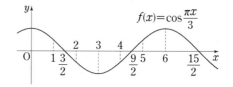

그림과 같이 함수 $f(x)=\cos\dfrac{\pi x}{3}$의 그래프에서

$f(1)>0,\ f(5)>0,\ f(6)>0$이므로

$P(A)=\dfrac{3}{6}=\dfrac{1}{2}$

따라서 확률변수 X는 이항분포 $B\left(12,\ \dfrac{1}{2}\right)$을 따르므로

$V(X)=12 \times \dfrac{1}{2} \times \dfrac{1}{2}=3$

$\therefore\ V(10X)=10^2 V(X)=100 \times 3=300$

답 300

197

주어진 표에서

$P(X=1)=P(Y=16),\ P(X=3)=P(Y=12),$

$P(X=5)=P(Y=8),\ P(X=7)=P(Y=4)$

이므로 $Y=-2X+18$이다.

따라서 $E(Y)=-2E(X)+18$이므로

$E(X)+E(Y)=-E(X)+18=\dfrac{27}{2}$에서

$E(X)=\dfrac{9}{2}$

또한 $V(Y)=(-2)^2 V(X)=4V(X)$이므로

$V(X)+V(Y)=5V(X)=\dfrac{35}{4}$에서

$V(X)=\dfrac{7}{4}$

이때 $V(X)=E(X^2)-\{E(X)\}^2$이므로

$E(X^2)=\{E(X)\}^2+V(X)=22$

답 22

198

모표준편차가 σ이므로

크기가 16인 표본의 표본평균 $\overline{x_1}$를 이용하여 구한 m에

대한 신뢰도 95%의 신뢰구간은

$$\overline{x_1}-1.96 \times \frac{\sigma}{\sqrt{16}} \le m \le \overline{x_1}+1.96 \times \frac{\sigma}{\sqrt{16}}$$

이고, 이 구간이 $18.02 \leq m \leq 19.98$이므로

$18.02 = \overline{x_1} - 0.49\sigma$, $19.98 = \overline{x_1} + 0.49\sigma$에서

$\overline{x_1} = 19$, $\sigma = 2$

또한 크기가 64인 표본의 표본평균 $\overline{x_2}$를 이용하여 구한

m에 대한 신뢰도 99%의 신뢰구간은

$$\overline{x_2} - 2.58 \times \frac{2}{\sqrt{64}} \leq m \leq \overline{x_2} + 2.58 \times \frac{2}{\sqrt{64}}$$

$$\overline{x_2} - 0.645 \leq m \leq \overline{x_2} + 0.645$$

이고, 이 구간이 $a \leq m \leq b$이므로

$a = \overline{x_2} - 0.645$, $b = \overline{x_2} + 0.645$에서

$b^2 - a^2 = (b+a)(b-a) = 2\overline{x_2} \times 1.29 = 56.76$

$\therefore \overline{x_2} = 22$

$\therefore \overline{x_2} - \overline{x_1} = 3$

답 ③

199

드론 A, 드론 B의 최대 비행시간(분)을 각각

확률변수 X, Y라 하면

확률변수 X는 정규분포 $\mathrm{N}(m, \sigma^2)$을 따르고,

확률변수 Y는 정규분포 $\mathrm{N}(2m, (2\sigma)^2)$을 따른다.

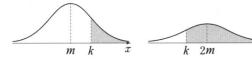

TIP

$\mathrm{P}(X \geq k) + \mathrm{P}(Y \geq k) = 1$에서

$$\mathrm{P}\left(Z \geq \frac{k-m}{\sigma}\right) + \mathrm{P}\left(Z \geq \frac{k-2m}{2\sigma}\right) = 1 \quad \cdots\cdots \text{㉠}$$

$|\mathrm{P}(X \geq k) - \mathrm{P}(Y \geq k)| = 0.3$에서

$$\mathrm{P}\left(Z \geq \frac{k-2m}{2\sigma}\right) - \mathrm{P}\left(Z \geq \frac{k-m}{\sigma}\right) = 0.3 \quad \cdots\cdots \text{㉡}$$

㉠에 의하여 $\dfrac{k-m}{\sigma} = -\dfrac{k-2m}{2\sigma}$

$\therefore m = \dfrac{3}{4}k \quad \cdots\cdots \text{㉢}$

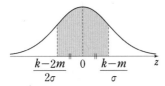

㉠, ㉡에 의하여 $\mathrm{P}\left(0 \leq Z \leq \dfrac{k-m}{\sigma}\right) = 0.15$이고

$\mathrm{P}(0 \leq Z \leq 0.39) = 0.15$라 주어졌으므로

$$\frac{k - \dfrac{3}{4}k}{\sigma} = 0.39 \ (\because \text{㉢})$$

$$\therefore \frac{k}{\sigma} = 1.56$$

답 ④

TIP

$k \leq m$이거나 $k \geq 2m$이면 ㉠을 만족시키지 않는다.

200

상자에서 꺼낸 2개의 공에 따라 얻어지는 X의 값을 표로

나타내면 다음과 같다.

	⓪	①	②	❶	❷
⓪		0	0	1	2
①			1	1	2
②				2	2
❶					1
❷					

$\mathrm{P}(X=0) = \dfrac{2}{10} = \dfrac{1}{5}$, $\mathrm{P}(X=1) = \dfrac{4}{10} = \dfrac{2}{5}$,

$\mathrm{P}(X=2) = \dfrac{4}{10} = \dfrac{2}{5}$이므로

$\mathrm{E}(X) = 0 \times \dfrac{1}{5} + 1 \times \dfrac{2}{5} + 2 \times \dfrac{2}{5} = \dfrac{6}{5}$

$\therefore \mathrm{E}(10X+5) = 10\mathrm{E}(X) + 5$

$\qquad\qquad\qquad = 10 \times \dfrac{6}{5} + 5 = 17$

답 17

201

$\mathrm{P}(X=x) = {}_{50}\mathrm{C}_x \left(\dfrac{1}{5}\right)^x \left(\dfrac{4}{5}\right)^{50-x}$이므로

확률변수 X는 이항분포 $\mathrm{B}\left(50, \dfrac{1}{5}\right)$을 따른다.

$\mathrm{E}(X) = 50 \times \dfrac{1}{5} = 10$, $\mathrm{V}(X) = 50 \times \dfrac{1}{5} \times \dfrac{4}{5} = 8$이므로

$\mathrm{E}(X^2) = \mathrm{V}(X) + \{\mathrm{E}(X)\}^2$

$\qquad\quad = 8 + 10^2 = 108$

답 108

202

확률밀도함수 $f(x)$의 그래프가 직선 $x = 5$에 대하여
대칭이므로

$$P(0 \leq X \leq 5) = P(5 \leq X \leq 10) = \frac{1}{2}$$

$P(3 \leq X \leq 5) = P(5 \leq X \leq 7) = p$라 하면
$P(0 \leq X \leq 7) = 4P(7 \leq X \leq 10)$에서

$$\frac{1}{2} + p = 4\left(\frac{1}{2} - p\right), \quad \frac{1}{2} + p = 2 - 4p$$

$$5p = \frac{3}{2} \quad \therefore \ p = \frac{3}{10}$$

$$\therefore \ P(3 \leq X \leq 7) = 2p = \frac{3}{5}$$

답 ⑤

203

샤프심 단면의 지름의 길이(mm)를 확률변수 X라 하면
X는 정규분포 $N(0.5, 0.01^2)$을 따른다.
단면의 지름의 길이가 $0.48\,\mathrm{mm}$ 이하인 샤프심과
$0.52\,\mathrm{mm}$ 이상인 샤프심은 불량품으로 분류하므로
불량품일 확률은

$$1 - P(0.48 < X < 0.52)$$
$$= 1 - P\left(\frac{0.48 - 0.5}{0.01} < Z < \frac{0.52 - 0.5}{0.01}\right)$$
$$= 1 - P(-2 < Z < 2)$$
$$= 1 - 2P(0 \leq Z \leq 2)$$
$$= 1 - 2 \times 0.4772$$
$$= 0.0456$$

답 ③

204

표본평균의 값을 $\overline{x}$라 하면 모표준편차가 3, 표본의 크기가
n이므로 모평균 m에 대한 신뢰도 $99\,\%$의 신뢰구간은

$$\overline{x} - 2.58 \times \frac{3}{\sqrt{n}} \leq m \leq \overline{x} + 2.58 \times \frac{3}{\sqrt{n}}$$

$b - a = 1.29$이므로

$$2 \times 2.58 \times \frac{3}{\sqrt{n}} = 1.29$$

$$\sqrt{n} = \frac{2 \times 2.58 \times 3}{1.29} = 12$$

$$\therefore \ n = 12^2 = 144$$

답 ⑤

205

$E(Y) = 3$이므로 $E(Y) = \displaystyle\sum_{k=1}^{4} \{k \times P(Y=k)\} = 3$

$P(Y = k) = \dfrac{1}{2}P(X=k) + \dfrac{1}{8}$에서

$P(X = k) = 2P(Y=k) - \dfrac{1}{4}$이므로

$$E(X) = \sum_{k=1}^{4} \{k \times P(X=k)\}$$
$$= \sum_{k=1}^{4} \left\{2k \times P(Y=k) - \frac{1}{4}k\right\}$$
$$= 2\sum_{k=1}^{4} \{k \times P(Y=k)\} - \frac{1}{4}\sum_{k=1}^{4} k$$
$$= 2 \times 3 - \frac{1}{4} \times \frac{4 \times 5}{2} = \frac{7}{2}$$

$$\therefore \ E\left(\frac{1}{2}X\right) = \frac{1}{2}E(X) = \frac{1}{2} \times \frac{7}{2} = \frac{7}{4}$$

답 ③

206

한 개의 주사위를 12번 던지는 시행에서 3의 배수인 눈이
나오는 횟수를 확률변수 Y라 하면 Y는 이항분포
$B\left(12, \dfrac{1}{3}\right)$을 따른다.

$$\therefore \ E(Y) = 12 \times \frac{1}{3} = 4$$

$$V(Y) = 12 \times \frac{1}{3} \times \frac{2}{3} = \frac{8}{3}$$

이때 $X = 4 \times Y + 1 \times (12 - Y) = 3Y + 12$이므로

$$E(X) = 3E(Y) + 12 = 3 \times 4 + 12 = 24$$

$$V(X) = 3^2 V(Y) = 9 \times \frac{8}{3} = 24$$

$$\therefore \ E(X^2) = \{E(X)\}^2 + V(X) = 24^2 + 24 = 600$$

답 600

207

어느 지역에 등록된 자동차의 주행거리(km)를 확률변수 X라
하면 X는 정규분포 $N(m, \sigma^2)$을 따른다.
$P(X \geq 80000) = 0.5$이므로 $m = 80000$
즉, 확률변수 X는 정규분포 $N(80000, \sigma^2)$을 따르므로

$\mathrm{P}(X \geq 100000)$

$= \mathrm{P}\left(Z \geq \dfrac{100000 - 80000}{\sigma}\right)$

$= \mathrm{P}\left(Z \geq \dfrac{20000}{\sigma}\right) = 0.2$

$\mathrm{P}\left(0 \leq Z \leq \dfrac{20000}{\sigma}\right) = 0.5 - 0.2 = 0.3$

한편 크기가 100인 표본의 표본평균을 $\overline{X}$ 라 하면

$\overline{X}$ 는 정규분포 $\mathrm{N}\left(80000, \left(\dfrac{\sigma}{10}\right)^2\right)$을 따른다.

$\therefore \; \mathrm{P}(78000 \leq \overline{X} \leq 82000)$

$= \mathrm{P}\left(\dfrac{78000 - 80000}{\dfrac{\sigma}{10}} \leq Z \leq \dfrac{82000 - 80000}{\dfrac{\sigma}{10}}\right)$

$= \mathrm{P}\left(-\dfrac{20000}{\sigma} \leq Z \leq \dfrac{20000}{\sigma}\right)$

$= 2\mathrm{P}\left(0 \leq Z \leq \dfrac{20000}{\sigma}\right)$

$= 2 \times 0.3 = 0.6$

답 ⑤

208

$\mathrm{P}(11 \leq X \leq m) < \mathrm{P}(m \leq X \leq 15)$이면

$m - 11 < 15 - m$이므로 $m < 13$

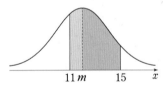

따라서 $11 < m < 13$이므로

이를 만족시키는 자연수는 $m = 12$이다.

한편 $\mathrm{P}(X \geq m + 3) = 0.0668$에서

$\mathrm{P}(X \geq m + 3) = \mathrm{P}\left(Z \geq \dfrac{(m + 3) - m}{\sigma}\right)$

$= \mathrm{P}\left(Z \geq \dfrac{3}{\sigma}\right)$

$= 0.5 - \mathrm{P}\left(0 \leq Z \leq \dfrac{3}{\sigma}\right) = 0.0668$

$\mathrm{P}\left(0 \leq Z \leq \dfrac{3}{\sigma}\right) = 0.4332$이고

주어진 표에서 $\mathrm{P}(0 \leq Z \leq 1.5) = 0.4332$이므로

$\dfrac{3}{\sigma} = 1.5$에서 $\sigma = 2$

$\therefore \; \mathrm{P}(11 \leq X \leq 16)$

$= \mathrm{P}\left(\dfrac{11 - 12}{2} \leq Z \leq \dfrac{16 - 12}{2}\right)$

$= \mathrm{P}(-0.5 \leq Z \leq 2)$

$= \mathrm{P}(0 \leq Z \leq 0.5) + \mathrm{P}(0 \leq Z \leq 2)$

$= 0.1915 + 0.4772 = 0.6687$

답 ③

참고

평균 m이 12, 13, 14, 15인 경우는 다음과 같다.

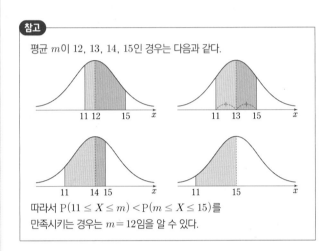

따라서 $\mathrm{P}(11 \leq X \leq m) < \mathrm{P}(m \leq X \leq 15)$를
만족시키는 경우는 $m = 12$임을 알 수 있다.

209

다음 그림에서 색칠된 부분, 즉 $0 \leq x \leq 3$에서 함수
$y = f(x)$의 그래프와 x축 사이의 넓이가 1이므로

$1 \times a + \dfrac{1}{2} \times (a + 2a) \times 1 + 1 \times 2a = 1$에서

$\dfrac{9}{2} a = 1 \qquad \therefore \; a = \dfrac{2}{9} \qquad\qquad \cdots\cdots \text{㉠}$

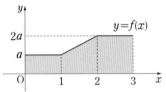

또한 $0 \leq x \leq 3$에서 함수 $y = g(x)$의 그래프와 x축
사이의 넓이도 1이므로 $0 \leq x \leq 3$에서 함수
$y = 3f(x) - 2g(x)$의 그래프와 x축 사이의 넓이는
$3 \times 1 - 2 \times 1 = 1$이다. 참고

이때 $3f(x) - 2g(x) = b$이므로 $0 \leq x \leq 3$에서 함수
$y = b$의 그래프와 x축 사이의 넓이도 1이다.

즉, $3 \times b = 1$에서 $b = \dfrac{1}{3}$이다.

따라서 $3f(x) - 2g(x) = \dfrac{1}{3}$이므로 $0 \leq x \leq 1$에서

$$g(x) = \frac{3}{2}f(x) - \frac{1}{6} = \frac{3}{2} \times a - \frac{1}{6}$$

$$= \frac{3}{2} \times \frac{2}{9} - \frac{1}{6} = \frac{1}{6} \ (\because \ \ominus)$$

$$\therefore \ \mathrm{P}(Y \geq 1) = 1 - \mathrm{P}(Y \leq 1) = 1 - \frac{1}{6} = \frac{5}{6}$$

$$\therefore \ p + q = 6 + 5 = 11$$

답 11

> **참고**
>
> 함수 $y = 3f(x)$의 그래프는 함수 $y = f(x)$의 그래프를 x축 기준 y축
> 방향으로 3배 늘인 것이므로 $0 \leq x \leq 3$에서 함수 $y = 3f(x)$의
> 그래프와 x축 사이의 넓이는 3이다.
> 함수 $y = 2g(x)$의 그래프는 함수 $y = g(x)$의 그래프를 x축 기준 y축
> 방향으로 2배 늘인 것이므로 $0 \leq x \leq 3$에서 함수 $y = 2g(x)$의
> 그래프와 x축 사이의 넓이는 2이다.

210

표본 (X_1, X_2, X_3)에 대하여 $\overline{X} = 2$인 경우는 다음과 같다.

(i) $\{X_1, X_2, X_3\} = \{1, 2, 3\}$인 경우

순서쌍 (X_1, X_2, X_3)의 개수는 $3! = 6$이고

각 순서쌍이 선택될 확률은 $\frac{1}{4} \times \frac{1}{4} \times \frac{1}{2} = \frac{1}{32}$이므로

이 경우의 확률은

$$6 \times \frac{1}{32} = \frac{3}{16}$$

(ii) $\{X_1, X_2, X_3\} = \{2, 2, 2\}$인 경우

순서쌍 (X_1, X_2, X_3)의 개수는 1이고

각 순서쌍이 선택될 확률은 $\frac{1}{4} \times \frac{1}{4} \times \frac{1}{4} = \frac{1}{64}$이므로

이 경우의 확률은

$$1 \times \frac{1}{64} = \frac{1}{64}$$

(i), (ii)에서 $\mathrm{P}(\overline{X} = 2) = \frac{3}{16} + \frac{1}{64} = \frac{13}{64}$

답 ③

211

$$\mathrm{P}(X = k) = a - \mathrm{P}(Y = k) \ (k = 1, 2, 3, 4) \quad \cdots\cdots \ominus$$
이때 확률의 총합은 1이므로

$$\sum_{k=1}^{4} \mathrm{P}(X = k) = \sum_{k=1}^{4} \{a - \mathrm{P}(Y = k)\}$$

$$1 = 4a - 1$$에서 $$a = \frac{1}{2}$$

따라서 $\mathrm{P}(X \leq 3) = \frac{5}{4}a$에서

$$1 - \mathrm{P}(X = 4) = \frac{5}{4} \times \frac{1}{2}$$

$$\therefore \ \mathrm{P}(X = 4) = \frac{3}{8}$$

$\ominus$에 $k = 4$를 대입하면

$$\frac{3}{8} = \frac{1}{2} - \mathrm{P}(Y = 4)$$

$$\therefore \ \mathrm{P}(Y = 4) = \frac{1}{8}$$

답 ⑤

212

$\mathrm{P}(-6 \leq X \leq 2) = 1$이므로

$$\frac{1}{2} \times 6 \times b + \frac{1}{2} \times (a + b) \times 2 = 1$$

$$\therefore \ a + 4b = 1 \quad \cdots\cdots \ominus$$

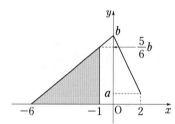

$\mathrm{P}(-6 \leq X \leq 2) = 1$이고
$\mathrm{P}(-6 \leq X \leq -1) = \mathrm{P}(-1 \leq X \leq 2)$이므로

$\mathrm{P}(-6 \leq X \leq -1) = \frac{1}{2}$에서

$$\frac{1}{2} \times 5 \times \frac{5}{6}b = \frac{1}{2} \quad \therefore \ b = \frac{6}{25}$$

$b = \frac{6}{25}$을 $\ominus$에 대입하면 $a = \frac{1}{25}$

$$\therefore \ a + b = \frac{7}{25}$$

답 ③

213

마을에서 수확하는 사과의 무게는 정규분포 $\mathrm{N}(m, \sigma^2)$을
따르므로

크기가 36인 표본의 표본평균 $\overline{x}$를 이용하여 구한 모평균
m에 대한 신뢰도 99 %의 신뢰구간은

$$\bar{x} - 2.58 \times \frac{\sigma}{\sqrt{36}} \le m \le \bar{x} + 2.58 \times \frac{\sigma}{\sqrt{36}} \text{이고}$$

주어진 조건에서 신뢰구간은 $171.4 \le m \le 188.6$이므로

$$\bar{x} + 2.58 \times \frac{\sigma}{\sqrt{36}} = 188.6 \qquad \cdots\cdots \text{㉠}$$

$$\bar{x} - 2.58 \times \frac{\sigma}{\sqrt{36}} = 171.4 \qquad \cdots\cdots \text{㉡}$$

㉠+㉡을 하면

$$2\bar{x} = 360$$

$$\therefore \bar{x} = 180$$

㉠−㉡을 하면

$$2 \times 2.58 \times \frac{\sigma}{\sqrt{36}} = 17.2$$

$$\therefore \sigma = 20$$

$$\therefore \bar{x} + \sigma = 180 + 20 = 200$$

답 200

214

주어진 시행을 20번 반복할 때, 1이 적힌 공이 나오는
횟수를 확률변수 Y라 하자.

주머니에서 꺼낸 한 개의 공에 적힌 수가 1일 확률은

$\dfrac{3}{5}$이므로 확률변수 Y는 이항분포 $\mathrm{B}\left(20, \dfrac{3}{5}\right)$을 따른다.

$$\therefore \mathrm{E}(Y) = 20 \times \frac{3}{5} = 12$$

이때 이동된 점 P의 좌표는 $3Y - 4(20 - Y)$, 즉
$7Y - 80$이므로 $X = 7Y - 80$

$$\therefore \mathrm{E}(X) = \mathrm{E}(7Y - 80) = 7\mathrm{E}(Y) - 80$$
$$= 7 \times 12 - 80 = 4$$

답 4

215

$\overline{X}$는 정규분포 $\mathrm{N}\left(40, \left(\dfrac{12}{\sqrt{9}}\right)^2\right)$, 즉 $\mathrm{N}(40, 4^2)$을 따르고,

$\overline{Y}$는 정규분포 $\mathrm{N}\left(55, \left(\dfrac{16}{\sqrt{n}}\right)^2\right)$을 따르므로

$$\mathrm{P}(\overline{X} \ge 35) = \mathrm{P}\left(Z \ge \frac{35 - 40}{4}\right) = \mathrm{P}\left(Z \ge -\frac{5}{4}\right),$$

$$\mathrm{P}(\overline{Y} \ge 57) = \mathrm{P}\left(Z \ge \frac{57 - 55}{\frac{16}{\sqrt{n}}}\right) = \mathrm{P}\left(Z \ge \frac{\sqrt{n}}{8}\right)$$

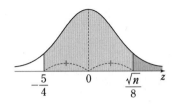

조건에서 $\mathrm{P}(\overline{X} \ge 35) = 1 - \mathrm{P}(\overline{Y} \ge 57)$이므로

$$\frac{5}{4} = \frac{\sqrt{n}}{8}, \; n = 100$$

$$\therefore \mathrm{P}(\overline{Y} \le 51) = \mathrm{P}\left(Z \le \frac{51 - 55}{\frac{16}{\sqrt{100}}}\right)$$

$$= \mathrm{P}(Z \le -2.5)$$

$$= 0.5 - \mathrm{P}(0 \le Z \le 2.5)$$

$$= 0.5 - 0.4938$$

$$= 0.0062$$

답 ①

216

모표준편차가 5이고
크기가 n인 표본의 표본평균을 이용하여 구한 m에 대한
신뢰도 95%의 신뢰구간이 $a \le m \le b$이므로

$$b - a = 2 \times 1.96 \times \frac{5}{\sqrt{n}}$$

또한 크기가 $9n$인 표본의 표본평균을 이용하여 구한 m에
대한 신뢰도 99%의 신뢰구간이 $c \le m \le d$이므로

$$d - c = 2 \times 2.58 \times \frac{5}{\sqrt{9n}}$$

부등식 $b + c < a + d + 2$, 즉 $(b - a) - (d - c) < 2$에서

$$(b - a) - (d - c) = \frac{19.6}{\sqrt{n}} - \frac{8.6}{\sqrt{n}} = \frac{11}{\sqrt{n}} < 2\text{이므로}$$

$$\sqrt{n} > \frac{11}{2} \qquad \therefore n > \left(\frac{11}{2}\right)^2 = 30 + \frac{1}{4}$$

따라서 구하는 자연수 n의 최솟값은 31이다.

답 ②

217

확률변수 X가 정규분포 $\mathrm{N}(m, \sigma^2)$을 따른다고 하면

$2\mathrm{P}(X \ge 300) = 1$, 즉 $\mathrm{P}(X \ge 300) = \dfrac{1}{2}$에서

$m = 300$이므로

$$\mathrm{P}(X \le 450) = \mathrm{P}\left(Z \le \frac{450 - 300}{\sigma}\right) = \mathrm{P}\left(Z \le \frac{150}{\sigma}\right)$$

$P(Z \leq -1.5) + P(X \leq 450) = 1$ 에서

$$P(Z \leq -1.5) + P\left(Z \leq \frac{150}{\sigma}\right) = 1$$

$$P(Z \geq 1.5) + P\left(Z \leq \frac{150}{\sigma}\right) = 1$$

$$\frac{150}{\sigma} = 1.5$$

$$\therefore \ \sigma = 100$$

따라서 확률변수 X는 정규분포 $N(300, 100^2)$을 따르므로 크기가 25인 표본의 표본평균 $\overline{X}$는 정규분포

$N\left(300, \left(\dfrac{100}{\sqrt{25}}\right)^2\right)$, 즉 $N(300, 20^2)$을 따른다.

$$\therefore \ P(\overline{X} \geq 320) = P\left(Z \geq \frac{320 - 300}{20}\right)$$

$$= P(Z \geq 1)$$

$$= 0.5 - P(0 \leq Z \leq 1)$$

$$= 0.5 - 0.3413 = 0.1587$$

답 ④

218

확률변수 X가 정규분포 $N(600, \sigma^2)$을 따르므로 크기가

25인 표본의 표본평균 $\overline{X}$는 정규분포 $N\left(600, \left(\dfrac{\sigma}{5}\right)^2\right)$을

따르고, 확률변수 Y가 정규분포 $N(640, (2\sigma)^2)$을

따르므로 크기가 n인 표본의 표본평균 $\overline{Y}$는 정규분포

$N\left(640, \left(\dfrac{2\sigma}{\sqrt{n}}\right)^2\right)$을 따른다.

표준정규분포를 따르는 확률변수 Z에 대하여

$$P(\overline{X} \leq 608) = P\left(\frac{\overline{X} - 600}{\frac{\sigma}{5}} \leq \frac{608 - 600}{\frac{\sigma}{5}}\right)$$

$$= P\left(Z \leq \frac{40}{\sigma}\right)$$

$$P(\overline{Y} \geq 630) = P\left(\frac{\overline{Y} - 640}{\frac{2\sigma}{\sqrt{n}}} \geq \frac{630 - 640}{\frac{2\sigma}{\sqrt{n}}}\right)$$

$$= P\left(Z \geq -\frac{5\sqrt{n}}{\sigma}\right) = P\left(Z \leq \frac{5\sqrt{n}}{\sigma}\right)$$

이므로 $P\left(Z \leq \dfrac{40}{\sigma}\right) \leq P\left(Z \leq \dfrac{5\sqrt{n}}{\sigma}\right)$에서

$$\frac{5\sqrt{n}}{\sigma} \geq \frac{40}{\sigma}, \ \sqrt{n} \geq 8 \quad \therefore \ n \geq 64$$

따라서 구하는 자연수 n의 최솟값은 64이다. 답 64

219

이 고등학교 학생들의 1학기 중간고사 수학 점수(점)를 확률변수 X라 하면

X는 정규분포 $N(77.4, 4^2)$을 따르므로

$$P(X \geq 80) = P\left(Z \geq \frac{80 - 77.4}{4}\right)$$

$$= P(Z \geq 0.65)$$

$$= 0.5 - P(0 \leq Z \leq 0.65)$$

$$= 0.5 - 0.24 = 0.26$$

이 고등학교 학생들 중 임의로 선택한 1명이 여학생일 확률은 다음과 같다.

(i) 수학 점수가 80점 이상인 여학생인 경우

　　이 확률은 $0.26 \times 0.4 = 0.104$

(ii) 수학 점수가 80점 미만인 여학생인 경우

　　이 확률은 $(1 - 0.26) \times 0.2 = 0.148$

따라서 구하는 확률은

$$\frac{(\,\text{i}\,)}{(\,\text{i}\,) + (\,\text{ii}\,)} = \frac{0.104}{0.104 + 0.148} = \frac{26}{63}$$

$$\therefore \ p + q = 63 + 26 = 89$$

답 89

220

확률변수 X가 정규분포 $N(10, \sigma^2)$을 따르므로 조건 (가)에서

$$P(8 \leq X \leq 10) = P\left(\frac{8 - 10}{\sigma} \leq Z \leq \frac{10 - 10}{\sigma}\right)$$

$$= P\left(-\frac{2}{\sigma} \leq Z \leq 0\right)$$

$$= P\left(0 \leq Z \leq \frac{2}{\sigma}\right) = 0.3413$$

주어진 표에서 $P(0 \leq Z \leq 1) = 0.3413$이므로

$$\frac{2}{\sigma} = 1$$

$$\therefore \ \sigma = 2$$

한편 조건 (나)에 의하여 곡선 $y = g(x)$는 곡선 $y = f(x)$를 x축의 방향으로 $(m - 10)$만큼 평행이동시킨 것과 같으므로

$$f(8) = g(m - 2)$$

이때 어떤 정수 m에 대하여 부등식 $g(m - 2) \leq g(n)$을 만족시키는 모든 정수 n의 값의 합은

$$(m - 2) + (m - 1) + m + (m + 1) + (m + 2) = 5m$$

즉, $5m = 100$이므로 $m = 20$

따라서 확률변수 Y는 정규분포 $N(20, 2^2)$을 따르므로

$P(24 \le Y \le 25)$

$= P\left(\dfrac{24-20}{2} \le Z \le \dfrac{25-20}{2} \right)$

$= P(2 \le Z \le 2.5)$

$= P(0 \le Z \le 2.5) - P(0 \le Z \le 2)$

$= 0.4938 - 0.4772 = 0.0166$

답 ①

221

$P(X = -1) + P(X = 1) = 1$이므로

확률변수 X가 가질 수 있는 값은 -1, 1뿐이고

$\dfrac{1}{2} < P(X = 1) < 1$이므로

$P(X = -1) = p$라 하면 $0 < p < \dfrac{1}{2}$이다.

확률변수 X의 확률분포를 표로 나타내면 다음과 같다.

X	-1	1	계
$P(X=x)$	p	$1-p$	1

$E(X) = (-1) \times p + 1 \times (1-p) = 1 - 2p$

$E(X^2) = (-1)^2 \times p + 1^2 \times (1-p) = 1$

$V(X) = E(X^2) - \{E(X)\}^2$

$\quad\quad\;\; = 1 - (1-2p)^2$

$\quad\quad\;\; = -4p^2 + 4p$

이때 $V(2X) = 2^2 V(X) = 3$이므로

$4(-4p^2 + 4p) = 3$

$16p^2 - 16p + 3 = 0$

$(4p-1)(4p-3) = 0$

$\therefore\; p = \dfrac{1}{4} \left(\because\; 0 < p < \dfrac{1}{2} \right)$

답 ②

222

한 달 데이터 사용량(GB)을 확률변수 X라 하면

X는 정규분포 $N(5.2, (1.6)^2)$을 따르므로

크기가 n인 표본의 표본평균을 $\overline{X}$라 하면

$\overline{X}$는 정규분포 $N\left(5.2, \left(\dfrac{1.6}{\sqrt{n}} \right)^2 \right)$을 따른다.

$P(\overline{X} \ge 4.8) = P\left(Z \ge \dfrac{4.8 - 5.2}{\dfrac{1.6}{\sqrt{n}}} \right)$

$\quad\quad\quad\quad\quad\; = P\left(Z \ge -\dfrac{\sqrt{n}}{4} \right)$

$\quad\quad\quad\quad\quad\; = 0.5 + P\left(0 \le Z \le \dfrac{\sqrt{n}}{4} \right)$

$\quad\quad\quad\quad\quad\; = 0.9772$

에서 $P\left(0 \le Z \le \dfrac{\sqrt{n}}{4} \right) = 0.4772$이고

주어진 표에서 $P(0 \le Z \le 2) = 0.4772$이므로

$\dfrac{\sqrt{n}}{4} = 2$, $\sqrt{n} = 8$

$\therefore\; n = 64$

답 ③

223

$P(X = k) = \dfrac{{}_4C_k \times b^k}{a^4} = {}_4C_k \left(\dfrac{b}{a} \right)^k \left(\dfrac{1}{a} \right)^{4-k}$

이고, 확률의 총합은 1이므로

$P(X = 0) + P(X = 1) + \cdots + P(X = 4)$

$= {}_4C_0 \left(\dfrac{b}{a} \right)^0 \left(\dfrac{1}{a} \right)^4 + {}_4C_1 \left(\dfrac{b}{a} \right)^1 \left(\dfrac{1}{a} \right)^3 + \cdots + {}_4C_4 \left(\dfrac{b}{a} \right)^4 \left(\dfrac{1}{a} \right)^0$

$= \left(\dfrac{b}{a} + \dfrac{1}{a} \right)^4 = 1$

즉, $\dfrac{b}{a} + \dfrac{1}{a} = 1$ $(\because\; a > b > 0)$

$\therefore\; a = b + 1$

이때 확률변수 X는 이항분포 $B\left(4, \dfrac{b}{b+1} \right)$를 따르므로

$E(X) = 4 \times \dfrac{b}{b+1} = \dfrac{10}{3}$에서 $12b = 10b + 10$

따라서 $b = 5$, $a = 6$이므로

$a + b = 11$

답 11

224

$f(n) = P(X \le 12) = P\left(Z \le \dfrac{12-10}{\dfrac{12}{n}} \right)$

$\quad\quad\quad\quad\quad\quad\;\; = P\left(Z \le \dfrac{n}{6} \right)$

$$= \mathrm{P}(Z \le 0) + \mathrm{P}\left(0 \le Z \le \frac{n}{6}\right)$$

$$= 0.5 + \mathrm{P}\left(0 \le Z \le \frac{n}{6}\right)$$

$$\le 0.9938$$

에서 $\mathrm{P}\left(0 \le Z \le \frac{n}{6}\right) \le 0.4938$

주어진 표에서

$\mathrm{P}(0 \le Z \le 2.5) = 0.4938$이므로

$$\frac{n}{6} \le 2.5 \qquad \therefore n \le 15$$

따라서 부등식을 만족시키는 자연수 n의 개수는 15이다.

📘 15

225

원 $(x-m)^2 + (y-n)^2 = 9$의 중심 (m, n)이

그림에 표시한 27개의 점 중 하나일 때 사건 H가 일어나므로

$$\mathrm{P}(H) = \frac{27}{36} = \frac{3}{4}$$

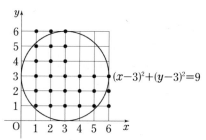

이때 확률변수 X는 이항분포 $\mathrm{B}\left(20, \dfrac{3}{4}\right)$을 따르므로

$$\mathrm{E}(X) = 20 \times \frac{3}{4} = 15$$

📘 15

226

제품 A의 무게(kg)를 확률변수 X라 하면 X는 정규분포 $\mathrm{N}(m, \sigma^2)$을 따르고, 제품 B의 무게(kg)를 확률변수 Y라 하면 Y는 정규분포 $\mathrm{N}(m-25, (2\sigma)^2)$을 따른다.

제품 A의 무게가 50 이하일 확률이 0.15이므로

$$\mathrm{P}(X \le 50) = \mathrm{P}\left(Z \le \frac{50-m}{\sigma}\right)$$

$$= \mathrm{P}\left(Z \ge \frac{m-50}{\sigma}\right)$$

$$= 0.5 - \mathrm{P}\left(0 \le Z \le \frac{m-50}{\sigma}\right) = 0.15$$

에서 $\mathrm{P}\left(0 \le Z \le \dfrac{m-50}{\sigma}\right) = 0.35$

주어진 표에서 $\mathrm{P}(0 \le Z \le 1.04) = 0.35$이므로

$$\frac{m-50}{\sigma} = 1.04$$

$$\therefore m = 50 + 1.04\sigma \qquad \cdots\cdots \text{㉠}$$

제품 B의 무게가 50 이상일 확률이 0.03이므로

$$\mathrm{P}(Y \ge 50) = \mathrm{P}\left(Z \ge \frac{75-m}{2\sigma}\right)$$

$$= 0.5 - \mathrm{P}\left(0 \le Z \le \frac{75-m}{2\sigma}\right)$$

$$= 0.03$$

에서 $\mathrm{P}\left(0 \le Z \le \dfrac{75-m}{2\sigma}\right) = 0.47$

주어진 표에서 $\mathrm{P}(0 \le Z \le 1.98) = 0.47$이므로

$$\frac{75-m}{2\sigma} = 1.98$$

$$\therefore m = 75 - 3.96\sigma \qquad \cdots\cdots \text{㉡}$$

㉠, ㉡에서 $50 + 1.04\sigma = 75 - 3.96\sigma$

$5\sigma = 25$이므로 $\sigma = 5$

이를 ㉠에 대입하면 $m = 55.2$

$\therefore 10m + \sigma = 552 + 5 = 557$

📘 557

227

여학생의 키(cm)는 정규분포 $\mathrm{N}(m, \sigma^2)$을 따르므로 크기가 25인 표본을 임의추출하여 구한 표본평균의 값을 $\overline{x}$라 하면 모평균 m의 신뢰도 95%의 신뢰구간은

$$\overline{x} - 1.96 \times \frac{\sigma}{\sqrt{25}} \le m \le \overline{x} + 1.96 \times \frac{\sigma}{\sqrt{25}}$$

이때 주어진 조건에서 신뢰구간은

$158 - a \le m \le 158 + a$이므로

$$\overline{x} = \frac{(158-a) + (158+a)}{2} = 158 \qquad \cdots\cdots \text{㉠}$$

$$a = 1.96 \times \frac{\sigma}{\sqrt{25}} = 1.96 \times \frac{\sigma}{5} \qquad \cdots\cdots \text{㉡}$$

한편 같은 표본을 이용하여 구한 모평균 m에 대한 신뢰도 99%의 신뢰구간은

$$\overline{x} - 2.58 \times \frac{\sigma}{\sqrt{25}} \le m \le \overline{x} + 2.58 \times \frac{\sigma}{\sqrt{25}}$$

이때 주어진 조건에서 신뢰구간은

$b \le m \le 163.16$이므로

$163.16 = 158 + 2.58 \times \dfrac{\sigma}{\sqrt{25}}$ $(\because \text{㉠})$

에서 $\sigma = 10$이므로 $a = 3.92$ $(\because \text{㉡})$

$b = 158 - 2.58 \times \dfrac{10}{\sqrt{25}} = 152.84$

$\therefore b - 2a = 152.84 - 2 \times 3.92 = 145$

답 145

228

주어진 모집단의 확률분포표에 의하여

$E(X) = m = (8-a) \times \dfrac{1}{4} + 8 \times \dfrac{1}{2} + (8+a) \times \dfrac{1}{4} = 8$

$V(X) = E((X-m)^2)$

$\qquad = (-a)^2 \times \dfrac{1}{4} + 0 \times \dfrac{1}{2} + a^2 \times \dfrac{1}{4}$

$\qquad = \dfrac{a^2}{2}$

크기가 4인 표본을 임의추출하여 구한 표본평균 $\overline{X}$에 대하여

$V(\overline{X}) = \dfrac{V(X)}{4} = \dfrac{a^2}{8}$이므로

$\dfrac{a^2}{8} = 2,\ a^2 = 16$

$\therefore a = 4\ (\because\ a > 0)$

답 4

> **참고**
>
> 이산확률변수 X의 확률분포표에서 X가 가질 수 있는 값이 순서대로 등차수열을 이루고 그때의 확률이 좌우 대칭인 값을 가지면 $E(X)$의 값은 확률변수의 평균값과 같다.
> 따라서 이 문제에서 $E(X)$의 값은 $8-a$, 8, $8+a$의 평균값인 8임을 바로 알 수 있다.

229

두 확률변수 X, Y는 정규분포를 따르고,
조건 (가)에 의해 임의의 실수 x에 대하여
$f(x) \leq f(a)$이고 $g(x) \leq g(b)$이므로
두 함수 $f(x)$, $g(x)$는 각각 $x = a$, $x = b$일 때 최대, 즉
$E(X) = a$, $E(Y) = b$이다.

조건 (나)에 의해 $\dfrac{3+5}{2} = a$, $\dfrac{5+(a+b)}{2} = b$이므로

$a = 4$, $b = 9$

이때 $\sigma(X) = k\ (k > 0)$라 하면 확률변수 X는 정규분포
$N(4,\ k^2)$을 따르므로

$P(X \geq b-a) = P(X \geq 5) = P\left(Z \geq \dfrac{1}{k}\right) = 0.3085$

주어진 표준정규분포표에서

$0.3085 = 0.5 - 0.1915 = P(Z \geq 0.5)$

이므로 $\dfrac{1}{k} = 0.5$ $\qquad \therefore\ k = 2$

또한 $V(Y) = 4V(X) = 4 \times 2^2 = 4^2$이므로

확률변수 Y는 정규분포 $N(9,\ 4^2)$을 따른다.

$\therefore\ P(Y \geq b-a) = P(Y \geq 5)$

$\qquad\qquad\qquad = P(Z \geq -1) = P(Z \leq 1)$

$\qquad\qquad\qquad = 0.5 + P(0 \leq Z \leq 1)$

$\qquad\qquad\qquad = 0.5 + 0.3413 = 0.8413$

답 ③

230

주머니에서 임의로 3개의 구슬을 꺼내는 시행을 한 번 했을 때
꺼낸 구슬 중에 검은 색 구슬의 개수를 확률변수 X라 하면
확률변수 X가 갖는 값은 1, 2, 3이고
X의 확률분포를 나타내면 다음과 같다.

$P(X = 1) = \dfrac{{}_3C_1 \times {}_2C_2}{{}_5C_3} = \dfrac{3}{10}$

$P(X = 2) = \dfrac{{}_3C_2 \times {}_2C_1}{{}_5C_3} = \dfrac{6}{10}$

$P(X = 3) = \dfrac{{}_3C_3 \times {}_2C_0}{{}_5C_3} = \dfrac{1}{10}$

$\overline{X} = 2$인 경우는 처음에 꺼낸 검은 구슬의 개수와
두 번째 꺼낸 검은 구슬의 개수를 순서쌍으로 표현하면
$(1, 3)$, $(2, 2)$, $(3, 1)$의 세 가지이다.
따라서 구하는 확률은

$P(\overline{X} = 2) = \dfrac{3}{10} \times \dfrac{1}{10} + \dfrac{6}{10} \times \dfrac{6}{10} + \dfrac{1}{10} \times \dfrac{3}{10}$

$\qquad\qquad = \dfrac{42}{100} = \dfrac{21}{50}$

$\therefore\ p + q = 50 + 21 = 71$

답 71

231

확률의 총합은 1이므로

$$\sum_{x=1}^{5}(ax+b)=a\sum_{x=1}^{5}x+\sum_{x=1}^{5}b$$

$$=a\times\frac{5\times6}{2}+5b$$

$$=15a+5b=1 \qquad \cdots\cdots\text{㉠}$$

주어진 조건에서 $\mathrm{E}(X)=2$이므로

$$\sum_{x=1}^{5}x(ax+b)=a\sum_{x=1}^{5}x^2+b\sum_{x=1}^{5}x$$

$$=a\times\frac{5\times6\times11}{6}+b\times\frac{5\times6}{2}$$

$$=55a+15b=2 \qquad \cdots\cdots\text{㉡}$$

㉠, ㉡을 연립하여 풀면 $a=-\dfrac{1}{10}$, $b=\dfrac{1}{2}$

$$\therefore a+b=\frac{2}{5}$$

답 ③

232

확률밀도함수 $y=f(x)$의 그래프와 x축으로 둘러싸인
부분의 넓이는 1이므로

$\dfrac{1}{2}\times3\times2a=1$에서 $a=\dfrac{1}{3}$

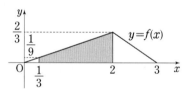

이때 $\mathrm{P}(a\leq X\leq2)$ 즉, $\mathrm{P}\!\left(\dfrac{1}{3}\leq X\leq2\right)$의 값은

함수 $y=f(x)$의 그래프와 x축 및

두 직선 $x=\dfrac{1}{3}$, $x=2$로 둘러싸인 부분의 넓이와 같다.

$$\therefore \mathrm{P}\!\left(\frac{1}{3}\leq X\leq2\right)=\frac{1}{2}\times\left(\frac{1}{9}+\frac{2}{3}\right)\times\frac{5}{3}=\frac{35}{54}$$

다른풀이

$$\mathrm{P}(0\leq X\leq3)=\int_{0}^{3}f(x)dx=1$$

이때 $f(x)=\begin{cases}ax & (0\leq x<2)\\ 2a(3-x) & (2\leq x\leq3)\end{cases}$이므로

$$\int_{0}^{2}f(x)dx=\int_{0}^{2}ax\,dx=\left[\frac{1}{2}ax^2\right]_{0}^{2}=2a$$

$$\int_{2}^{3}f(x)dx=\int_{2}^{3}2a(3-x)dx=\left[6ax-ax^2\right]_{2}^{3}=a$$

$$\int_{0}^{3}f(x)dx=\int_{0}^{2}f(x)dx+\int_{2}^{3}f(x)dx$$

$$=2a+a=3a=1$$

$$\therefore a=\frac{1}{3}$$

$$\therefore \mathrm{P}\!\left(\frac{1}{3}\leq X\leq2\right)=\int_{\frac{1}{3}}^{2}f(x)dx$$

$$=\int_{\frac{1}{3}}^{2}\frac{x}{3}dx$$

$$=\left[\frac{x^2}{6}\right]_{\frac{1}{3}}^{2}=\frac{35}{54}$$

답 ③

233

A 제품 1개의 중량을 확률변수 X라 하면 X는 정규분포
$\mathrm{N}(31,\,2^2)$을 따르고, B 제품 1개의 중량을 확률변수 Y라
하면 Y는 정규분포 $\mathrm{N}(52,\,3^2)$을 따르므로

$$p_{\mathrm{A}}=\mathrm{P}(28\leq X\leq35)$$

$$=\mathrm{P}\!\left(\frac{28-31}{2}\leq\frac{X-31}{2}\leq\frac{35-31}{2}\right)$$

$$=\mathrm{P}(-1.5\leq Z\leq2)$$

$$p_{\mathrm{B}}=\mathrm{P}(46\leq Y\leq k)$$

$$=\mathrm{P}\!\left(\frac{46-52}{3}\leq\frac{Y-52}{3}\leq\frac{k-52}{3}\right)$$

$$=\mathrm{P}\!\left(-2\leq Z\leq\frac{k-52}{3}\right)$$

이때 $p_{\mathrm{A}}=\mathrm{P}(-2\leq Z\leq1.5)$이므로 $p_{\mathrm{A}}<p_{\mathrm{B}}$를

만족시키려면 $1.5<\dfrac{k-52}{3}$이어야 한다.

$$\therefore k>3\times1.5+52=56.5$$

따라서 자연수 k의 최솟값은 57이다.

답 ④

234

모집단이 정규분포 $\mathrm{N}(m,\,\sigma^2)$을 따르므로
크기가 100인 표본을 임의추출하여 구한 표본평균의 값을
$\overline{x_1}$이라 하면 모평균 m에 대한 신뢰도 95%의 신뢰구간은

$$\overline{x_1}-1.96\times\frac{\sigma}{\sqrt{100}}\leq m\leq\overline{x_1}+1.96\times\frac{\sigma}{\sqrt{100}}$$

$$b - a = 2 \times 1.96 \times \frac{\sigma}{10} \qquad \cdots\cdots \text{㉠}$$

크기가 n인 표본을 임의추출하여 구한 표본평균의 값을 $\overline{x_2}$라 하면 모평균 m에 대한 신뢰도 95%의 신뢰구간은

$$\overline{x_2} - 1.96 \times \frac{\sigma}{\sqrt{n}} \leq m \leq \overline{x_2} + 1.96 \times \frac{\sigma}{\sqrt{n}}$$

$$d - c = 2 \times 1.96 \times \frac{\sigma}{\sqrt{n}} \qquad \cdots\cdots \text{㉡}$$

이때 $\dfrac{d-c}{b-a} = 2$이므로 ㉠, ㉡을 대입하면

$$\frac{\frac{\sigma}{\sqrt{n}}}{\frac{\sigma}{10}} = 2, \ \sqrt{n} = 5$$

$$\therefore \ n = 25$$

답 25

235

중학생들의 일주일 동안 인터넷 접속시간(분)을 X라 하면 확률변수 X는 정규분포 $\mathrm{N}(80, \ 16^2)$을 따르므로 크기가 16인 표본의 표본평균 $\overline{X}$는

정규분포 $\mathrm{N}\!\left(80, \ \left(\dfrac{16}{\sqrt{16}}\right)^2\right)$, 즉 $\mathrm{N}(80, \ 4^2)$을 따른다.

A가 추출한 표본의 평균이 75분 이상 86분 이하일 확률은

$$\mathrm{P}(75 \leq \overline{X} \leq 86)$$

$$= \mathrm{P}\!\left(\frac{75-80}{4} \leq Z \leq \frac{86-80}{4}\right)$$

$$= \mathrm{P}(-1.25 \leq Z \leq 1.5)$$

$$= \mathrm{P}(0 \leq Z \leq 1.25) + \mathrm{P}(0 \leq Z \leq 1.50)$$

$$= 0.3944 + 0.4332 = 0.8276$$

B가 추출한 표본의 평균이 80분 이상일 확률은

$$\mathrm{P}(\overline{X} \geq 80) = \mathrm{P}\!\left(Z \geq \frac{80-80}{4}\right) = \mathrm{P}(Z \geq 0) = 0.5$$

이때 A와 B 두 사람이 각각 독립적인 표본을 임의추출 하였으므로 두 사건은 서로 독립이다.

따라서 구하는 확률은

$$0.8276 \times 0.5 = 0.4138$$

답 ⑤

236

정규분포 $\mathrm{N}(m, \ \sigma^2)$을 따르는 확률변수의 확률밀도함수의 그래프는 직선 $x = m$에 대하여 대칭이다.

따라서 조건 (가)에서 $\dfrac{0+2m}{2} = m$이므로

$$\mathrm{P}(X \leq 0) + \mathrm{P}(X \geq 2m) = 2\,\mathrm{P}(X \geq 2m)$$

$$= 2\mathrm{P}\!\left(Z \geq \frac{m}{\sigma}\right)$$

$$= 0.0456$$

에서 $\mathrm{P}\!\left(Z \geq \dfrac{m}{\sigma}\right) = 0.0228$이고

$$\mathrm{P}\!\left(0 \leq Z \leq \frac{m}{\sigma}\right) = 0.5 - \mathrm{P}\!\left(Z \geq \frac{m}{\sigma}\right)$$

$$= 0.5 - 0.0228 = 0.4772$$

이때 주어진 표에서 $\mathrm{P}(0 \leq Z \leq 2) = 0.4772$이므로

$$\frac{m}{\sigma} = 2, \ m = 2\sigma \qquad \cdots\cdots \text{㉠}$$

조건 (나)에서 $\mathrm{P}(0 \leq X \leq 6) = 0.0440$이므로

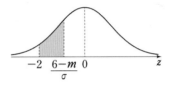

$$\mathrm{P}(0 \leq X \leq 6)$$

$$= \mathrm{P}\!\left(-2 \leq Z \leq \frac{6-m}{\sigma}\right)$$

$$= \mathrm{P}(-2 \leq Z \leq 0) - \mathrm{P}\!\left(\frac{6-m}{\sigma} \leq Z \leq 0\right)$$

$$= \mathrm{P}(0 \leq Z \leq 2) - \mathrm{P}\!\left(0 \leq Z \leq \frac{m-6}{\sigma}\right)$$

$$= 0.4772 - \mathrm{P}\!\left(0 \leq Z \leq \frac{m-6}{\sigma}\right) = 0.0440$$

에서

$$\mathrm{P}\!\left(0 \leq Z \leq \frac{m-6}{\sigma}\right) = 0.4772 - 0.0440 = 0.4332$$

이때 주어진 표에서 $\mathrm{P}(0 \leq Z \leq 1.5) = 0.4332$이므로

$$\frac{m-6}{\sigma} = 1.5, \ m - 1.5\sigma = 6 \qquad \cdots\cdots \text{㉡}$$

㉠, ㉡을 연립하여 풀면 $\sigma = 12$, $m = 24$

$$\therefore \ m + \sigma = 36$$

답 36

237

$$\mathrm{P}(X = -2) = \mathrm{P}(X = 2),$$

$$\mathrm{P}(X = -1) = \mathrm{P}(X = 1)$$이므로

$$\mathrm{P}(X = 0) = p_0, \ \mathrm{P}(X = 1) = p_1, \ \mathrm{P}(X = 2) = p_2$$라 하자.

이산확률변수 X의 확률분포를 표로 나타내면 다음과 같다.

X	-2	-1	0	1	2	계
$P(X=x)$	p_2	p_1	p_0	p_1	p_2	1

확률의 총합은 1이므로

$$p_0 + 2p_1 + 2p_2 = 1 \qquad \cdots\cdots \text{㉠}$$

$P(0 \le X \le 1) = \dfrac{5}{16}$ 에서

$$p_0 + p_1 = \dfrac{5}{16} \qquad \cdots\cdots \text{㉡}$$

$P(1 \le X \le 2) = \dfrac{7}{16}$ 에서

$$p_1 + p_2 = \dfrac{7}{16} \qquad \cdots\cdots \text{㉢}$$

㉢에서 $2p_1 + 2p_2 = \dfrac{7}{8}$ 이므로, ㉠에 의하여 $p_0 = \dfrac{1}{8}$ 이고

㉡에 의하여 $p_1 = \dfrac{3}{16}$ 이며 ㉢에 의하여 $p_2 = \dfrac{1}{4}$ 이다.

X	-2	-1	0	1	2	계
$P(X=x)$	$\dfrac{1}{4}$	$\dfrac{3}{16}$	$\dfrac{1}{8}$	$\dfrac{3}{16}$	$\dfrac{1}{4}$	1

$$E(X) = (-2) \times \dfrac{1}{4} + (-1) \times \dfrac{3}{16} + 0 \times \dfrac{1}{8}$$
$$+ 1 \times \dfrac{3}{16} + 2 \times \dfrac{1}{4}$$
$$= 0 \ \text{참고}$$

$$E(X^2) = (-2)^2 \times \dfrac{1}{4} + (-1)^2 \times \dfrac{3}{16} + 0^2 \times \dfrac{1}{8}$$
$$+ 1^2 \times \dfrac{3}{16} + 2^2 \times \dfrac{1}{4}$$
$$= \dfrac{19}{8}$$

$$V(X) = E(X^2) - \{E(X)\}^2 = \dfrac{19}{8} - 0^2 = \dfrac{19}{8}$$

$$\therefore V(4X) = 4^2 V(X) = 16 \times \dfrac{19}{8} = 38$$

답 ④

참고

228번 **참고** 를 이용하면 $E(X) = 0$임을 바로 알 수 있다.

238

모집단에서 임의추출한 크기가 49인 표본의 표본평균은
104이므로

모평균 m을 신뢰도 95%로 추정한 신뢰구간은

$$104 - 1.96 \times \dfrac{\sigma}{\sqrt{49}} \le m \le 104 + 1.96 \times \dfrac{\sigma}{\sqrt{49}}$$

이때 주어진 조건에서 신뢰구간이 $a \le m \le b$이므로

$$104 = \dfrac{a+b}{2} \qquad \cdots\cdots \text{㉠}$$

$$2 \times 1.96 \times \dfrac{\sigma}{\sqrt{49}} = b - a \qquad \cdots\cdots \text{㉡}$$

한편 모집단에서 16개를 임의추출하여 얻은 표본평균이
$\overline{x}$이므로

모평균 m에 대한 신뢰도 95%의 신뢰구간은

$$\overline{x} - 1.96 \times \dfrac{\sigma}{\sqrt{16}} \le m \le \overline{x} + 1.96 \times \dfrac{\sigma}{\sqrt{16}}$$

이때 주어진 조건에서 신뢰구간이
$a - 6.3 \le m \le b + 6.3$이므로

$$\overline{x} = \dfrac{(a-6.3) + (b+6.3)}{2} = \dfrac{a+b}{2} = 104 \ (\because \text{㉠})$$

$$2 \times 1.96 \times \dfrac{\sigma}{\sqrt{16}} = (b+6.3) - (a-6.3)$$
$$= b - a + 12.6$$
$$= 2 \times 1.96 \times \dfrac{\sigma}{\sqrt{49}} + 12.6 \ (\because \text{㉡})$$

$$2 \times 1.96 \times \sigma \left(\dfrac{1}{4} - \dfrac{1}{7} \right) = 12.6$$

$$\sigma = 30$$

$$\therefore \sigma + \overline{x} = 30 + 104 = 134$$

답 ④

239

한 개의 동전을 8번 던졌을 때, 뒷면이 나온 횟수를 k라 하면
앞면이 나온 횟수는 $8 - k$이므로

확률변수 X의 값은 $X = 1^{8-k} \times 3^k = 3^k$이다.

$$\therefore P(X = 3^k) = {}_8C_k \left(\dfrac{1}{2} \right)^k \left(\dfrac{1}{2} \right)^{8-k}$$

$$\therefore E(X) = \sum_{k=0}^{8} 3^k P(X = 3^k)$$

$$= \sum_{k=0}^{8} {}_8C_k \left(\dfrac{3}{2} \right)^k \left(\dfrac{1}{2} \right)^{8-k}$$

$$= \left(\dfrac{3}{2} + \dfrac{1}{2} \right)^8 = 2^8 = 256$$

답 256

240

4장의 카드 중에서 2장의 카드를 꺼내는 모든 경우의 수는
$_4\mathrm{C}_2 = 6$이므로 주어진 시행을 5번 반복할 때 가능한 전체
경우의 수는 6^5이다.

한편 1번의 시행에서 꺼낸 2장의 카드가
$\{1, 2\}$, $\{1, 3\}$, $\{2, 3\}$, $\{1, 5\}$, $\{2, 5\}$, $\{3, 5\}$
인 경우에 얻는 득점이 각각 $3, 4, 5, 6, 7, 8$이다.

따라서 n $(1 \le n \le 5)$번째 시행에서 얻은 득점을 a_n이라
하면 a_n은 3 이상 8 이하의 정수이고,

$$\overline{X} = \frac{a_1 + a_2 + a_3 + a_4 + a_5}{5} = 4\text{에서}$$

$$a_1 + a_2 + a_3 + a_4 + a_5 = 20 \qquad \cdots\cdots\text{㉠}$$

이므로 $\overline{X} = 4$인 경우의 수는 ㉠을 만족시키는 순서쌍
$(a_1,\ a_2,\ a_3,\ a_4,\ a_5)$의 개수와 같다.

이때 $b_n = a_n - 3$이라 하면 b_n은 5 이하의 음이 아닌
정수이고,

$$b_1 + b_2 + b_3 + b_4 + b_5 = 5 \qquad \cdots\cdots\text{㉡}$$

즉, $\overline{X} = 4$인 경우의 수는 ㉡을 만족시키는 순서쌍
$(b_1,\ b_2,\ b_3,\ b_4,\ b_5)$의 개수와 같으므로

$$_5\mathrm{H}_5 = {_9\mathrm{C}_5} = {_9\mathrm{C}_4} = \frac{9 \times 8 \times 7 \times 6}{4 \times 3 \times 2 \times 1} = 126$$

따라서 $\mathrm{P}(\overline{X} = 4) = \dfrac{126}{6^5} = \dfrac{7}{432}$이므로

$$p + q = 432 + 7 = 439$$

답 439

Memo

Memo

Memo

Memo

Memo

Memo